KB148005

가이아,
숨어 있는 생명의 기원

가이아, 숨어 있는 생명의 기원

초판 1쇄 펴낸날 | 2020년 7월 30일

지은이 | 엘리자베스 M. 토마스
옮긴이 | 정진관
펴낸이 | 류수노
펴낸곳 | (사)한국방송통신대학교출판문화원
03088 서울시 종로구 이화장길 54
대표전화 1644-1232
팩스 02-741-4570
홈페이지 http://press.knou.ac.kr
출판등록 1982년 6월 7일 제1-491호

출판위원장 | 이기재
편집 | 마윤희 · 김수미
본문 디자인 | 티디디자인
표지 디자인 | 이상선

ISBN 978-89-20-03751-1 03470

값 17,000원

이 도서의 국립중앙도서관 출판예정도서목록(CIP)은 서지정보유통지원시스템 홈페이지(http://seoji.nl.go.kr)와 국가자료종합목록 구축시스템(http://www.nl.go.kr/kolisnet)에서 이용하실 수 있습니다.(CIP제어번호: CIP2020030487)

가이아, 숨어 있는 생명의 기원

엘리자베스 M. 토마스 지음
정진관 옮김

THE HIDDEN LIFE OF LIFE

A Walk Through the Reaches of Time

The Hidden Life of Life—A Walk Through the Reaches of Time
by Elizabeth Marshall Thomas

This Korean edition was published by Korea National Open University Press in 2020 by arrangement with The Pennsylvania State University Press, University Park, Pennsylvania.

차례

우리가 살고 있는 지구 이외의 다른 세계에도 생명체가 살고 있을 가능성이 환상이라는 데에는 전적으로 동의한다. 그런데 우리가 우리 주변에 널리 알려지지 않은 세계에 대해 거의 관심을 기울이지 않는 것은 이상한 일이다. 낯설기는 하나 사랑스러운 지구의 생물권은 광대한 우주에 존재하는 우리의 유일한 항구와 같은 존재이다.

– 에드워드 윌슨

우리와 우리의 영장류 친척들은 특별한 존재는 아니다. 단지 최근에 생겨난 존재일 뿐이다.

– 린 마굴리스

우리는 들판에서 노는 사슴이나 하늘을 나는 새를 볼 때 그들을 개성을 가진 하나의 개체라고는 생각하지 않는다. 우리는 그들을 아름다운 경치의 일부로 생각하여 "자연"을 보고 있다고 생각한다. 우리도 마찬가지이다. 그러나 우리에게는 그 이상의 것이 존재한다.

– 사이 몽고메리

제1장

이 책에 대하여

우리 문화에서 의인화Anthropomorphism, 즉 사람에 견주어 표현하는 전통은 오랜 역사를 가지고 있다. 의인화는 고대 그리스어 '사람'을 의미하는 'anthrōp'와 '형태를 갖추다'를 의미하는 'morphos'에서 유래한 말로, 사람이 아닌 존재에 사람과 같은 특성을 부여한다는 뜻이다. 중세 유럽 사람들은 동물도 사람과 아주 비슷한 존재라고 생각했다. 1475년에는 어미 돼지와 새끼 돼지들이 아기를 죽였다는 혐의로 재판받는 일도 있었는데, 새끼 돼지들은 무혐의로 풀려났지만, 어미 돼지는 유죄 판결을 받아 처형되었다. 결국 가여운 새끼 돼지들만 남겨졌다. 비슷한 다른 재판에서는 기소된 동물을 변호하고자 변호사를 고용하는 일도 있었다.

중세가 저물고 현대 과학이 꽃을 피우기 시작했다. 기억, 생각, 의식과 같은 눈에 보이지 않는 것들은 확인할 수 없는 것이었고, 과학적인 기준으로는 사람 이외의 생명체가 보이지 않는 무형의 능력을 갖추었다는 것을 입증할 만한 증거를 찾지 못했다. 따라서 과학자들은 예전과는 다른 입장을 취했고, '의인화'라는 단어는 비과학적인 헛소리나 감성적인 몰이해를 뜻하는 말이 되고 말았다.

이 생각이 극단적으로 확대되는 것은 적어도 내게는 매우 놀라운 일이다. 나는 수표범에 대해서 아주 이상하게 뒤틀린 문장으로 쓴 논문을 읽은 적이 있는데, 작가가 그 표범을 '그'라고 표현하지 않은 것을 발견했다. 만일 당신이 그 작가처럼 표범의 재능에 대해 연구한다면, 그 표범을 무생물처럼 생각하여 '그것'이라고 부르는 것이 고통스럽다는 것을 알 것이다. 그러나 '그'라는 단어는 오직 사람에게만 사용했으므로 그 사람을 '그'라고 부르는 것은 의심할 여지가 없다. 그 가엾은 작가는 유명한 과학 학술지에 논문을 발표하기를 원했고, 나도 그 논문을 읽었다. 그 작가는 그녀 자신이 의인화를 통해 치욕을 당하는 것보다 사람들이 잘 읽지 않는 산문을 쓰는 것이 더 낫다고 생각한 것 같다.

하지만 시대가 변하고 있다. 오늘날 우리는 부지불식간에 중세 사람들이 옳았음을 깨닫고 생물학자이자 영장류 동물학자인 프란스 드 발Frans de Waal은 인간이 아닌 것을 사물로 보는 것에 대해 '의인화의 부정'이라는 표현을 사용하면서, (즉 생명체는 인간의 특성을 가지고 있지 않다고 보는 것을) 강하게 비평했다. 우리는 우리의 통찰력을 '의인화'라고 하지 않고 '과학'이라고 한다. 따라서 돼지를 재판에 회부하거나 돼지를 위해 변호사를 고용하지 않고 그들을 쏴 죽일 것이다. 그러나 우리는 우리가 다른 동물뿐 아니라 곰팡이나 식물과도 상당히 많은 특성을 공유하고 있음을 인정하기 시작했다.

우리는 우리의 조상들의 발걸음에 의해 여기까지 온 아주 최근에 만들어진, 꼬리표의 끝자락에 있는 종種이다. 그리고 시간 여행을 통해 기억을 더듬어 탐색하고 있다. 우리는 우리 후손은 말할 것도 없이, 어떤 초기 생명체와 특성을 공유한다. 우리가 다른 종과 차이가 있다는 것은 사실이다. 모든 종은 차이가 있으며, 그렇지 않았으면 서로를 구별하지 못했을 것이다. 우리도 예외는 아니다. 우리는 우리가 어디서 왔는지 몰랐기 때문에 비인간체들을 하나로 묶어놓았고 우리를 그들로부터 분리했다.

우리는 까마귀가 레이븐(까마귀과의 대형 조류)에서 나왔고, 가문비나무가 솔송나무에서 나왔다는 것을 안다고 해서, 우리가 공유하는 질質이나 또는 어떻게, 왜 이런 특성을 얻게 되었는지를 이해한다는 것을 의미하지는 않는다. 또한 우리는 다른 종들이 이루어 낸 경이로운 성취를 인정하지 않는다. 심지어 집파리나 뒤영벌 같은 흔한 동물조차 매우 복합적인 능력과 더불어 우리를 당혹스럽게 하는 진화를 거쳐 왔다. 모든 생명체는 첫 출현

이후 대부분의 기간 동안 지구라는 행성 곳곳에서, 수많은 다른 생명체 속에서 살아남기 위해 최선을 다하고 있다는 점에서 똑같다. 우리는 서로 밀접하게 관련되어 있다. 모든 생명체는 공통 조상을 공유하고 서로 하나로 되어 있으므로, 여기에서 나는 어떻게 이런 일이 발생했는지 추적하려고 한다.

과학자가 아니어도 어떤 독자는 이 책의 있는 일부 내용을 잘 알고 있을 것이다. 그리고 익숙한 내용이 나오면 '휴, 내가 이미 알고 있는 내용이야.'라고 생각할 것이다. 그러나 상당수는 작가가 최고 학벌의, 아주 세련된, 과학자가 아닌 친구에게 물어보며 배우는 것처럼 새롭고 놀라운 것을 발견할 것이다. 예를 들어, 그 친구들은 자기가 진핵생물이고 평생을 진핵생물로 살겠지만, 이들 중 어느 누구도 '진핵생물eukaryote'의 정의에 대해서는 모를 것이다. 사실, 진핵생물이라는 범주는 우리를 규정하는 가장 중요한 특징이지만 대다수의 평범한 사람들이 이해할 수 있는 영역은 아니다.

특별한 훈련을 받지 않은 진핵생물이 쓴 이 책의 대상 독자는 나와 내 친구 같은 사람들이다. 고등학교 과학 시간에 몰래 쪽지를 돌리거나 딴짓을 하던 우리가 이제 와서 불필요한 지식 때문에 부담을 느끼거나 스트레스를 받을 이유는 없다. 설령 그러한 정보를 원한다고 해도, 그런 지식은 과학 용어로 설명되기 때문에 몇몇 사람만 이해할 수 있다.

물론 내가 과학을 무시한다는 것은 아니다. 과학이 없었다면 이 책을 쓸 수도 없었을 것이다. 그러나 많은 사람들에게 과학적 설명은 요루바Yoruba족이나 은가카라모종Ngakaramojong의 언어보다 난해하게 느껴진다. 예를 들어, "포자낭은 대체로 구형 또는 잠두형이며, 열개 현상이 원위부 말단부터 일어난다."*는 문장을 읽고 식물에 대한 새로운 지식을 얻을 수 있을까? 전문가에게 공룡이 무엇인지 물어보면 '지배파충류의 일종'이라는 설명을 듣게 될 것이다. 그리고 지배파충류가 무엇이냐고 물으면 "양막류 이궁아강에 속하는 동물이다."라고 대답할 것이다. 그것이 무엇을 의미하든 간에 과학자들만 아는 내용이고 당신은 과학자가 아닐 것이다.

그러나 실망할 필요는 없다. 과학자들은 다양한 생명체를 연구하고 설명하지만, 모든 생명체가 과학자의 전유물은 아니다. 지난 30억 년 동안 지구상에 출현한 생명체는 우리 모두의 것이고, 그들 중에 우리의 조상이 있고 그 조상들의 친척들이 있다. 우수한 사람은 장차 과학자가 되지만, 결국 우리는 전체 중에서 일부분일 뿐이다. 그래서 나는 일상적인 어휘를 사용하려고 한다.

나는 표범에 관한 논문을 쓴 과학자가 느낀 두려움을 다시는 느끼고 싶지 않으므로, 생명체를 '그것it'이라고 부르지 않을 것

* Thomas N. Tucker, "*Paleobotany: An Introduction to Fossil Plant Biology* (New York: McGraw-Hill,1981)," p. 104에서 무작위로 선택됨.

이다. 여기서 생명체에 성이 있다면 대명사는 '그he', '그녀she' 또는 '누가who'라고 할 것이며, '그것it' 또는 '어느 것which'이라고 하지 않을 것이다. 같은 취지로 아무 거리낌 없이 의인화를 할 것이다. 때로는 자연계나 진화 과정을 '가이아Gaia'라고 부를 것이다. 아니면 식물이 뭔가를 '기억한다'든가 무엇과 '소통'한다고 말할 것이다. 왜냐하면 식물은 기억하고 소통하는 방식이 우리와는 다르지만 그 결과와 이유는 같기 때문이다. 지식은 본능과 다르고 욕구는 필요와 다르다. 그래서 식물이나 동물이 '알고 있다' 또는 '원한다'고 말하면 그럴만한 이유가 있다. 여기에서 나는 의인화의 부정을 사용하지 않을 때, 때때로 프란스 드 발이 염두에 두었던 것 그 이상이라는 점을 고백한다. 다른 경우에도 역시 나는 대부분의 과학자들이 느끼기에 모호하거나 지나치게 단순화된 방식으로 내 자신을 표현할 수 있다. 만약 이 부분이 싫다면 다른 책을 읽을 것을 권한다.

의인화에 대한 반감은 우리가 소중한 존재라는 의식에서 비롯된다. 우리는 우리가 하느님의 형상대로 창조되었다고 알고 있다. 진화적 측면에서 볼 때 사다리의 정점에 있다고 생각한다. 물론 그렇다. 우리가 사다리를 발명했으니, 인간 이외에 누구를 사다리 꼭대기에 놓을 수 있을까? 우리가 만든 사다리 꼭대기에서, 우리는 거미에서 자이언트세쿼이아에 이르기까지 모든 생명체가 우리가 상상할 수 없는 무한한 능력을 지니고 있으며 각자의 사다리의 꼭대기에 있다는 사실을 망각하고 있다. 우리는 엄청난 양의 방사선을 쬐면 살 수 없고, 물 밑에서도 살 수 없으며, 빙하 또는 다른 생물체 안에서도 살 수 없다. 우리는 거미줄을 만들지 못하고, 세계에서 가장 강한 천연 섬유가 거미줄임을 아는데도(시도는 해보았지만) 거미줄로 거미집을 만들지 못한다. 우리는 어둠 속에서 볼 수 없고, 동면을 할 수도 없으며, 입으로 기린을 죽이거나 30분 동안 숨을 참을 수도 없고, 자신을 반으로 나누는 방법도 모른다. 우리는 광선과 생화학 물질을 둘 다 쉽게 구할 수는 있지만, 햇빛으로 생화학 물질을 대사시킬 수는 없다. 그리고 태양광의 일부를 활용해서 유기물을 합성하는 과정인 광합성 작용이 생태계의 가장 기본적인 요건임을 알게 되면, 우리는 스스로를 명명할 때 호모Homo 뒤에 '현명하다'를 뜻하는 사피엔스sapiens를 왜 붙이는지 의아해할 것이다.

지금은 고인이 된 세계적으로 유명한 과학자인 린 마굴리스Lynn Margulis는 우리의 자존심에 대해 다음과 같이 말했다. "이 세상에 '고등동물'은 없어요. '하등동물'도 없고요. 천사도 없고 신도 없어요. '고등 영장류'도 정말 고등한 존재는 아니에요. 우리와 영장류 친척들은 특별하지 않고 단지 최근에 출현했을 뿐이에요. 우리는 진화 단계로 볼 때 새로 입학한 신입생이나 마찬가지예요."*

* Lynn Margulis, *Symbiotic Planet: A New Look at Evolution*(New York, basic Book, 1998), p. 3.

진화 단계에 대한 논의에는 '단지 추측'에서부터 '구체화된 것'에 이르기까지 여러 가지로 해석될 수 있는 이론이 포함되어 있다. 그러므로 이 책에서 언급되는 이론은 확고부동한 것이기도 하고 변형된 것이기도 하다. 예를 들어 진화는 변형된 이론이다. 한때는 약 일주일 만에 일어난 반짝 이벤트로 여겨졌으나 이제는 계속 진행 중인 수십억 년의 과정으로 이론화되었다. 이것을 '진화론'이라고 하는 사람도 있고, '단지 이론일 뿐이야.'라고 말하는 사람도 있다.

이론은 변형되기도 하고 사라지기도 하며 새로운 이론으로 대체되기도 한다. 이 책에 언급된 이론이 얼마나 정확한지는 모른다. 나는 내가 할 수 있는 모든 곳에서 이것을 알려주려고 노력한다. 과학은 물처럼 세상에서 아주 중요한 존재며, 그 유동적인 지식으로부터 나온 모든 이론의 어느 한구석에는 불확실한 표현인 '아마도'가 들어 있을 것이다. 그것이 과학의 위대한 점이다. 만약 '아마도'가 없었다면, 과학은 한 발짝도 나아가지 못했을 것이다.

그리고 시간에 대해 고려해야 한다. 진화 단계의 핵심을 파악하려면, 우리는 진화가 이루어져 온 수백만 년 또는 수십억 년의 시간을 상상할 수 있어야만 한다. 하지만 쉽지 않다. 나는 지구에서 138억 광년 떨어진 곳에 우주의 끝이 있다고 상상하다가 어떤 문제를 발견했다.

어린 시절, 하늘이 우주 밖에 존재한다고 들었다. 약 2,000년 전에 예수가 지상을 떠나 그곳으로 갔다고 들었다. 당시, 나는 예수가 하늘에서 우리를 내려다보고 있을 것이라고 생각했지만, 지금은 아직도 하늘로 가고 계시는 중인 것 같다. 비록 예수가 빛의 속도로, 즉 초당 약 30만 km의 속도로 가고 있다고 해도, 이 글을 쓸 당시에 그 분은 '눈의 천사 성운(Sh2-106, Snow Angel Nebula)'까지밖에 가지 못했으므로 지금도 여전히 우리은하에 계실 것이다. 그곳은 우주의 끝 가까이도 아니다. 그 분은 이제 막 여행을 시작한 셈이다.

이런 상상은 종교에 적합하지 않다. 하늘은 다른 곳에 있을 수도 있다. 그리고 좀 더 엄밀히 말해 과학에도 맞지 않는다. 왜냐하면 우주가 팽창하고 있기 때문이다. 그리고 우주의 끝까지 가기를 원하는 우주 여행자에게 그것이 무엇을 의미하는지 누가 알겠는가? 그것은 단순히 먼 거리와 오랜 시간에 대한 우리들의 지각이 얼마나 흐리멍덩한가를 말해 줄 뿐이다.

이중성double star을 연구하는 천문학자인 내 사촌 톰 브라이언트는 공간과 시간에 대한 나의 인지 능력을 확실히 확장시켜 주었다. 가르치는 것을 진심으로 좋아하는 그는 우리를 방문할 때마다 큰 망원경을 가지고 와서는 밤하늘에 존재하는 모든 것을 알려주기 위해 최선을 다했다.

그는 우리 집 진입로에 망원경을 설치했다. 그는 망원경으로 목성을 보면서, 목성의 고리는 위성에서 나온 먼지로 이루어져 있고 목성의 눈(대적점)은 실제로는 태풍이라는 사실을 설명해 주었다. 또한 아직 인간에 의해 손상되지 않은 크레이터와 산맥이 있는 달을 보여 주었다. 그는 안드로메다Andromeda 은하를 보여 주었는데, 그것은 동쪽 하늘에 있는 작은 말불버섯처럼 보였지만 실제로는 그 안에 블랙홀이 있는 1조 개의 별이었다. 그리고 천구의 북극 부근에 있는 기린자리Camelopardalis도 보여 주었다. 그 안에는 40억 광년 떨어진 퀘이사Quasar(준항성)라는 작고 뾰족한 점이 있었다. 퀘이사는 별처럼 보였지만 정말 거대하고 신비로운 에너지로 가득 찬 공이었다. 아마도 블랙홀이 그 안에 있을 것이다.

톰은 우리에게 85억 광년 떨어져 있는 용자리Draco의 또 다른 퀘이사도 보여 주었다. 그러나 기린자리에 있는 것이 더 매력적이었다. 왜냐하면 그날 밤 우리 눈에 들어온 빛이 지구상에 생명체가 시작될 때 우리를 향해 달려오기 시작한 빛이었으므로.

정말 오랜 시간이다. 나는 온몸에 소름이 돋았다. 톰은 우리에게 처녀자리에 있는 은하도 보여 주었다. 그 은하에서 본 빛은 6600만 년 전에, 즉 K-T(중생대 백악기에서 신생대 제3기) 대멸종기 때 출발한 빛이라고 그는 말해 주었다.

또다시 온몸에 소름이 돋았다. K-T 대멸종은 공룡시대에 종언을 고했는데 그 공룡 중 하나가 티라노사우루스 렉스*Tyrannosaurus rex*다. 나는 박물관에서 티라노사우루스 렉스의 화석을 본 적이 있다. 거대한 뼈들이 공격 자세로 정렬되어 있고, 두개골에는 큰 단도短刀 모양의 이빨의 붙어 있었다. 우리가 망원경으로 본 빛의 작은 반점은 티라노사우루스 렉스가 살아 있을 때 은하를 출발한 것이다. 그녀의 화석은 지금 내가 살고 있는 뉴햄프셔주에서 멀지 않은 캐나다에서 발견되었다. 그녀는 아마 폭이 14km 정도 되는 소행성을 보았을 것이다. 바로 그 소행성이 멕시코만에 충돌해서 멸종을 야기했다.

그녀가 밤하늘을 그냥 쳐다보았다 하더라도, 그 은하는 하늘에 있었고 그때 은하를 출발한 빛이 우리가 지금 관찰하고 있던 톰의 망원경에 도달하고 있었던 것이다. 그 빛은 6600만 년 동안 이동하여 우리에게 도달했으며, 어쨌든 그것은 우리를 연결시켜 주었다. 우리를 갈라놓은 것은 시간이다.

어느 별자리냐는 질문을 받은 어느 저명한 천문학자가 지적했듯이, 이 모든 이야기는 점성술과는 무관하다. 나라면 같은 질문에 "처녀자리요."라고 대답했을 것이다. 그는 "똥자리Feces인데요."라고 말했다. 점성학자들이 선호하는 물고기자리Pisces와 발음이 비슷한 것에 착안한 농담이다.

그는 별이 우리의 존재를 결정하는 것은 아니라고 생각한 듯하며, 나는 그가 옳다고 확신한다. 대멸종이 일어났을 때, 우리의 조상은 나무 위에 사는 쥐만 한 크기의 동물이었다. 만약 별빛이 우리가 누구인지를 결정했다면, 우리는 나무 위에 사는 쥐만 한 동물이 되었을 것이다. 왜냐하면 K-T 대멸종 때 생겨난 별빛이 지금 막 도달했으므로. 별들이 우리의 존재를 결정하지는 않는다. 하지만 지구에 살았던 모든 사람들을 기억하기 때문에 우리를 연결해 주었고 별빛은 우리가 이것을 느낄 수 있도록 해 주었다.

하지만 그들에게 소원을 빌려고 애쓸 필요는 없다. 당신은 "별빛에, 밝은 별에, 오늘 밤 내가 보는 첫 별에, 나는 소원을 빌고 있고, 소원을 빌었고 오늘 밤 빌 소원이 있어요."라고 말하지만, 아마도 당신은 당신의 소원을 이루지 못할 것이다. 왜냐하면 어느 밤에도 당신이 볼 수 있는 첫 '별'은 행성이기 때문이다. 당신이 어떤 별과 이야기하는지 보기 위해 주위를 둘러보면, 아무것도 볼 수 없고 머쓱해지며 당신의 소망은 과거 속으로 사라진다. 당신의 작은 소망은 진정한 별을 만나기 위해 수천 년 동안 여행해야 하며, 도달한 시점에 당신은 이 세상에 없다. 차라리 태양에게 소원을 비는 편이 나을 것이다.

제2장

우리들의 침실

우리 부부는 나이가 들어서인지 잠자리에 일찍 든다. 나는 한밤중에 깨어나 물을 마시곤 한다. 어느 날, 수도꼭지를 틀면서 샤워기 옆에서 뭔가 검푸른 것이 바닥을 따라 내려오는 것을 발견했다. 적은 양이지만 곰팡이가 피고 있었다. 아침에 그것을 치워야겠다고 생각하면서 물을 마시고는 남편이 자고 있는 침실로 돌아갔다. 바깥에 쌓인 눈에 반사된 달빛이 방 안을 뿌옇게 채우고 있었다. 우리 부부 사이에서 자고 있던 개는 내가 일어날 때 덩달아 깨었는지, 그녀는 내게 미소를 지으며 꼬리를 두 번 치며 나를 반겼다. 고양이 중 한 마리는 베개 위에서 자고 있었는데, 우리 침대가 창문 아래에 있었기 때문이다. 그리고 밖에서 일어나는 일에 관심이 많아서인지 그 고양이도 깨어 있었고, 나를 보자 가르랑거리는 소리를 냈다. 그러고는 뭔가 새로운 생각이 떠올랐는지 창문턱으로 뛰어올라 갔다. 우리는 뉴햄프셔주 시골에 산다. 그는 가끔 지나다니는 코요테를 보고는 신기해했다. 고양이가 관심을 보이면 나 역시 관심이 생겨 창밖을 내다본다. 창밖에는 아무것도 없었고 단지 달빛과 눈만 보였다.

나는 잠자리에 들었고 고양이도 창문턱에 있는 작은 화분을 요리저리 피해 내게로 왔다. 화분에 그의 털이 스쳤지만 다행히 화분을 넘어뜨리지는 않았다. 나는 그의 조심성에 감사한다. 그 식물은 친구가 내게 선물한 히아신스다. 화분이 바닥에 떨어졌다면 깨졌을 것이고, 나는 싹이 튼 이후 구근球根을 쭉 돌보았기 때문에 충격을 받았을 것이다. 히아신스는 곧 꽃이 필 것 같다. 하야신스가 흙에 착 달라붙어서 잘 자라고 있어 행복하다.

나는 담요를 덮었고, 고양이는 내 옆에서 몸을 웅크리고 있다. 그는 내 팔에 손을 얹고 내게 머리를 기댔다. 그의 가르랑거리는 소리가 점점 부드러워졌고, 간헐적으로 조그맣게 들려왔다. 그는 졸고 있었고 우리는 모두 조용히 숨을 내쉬며 이내 잠이 들었다. 별다른 동요 없는 평화로운 달빛이 침실에 비쳤다.

생명체가 시작된 이래 지구에 살았던 모든 주요한 생물군의 대표가 우리의 침실과 욕실에 존재한다는 사실을 그 누가 상상이나 했겠는가?

주위에 있는 모든 것에 대해 우리는 편견을 가지고 있다. 침실은 낮에는 밝고 해가 잘 든다. 창문 가까이에 서 있으면 히터 가까이에 서 있는 것 같다. 우리는 따뜻한 온기가 태양으로부터 왔다는 것을 알지만 태양의 불꽃이 약 1억 5000만 km 떨어져 있다는 사실을 제외하고는, 성냥불과 같은 종류의 불꽃이라는 사실은 종종 잊는다. 어떤 연료가 연소되고 있으며, 그 연료는 어디에서 오는 걸까? 태양은 연료를 충분히 가지고 시작했을까? 만약 그랬다면, 얼마나 남았을까? 지하실에서 고생하고 있는 우리의 가여운 작은 용광로는 무기력하고 작아 보인다.

우리는 눈이 내리는 것을 보며 그 눈이 새로운 것이라고 생각하지만, 그것은 잘못된 생각이다. 그 눈은 아마 100억 년 전에 형성되었으므로 지구보다 훨씬 나이가 많다. 그리고 달은 화성만 한 크기의 소행성으로 지구에서 떨어져 나가 생겼으므로, 달 또한 눈보다 나이가 어리다.

지금 눈이 된 물은 이 일이 일어났을 때 액체나 증기 상태로 지구에 존재해 온 것이 틀림없다. 그러나 가이아(어머니로서의 땅 또는 지구로, 여기에서는 지구를 뜻함)는 그 물을 만들지 않았고, 단지 그 물을 모아두었을 뿐이다. 빅뱅Big Bang에 의해 물의 수소 부분이 만들어졌고 그로부터 30억 년 후 초신성Supernova의 폭발로 산소 부분이 만들어졌다고 추정된다. 그 둘은 합쳐져 물 분자를 형성했고, 물 분자는 소용돌이치는 입자와 결합하여 우리 태양계를 형성할 때 초신성의 우주먼지 속에 있었다는 학설도 있다. 지구가 지금의 물에 대해 할 수 있는 것은 물을 얼음이나 안

개 또는 창문을 통해 달빛을 반사하는 눈으로 바꾸는 것이 전부다.

그러나 우리는 어떤 것을 볼 때 그것의 나이를 생각하지 않는다. 우리는 반사되는 달빛에 의해 드러나는 생명체의 크기를 이해하지 못한다. 혹은 너무 작아서 보지 못한다. 지구를 항상 빛내 온 모든 종류의 생명체, 위胃 속에 100억 년 된 물질을 가지고 있는 나, 6000만 년 전의 사향고양이처럼 생긴 시신세始新世 포유류의 자손이 내 옆에서 자고 있다. 이들은 모두 이 방 안에 있다. 지금은 개가 된 이 자손은 귀를 쫑긋 세우고 눈을 크게 뜨고 앉아서 창 쪽을 향하고 있으며, 사향고양이의 또 다른 자손인 코요테가 방금 지나갔다.

이 생명체의 집단은 무엇이고, 왜 인간이 그 범주 안에 들어갈까? 분류계통상 모든 생물은 크게 세 개의 도메인Domain(역域)으로 구분한다. 하나는 박테리아bacteria고, 다른 하나는 고세균archaea(박테리아처럼 생겼고 박테리아처럼 행동하지만 속은 다른 것)이며, 또 다른 하나는 인간을 포함한 진핵생물이다.

진핵생물 도메인에는 4개의 계界, Kingdom가 있다. 동물계, 균계, 식물계, 마지막으로 미생물도 아니고 상기한 3개에 속하지도 않는 포괄적인 것을 일컫는 원생생물계* 다. 예를 들어 아

* 원생생물이라는 용어는 일반적으로 사용하는 용어는 아니다. 너무 많은 종류의 유기체가 그 범주에 포함되어 있기 때문이다. 원생생물계는 여러 개로 나누어져 있다. 하지만 나는 그렇게 세분화된 지식을 필요로 하는 과학자가 아니므로 이 용어를 쓸 것이다.

메바는 원생생물이고, 우리 침실에 있는 것들은 히아신스와 함께 있다. 화분 안의 흙은 가공 처리된 토양이 아니라 원생생물이 많이 붙어 있는 들판에서 가져온 자연 그대로의 것이다.

우리 침실에 있는 동물들은 개, 고양이, 나, 내 남편, 작은 사냥거미 몇 마리와 거미줄을 짓고 있는 거미 몇 마리, 그리고 아마도 몇몇 집먼지진드기 등이다. 물론, 내 방에 있는 식물은 히아신스고 균류는 내가 화장실에서 본 곰팡이다. 그래서 나는 결국 내가 그들을 치우지 않으려고 하는 것일지도 모른다. 그들은 내가 안식처로 삼고 있는 이곳을 그들의 안식처로 만들었다. 그들은 나처럼 삶에 집착하고 있다. 정말 다른 생명체고 다른 유기체다! 아침에, 어떤 사람들은 햇빛을 흠뻑 들이킬 것이다. 다른 사람은 제1차 세계대전 이후 체코슬로바키아에서의 민족분쟁에 대해 기사를 쓸 것이다. 또 다른 제3의 생명체는 어둠 속에서도 우리를 볼 수 있다. 왜냐하면 아무리 희미한 것이라도 그의 눈에 들어와 다시 반사되면 두 배로 밝아지기 때문이다. 그외 다른 생명체는 우리가 벗겨놓은 피부 조각을 먹이로 삼는 집먼지진드기를 잡아먹고, 또 다른 생명체들은 석고판에서 영양분을 찾기도 한다.

하지만 이것들은 단지 조금 더 큰 생명체일 뿐이다. 우리 방에 있는 유기체 생물은 대부분 보이지 않지만 그럼에도 불구하고 어디에나 존재하고 수시로 둘로 나누어진다. 물론 이들은 미생물이다. 어떤 것들은 우리의 위胃 속에서, 저녁 식사로 먹은 음식을 분해하며 우리가 영양분을 흡수할 수 있도록 하고, 그들의 도움에 대한 보답으로 우리는 그들을 먹이고 촉촉하게 해 준다.

따라서 우리와 그들의 관계는 공생 관계다. 두 유기체는 서로의 이익을 위해 하나가 되었다. 우리가 이러한 공생 관계를 가지고 있다는 것은 놀라운 일이 아니다. 이러한 공생은 태곳적부터 이루어져 왔기 때문에 지구상에 있는 거의 모든 생명체는 다른 것과 관계를 맺고 있다. 협력은 생존하는 데 매우 중요한 원동력이며, 협력할 수 있는 모든 것은 혼자 하는 것보다 훨씬 더 잘 해낸다.

우리에게 유익한 미생물은 우리와 함께 거주할 뿐만 아니라 진핵생물 속의 세포보다 그 수가 10배 더 많다. 우리는 그들이 무엇이고, 무엇을 하고 있는지 모르며, 그들에 대해 생각하지도 않는다. 사실 우리는 승객들로 가득 차 있는 초만원 기차처럼 빽빽하고 밀도 높은 생태계 속에 살고 있는데도 불구하고 우리 자신을 독립적이고 외로운 유기체라고 생각한다.

따라서 당신은 지구상에 지금까지 존재해 온 모든 주요 유기체의 대표들과 당신의 침실과 욕실을 함께 사용하고 있다. 보고 숨쉬고 움직이고 대사하는 방식에서 조금 다른 것처럼 보일 수는 있지만, 우리는 모두 서로 유기적인 관계다. 우리의 유전자는 서로 다른 순서로 배열될 수 있지만, 우리는 공통 조상을 가지고 있기 때문에 동일한 유전자 코드로 유전정보를 전달한다. 최근에는 조금 다른 또는 거의 같은 학설이 나오고 있다. 이것이 사실이라면, 놀라운 것은 우리와 같은 조상으로부터 진화한 다른 것들에 대해 우리가 전혀 모른다는 점이다. 그리고 그 조상은 아마 물이나 바다에서 살았던 미생물일 것이다.

제3장

미생물

오늘날 우리가 보고 있는 용자리의 불빛이 그 은하를 출발할 때, 가이아는 생명의 나무를 심었고, 그 작은 나무는 조상과 그들의 자손으로 수없이 뻗어나가 거목으로 자랐다. 가이아는 자신이 만들어 낸 생명체가 소멸되는 것을 막기 위해 지구상의 모든 생물을 위한 세 가지 규칙을 만들었다. 첫째, 스스로 유지할 수 있도록 하는 에너지원을 찾아내야 한다. 둘째, 자연재해는 물론 당신을 먹잇감으로 삼는 다른 생명체로부터 스스로를 보호할 수 있어야 한다. 셋째, 바로 나, 가이아가 시작했지만 당신과 같은 다른 생명체를 만들어 내는 것은 당신에게 달려 있다.

이 법칙은 40억 년 전 혹은 그보다 더 일찍부터 적용되었는데, 모든 생명체가 늘 그렇게 하지 못했을지 모르지만(오늘날 10억 년 이상 유지되어 온 대부분의 동식물 종은 멸종했지만) 여전히 이 법칙을 준수하고 있다. 그런데 오늘날 살아 있는 모든 생명체는 끊어지지 않는 선조와의 연결 고리를 하나씩 가지고 있다. 그 연결 고리는 결국 최초의 단 하나의 세포로 귀결된다.

그런데도 우리가 참나무나 해조류, 버섯이나 파리를 볼 때, 그들의 조상에게 조상이 있다거나 수십억 년 전의 단세포에서 시작하는 아주 작은 공통 조상이 있다고는 상상할 수 없다. 또한 지구상에 생명체가 출현한 그때부터 매일 매시간 우리의 선조가 가이아의 원칙을 모두 지켰을 것이라고는 생각하기 힘들다. 이것은 우리와 우리가 살아 있다고 여기는 모든 것에 대해 진리다. 우리는 모두 세포로, 아니 세포로만 이루어져 있다. 그 세포는 초창기의 세포와 매우 비슷하다. 우리는 그들을 '생명의 구성 요소'라고 한다. 그리고 그들은 모두 물속 어딘가에 있었던 하나의 세포로부터 전해져 왔다.*

2013년 1월 프린스턴 대학에서 개최된 생명의 기원에 관한 학술대회 보고서에서, 화학 및 미생물학과 교수 스티븐 베너 박사는 "생명의 기원에 관한 진짜 전문가는 없다."라는 말을 인용하였다. 하지만 많은 이론이 존재하고, 그중 하나가 살아 있는

* 현재 알려진 가장 작은 세포는 기생 박테리아인 미코플라스마 갈리셉티쿰(*Mycoplasma gallisepticum*)인데 우리 같은 영장류 안에 기생하고 있고 크기는 지름이 약 40만분의 1cm다. 그리고 세계에서 가장 큰 세포는 수정되기 전의 타조 알로 길이가 약 15cm, 폭이 13cm, 무게가 약 1.4kg이다. 타조 알은 수정 후에도 크기는 같지만 정자와 결합하여 2개의 세포가 된다.

생명체를 형성하는 데 필요한 분자들이 혜성이나 유성에서 왔다는 것이다. 이 이론은 2012년 덴마크의 천문학자들이, 태양과 태양계 행성들이 형성되는 과정과 유사한 별을 발견하자 더욱 설득력을 얻었다. 이러한 과정에 관여하는 분자가 우주먼지에서 발견되었다. 그러나 배종胚種발달설Panspermia이라는 또 다른 가설에서는, 생명체는 지구가 형성되었을 때 우주먼지 속에 존재했던 강한 저항력을 가진 유기체의 형태로 전 우주에 존재했다고 주장하고 있다.

그후 최초의 살아 있는 세포 역시 초기 분자에서 형성되었을 것이고, 그것은 현재 거론되고 있는 여러 이론 중 주류를 이루고 있다. 그 이론을 살펴보면, 생명체는 바다에서 시작되었다고 주장하지만, 최근에 민물 이론이 등장했다. 분자와 원자는 할 수 있으면 결합하고 지구의 역사 초기에 그러한 분자들은 가이아의 관심을 사로잡는 조그마한 끈을 형성했을 것이다.

그것이 무엇이었든, 세포는 아니었으며 작고 혼자였을 것이고, 아마도 전 세계에 널리 퍼져 있는 광대하고 위험한 바다에 있었을 것이다. 그것은 틀림없이 태양 광선이나 해저 분출구에서 나오는 에너지원을 쓸 수 있었을 것이다. 따라서 가이아의 첫번째 규칙과 우연히 조우했을 가능성이 높다. 그러나 그것이 어떤 것이든 함께 유지하고 다른 분자들이 그것과 상호작용하지 못하게 하는 보호 장치가 없다면 그것은 산산조각 날 것이다. 자기 보호를 위해 가이아의 규칙을 지키지 못하면 당신은 사라질 운명이었다. 이유는 모르지만 이 작은 생명체는 세포벽을 찾아 냈다.

어떤 이론에서는 세포벽이, 아마도 RNA가 형성되었거나 축적된 기포의 형태로 가장 먼저 생겨났다고 주장한다. RNA는 DNA와 함께 유전정보를 전달하는 일종의 핵산이지만, 그 핵산이 어떻게 그런 일을 할 수 있는지는 잘 이해하지 못하고 있다. 그것을 이해하는 화학, 생물학, 어쩌면 물리학까지 명확한 지식이 필요하다. 하지만 그들은 최초 형태의 생명체를 만들었다.

또한 어떤 종류의 진흙은 자가복제가 가능한 기포를 만들 수 있다. 그래서 그 진흙은 마치 살아 있는 것처럼 자라는 것 같다. 이러한 현상에 대해 명확하게 해석할 수 있는 이론은 없다. 그러나 아마도 어떤 성분이 RNA를 만들었든 그것은 거품이 생길 때 어떤 점토 속이나 그 점토와 유사한 것에 있었을 것이다. 물론 그것이 아닐 수도 있다. 따라서 세포벽은 '생명체'라고 불릴 수 있는 어떤 분자의 가닥이 생겨난 한참 후에 생겨났다는 주장이 설득력을 얻고 있다.

어쨌든, 세포벽이 차이를 만들어 낸 것은 확실하다. 그냥 떠다니는 RNA 한 가닥을 바이러스라고 할 수 있는데, 이것은 보호막이 없는 분자 한 가닥에 지나지 않아서 가이아의 세 번째 규칙을 지킬 수 없거나 우리가 이해하지는 못하지만 다른 바이러스를 저절로 만들어 낸다. 그렇다고 그것이 생명체가 아니라고 볼 수도 없다. 그렇다 하더라도, 그것은 가장 초창기의 생명체와 유사하게 보일 수밖에 없고, 그렇게 행동해 왔다.

사실, 그것은 다른 생명체가 하는 방식으로 번식하지 않는다. 반으로 쪼개지거나 유전물질을 다른 물체에 주입하는 대신, 아마도 그것은 당신의 입에 있는 것과 같이, 자신을 위해 여러분의 세포를 이용한다. 최초의 생명체들과 유사한 작용을 했다는 것은 아니지만, 한 가닥의 분자조차 생존에 필요한 것을 할 수 있음을 보여 준다.

아니, 과학자가 아닌 나와 같은 사람이 어떤 사물 때문에 놀라는 것 같다. 내가 창문 밖을 내다보면 풀, 덤불, 나무에 있는 까마귀 두 마리, 우리 집 마당에 사슴 한 마리가 보인다. 풀과 풀을 먹고 있는 사슴은 서로 같지 않아 보이지만, 만약 여러분이 시간을 거슬러 올라가서 그들의 조상을 볼 수 있다면, 더 닮은 조상들의 수가 점점 더 줄어들어 결국에는 바이러스와 같은 한 가닥의 작은 분자에 이르게 될 것이다. 우리가 이 작은 분자 가닥이 어떤 것인지를 아는 가장 좋은 방법은 아마도 바이러스에 대해 아는 것일 것이다.

우리는 그들을 아주 싫어하지만, 아마도 그들은 내가 부엌에서 있을 때나 바닥에서 구겨진 휴지를 봤을 때와 비슷하게 우리 모두는 이전에도 서로 여러 번 만난 적이 있을 것이다. 내가 구겨진 휴지를 주웠는데 그것은 꽤 깨끗해 보였고 아무도 아프지 않았기에, 그것이 병원균에 감염되었으리라고는 꿈에도 생각하지 못했다. 그걸 버린 뒤에 손으로 눈을 비빈 것 같았는데 내 손가락에는 미생물보다 더 작은 바이러스가 있었다. 바이러스에게는 나의 안구와 아래 눈꺼풀 사이의 부분이 우리 중 누군가가 물이 가득 찬 그랜드캐니언을 보는 것과 같았을 것이다. 하지만 바이러스는 둥둥 떠다니다가 내 몸에 있는 세포 속으로 슬그머니 미끄러져 들어왔다.

다시 말해, 크기의 차이는 상당했을 것이다. 만약 내 눈꺼풀 안의 세포를, 모터가 있고 승객을 태운 열기구만 한 크기라고 가정하면 바이러스는 테니스공이나 심지어 포도만큼 작을 것이다. 그래서 세포는 바이러스가 침투한 사실을, 아마도 바이러스가 그 유전자를 세포 전체에 퍼트린 다음에도, 그 세포가 바이러스를 마치 자기 공장에서 찍어낸 것처럼 만들어 수많은 바이러스를 방출한 후에도 인지하지 못했다. 이것이 바이러스가 숙주세포와 더 밀접하게 관련되어 있는 이유다.

만약 눈꺼풀 세포가 수많은 바이러스를 생성한다면, 바이러스는 눈꺼풀이 그들의 어머니처럼 보였을 것이다. 하지만 나는 내가 바이러스와, 특히 나를 아프게 만든 바이러스와 관련되어 있음을 좋아한다고 확신할 수 없다. 그리고 내 눈꺼풀 안에 있는 세포가 이를 용납할지도 잘 모르겠다. 그 세포는 무슨 생각을 하고 있는 것일까? 만약 내가 아파서 죽는다면, 세포의 운명은 나의 운명과 함께 끝이 난다. 곧 내 몸은 바이러스로 가득 찰 것이다.

그다음에 일어난 일은, 나는 아무것도 몰랐지만 놀라운 것이었다. 왜냐하면 내게 친숙한 '나'는 단지 기억과 생각으로 뒤범벅이 된 나 자신을 거울을 통해 보고 있기 때문이다. 하지만 뇌는 알고 있었고 뭔가를 감지했다.

뇌는 대부분 내 몸에만 몰두하기 때문에, 나나 내 생각과는 아무 상관이 없다. 나도 모르는 사이에, 뇌가 모든 바이러스를 알아차렸을 때 뇌의 한 부분에서는, 내 몸 안에서 심지어 뼛속에서, 대기하고 있던 백혈구를 찾기 시작했다.

백혈구들은 이리저리 쫓아 돌아다니며 바이러스를 사냥하기 시작했고, 곧 화학적 신호, 온도 신호, 백혈구 세포, 근육 세포, 흥분한 신경, 그 외 모든 것에게 많은 일이 일어났으며, 그 현상만 다루는 백과사전이 그것을 묘사하기 위해 필요했을 것이다. 그게 바로 나였단 말인가?

내게 친숙한 '나'는 부엌에 있는 의자에 주저앉아서 몸 상태가 왜 그렇게 좋지 않은지 생각해 보았다. 곧 나는 열이 많이 났다. 내 몸은, 내 몸 자신과 내 몸에 승객처럼 존재하는 나를 구하기 위해 바이러스를 태워 없애려고 최선을 다하고 있었다. 그런 다음, 뇌의 어딘가에서 도움이 더 필요하다고 느낀 것이 틀림없고, 내가 가슴근육을 쥐어짜면서 기침을 했기 때문에 뇌와 가슴 사이에 많은 정보전달이 시작되었음이 확실했다.

그러고 나서 나는 너무 무서워서 잠자리에 들었다. 그런데 입을 완전히 다물지 못했다. 내가 호흡하면서 내뿜는 증기 속에는 바이러스가 가득했고, 나는 무의식적으로 공중에 그것을 뿜

어댔다. 바이러스들은, 다른 누군가를 기다리는 담요와 침대 머리맡에 있는 탁자 위를 떠다녔다. 바이러스가 하루 종일 테이블에 있었으나 여전히 살아 있었고, 아주 빨리, 운 좋게도 숙주세포로 그 바이러스가 잠입했을 것이다.

기침(나는 내 몸이 아니라 단지 기침이라고 말하겠다)이 바이러스와 같은 것으로부터 수십억 년의 진화를 거쳐, 여러 개의 기관과 기능, 그 소유자가 제어하거나 이해하지 못하는 많은 내부 시스템을 가진 나와 같은 유기체로 수많은 시행착오를 거쳐 차근차근 발달하여 생겨났다고 생각하니 놀라울 따름이다. 그러나 그것은 당신을 위한 진화다. 기침과 같이 복잡한 것도 바이러스와 다르지 않게, 아마도 바다에서 서로 뭉쳐서 형성된 작은 그룹의 분자들로부터 시작되지 않았겠는가!

그렇게 작은 끈 같은 존재가 화석을 남겼으면 좋았을 테지만 화석이 발견되지 않았거나 발견된 화석 중에는 없었다. 그러나 다른 단세포들은, 그럴 것 같지 않았는데 화석을 남겼다. 육지든 물속이든 상관없이 살아 있는 세포는 침전물과 분해물로 덮여 세포가 함유하고 있던 광물질만 남아 있거나, 어떻게 해서 그렇게 되었는지는 모르지만 세포 속으로 스며든 광물질만 남겼다. 오랜 시간이 지난 후 보통 더 많은 침전물이 그 위에 쌓이면 압력이 세지기 때문에 세포층은, 세포 자체가 아무리 작더라도 바윗덩어리처럼 될 때까지 굳는다.

생명체로 알려진 가장 오래된 화석은, 37억 년 전에 화석이 된 미생물이다. 수백만 년 후에, 한 무리의 미생물이 모여서 덩어리를 형성할 정도로 진화하여 지금의 호주 지역에서 화석이 되었다.

이러한 미생물은, 태양이나 지구의 심층부에 있는 해저를 통해 화염이 뿜어져 나오는 해저 분출구에서 발생하는 에너지를 이용하여 영양분을 만드는 광합성을 발명했다. 그들의 식량인 자당($C_{12}H_{22}O_{11}$)을 만들 수 있는 탄소, 수소, 산소를 찾아다니다가(아마도 처음에는 물이었을 것으로 추측되는데) 공기 또는 물 분자를 분해할 수 있는 방법을 찾아냈다. 그러나 물에서 수소를 얻었든 공기에서 이산화탄소를 얻었든 간에 그들은 산소를 모두 사용하지 않으므로 남은 것은 버린다. 우리는 그들이 버린 것을 사용하는 방법을 알아냈고, 호흡을 통해 그것을 얻을 수 있는 방법을 개발해 냈다.

이렇게 미생물은, 궁극적으로 수백만 개의 서로 다른 생명체로 세계를 뒤덮은 진화의 가장 중요한 엔진 중 하나를 발명하였다. 우리는 우리를 발명가라고 자부한다. 자동차, 수소폭탄, 휴대전화를 만들고 작동할 수 있다. 그러나 미생물이 광합성을 발명했다면 우리의 노력과 미생물이 화석이 되기 전에 했던 것과 비교될 수 있을까?

지금 우리와 함께하는 가장 초기의 생명체는 아마 앞에서 언급한 '고대의 존재'인 고세균으로 알려진 미생물일 것이다. 고세균 내부의 생화학 물질 및 대사 과정은 박테리아 내부에서 일어나는 것과는 아주 다르고, 흥미롭게도 우리와 비슷하다는 사실이 밝혀질 때까지, 그들은 종에 따라 형태가 막대, 나선, 캡슐, 판 모양이고, 핵은 없으며, 모든 유전물질과 생화학 물질이 그 안에서 떠다니는 것처럼 보여 그들을 한때 박테리아라고 생각했다.

하지만 우리는 똑같은 방향으로 발전하지 않았다. 고세균은 우리가 상상도 할 수 없는 일을 한다. 온천, 빙하, 소금 호수, 산酸, 바위, 다른 생명체 및 해저 분출구 등에서와 같이 거의 불가능하다고 생각되는 곳에서도 살 수 있다. 다시 말해서 그들은 강하다.

오늘날 고세균의 종류는 수천 가지다. 어떤 것은 그들이 서식하는 곳의 습도에 관계없이 앞뒤로 흔들어 휘저어 나갈 수 있는 작은 꼬리를 가지고 있다. 어떤 것은 세포벽에 작은 머리카락 같은 것이 있어 서로를 끌어당기는 데 사용한다. 믿을 만한 학설에 따르면 두 종류의 고세균 사이의 공생 관계에서 기인한 것이라고 한다. 그로 인해 작고 얇은 고세균이 다소 큰 고세균과 결합하여 작은 꼬리나 털이 될 수 있었다. 모든 고세균은 이익을 보았음에 틀림없고, 새롭게 창조된 생명체는 번성했을 것이다.

우리 몸 안에도 그와 같은 것이 있을지 모른다. 우리 세포의 미토콘드리아는 한때 독자적인 유기체였다고 한다. 미토콘드리아 유전자는 우리보다는 박테리아 유전자에 가깝다는 점에서 우리 몸의 유전자와는 다르다. 우리 세포 안의 미토콘드리아는 화학 에너지를 생산하는 작은 발전기로서의 기능을 한다. 여러분들은 안식처를 찾아 진핵세포로 이동하는 미토콘드리아를 상상할 수 있을 것이다. 진핵세포는 처음에는 미토콘드리아를 쫓아내려고 했지만 아마도 약간의 에너지가 폭발하는 것 같은, 어떤 기분 좋은 변화를 느꼈고 도움이 된다고 여겨 미토콘드리아를 그냥 놔두기로 결정한 것처럼 보인다. 의심할 여지없이 이 설명은 지나치게 의인화한 것이며 매우 극단적인 것 같지만, 그것이 생명체에 관한 한 적절한 예일 것이다. 의인화는 완벽하지 않을 수도 있지만, 의인화의 부정은 더 나쁘다.

박테리아가 출현하는 데까지도 수백만 년이 걸렸다. 하지만 적어도 27억 년 전에 그들이 존재했다는 사실은 이미 잘 알려져 있다. 박테리아는 유전 코드가 고세균과 동일한 것으로 보아 고세균과 같은 방식으로 시작했거나 아니면 잘못된 생각일지는 모르지만, 고세균이 먼저 생겨났고 박테리아는 고세균의 자손인지도 모른다. 어쨌든 박테리아는 그 자체로 진화의 역사가 있는 것처럼 보인다. 하지만 그들은 핵이 없고 세포벽이 있는 단세포이기 때문에 고세균과 유사해 보인다. 그리고 박테리아는 강인하지 않고 고세균이 번성하는 환경에서는 거의 발견되지 않지만, 고세균처럼 행동한다.

고세균과 마찬가지로, 어떤 박테리아는 다른 박테리아뿐 아니라 다른 물체를 공격할 수 있는 작고 머리카락 같은 것을 가지고 있다. 또 고세균과 마찬가지로 어떤 박테리아는 조건이 열악할 때 여러 마리가 합쳐져서 피막被膜이나 점액으로 변한다. 때로는 한 종류 또는 여러 종류의 박테리아가 점액으로 합쳐지기도 한다.

일부 박테리아는 고세균보다 더 발전했는데 이 점이 세계를 변화시켰다. 예를 들어, 항산균Mycobacteria*은 여러 개가 뭉쳐져서 '이리 떼'라고 불리는 점액을 형성하기도 한다.

이 이리 떼 박테리아는 한 곳에서 습기나 자양분이 나올 때까지 기다리지 않는다. 그들은 필요한 곳을 찾기 위해 다른 장소로 미끄러져 다닌다. 환경이 여의치 않으면 이리 떼가 모여들어 버섯처럼 희미하게 보이는 아주 작은 몸체를 형성하는데, 그 안에서 각자 맡은 임무를 수행한다. 어떤 것은 껍질이나 방어를 하는 외피가 되어 자신을 희생하고, 어떤 것은 포자가 되기도 한다.

종종 '포자spore'라는 용어는 균류에서 쓰는 포자를 말한다. 즉, 종자와 같다고 할 수 있지만 곰팡이 자손을 보유하고 있는 종자는 아니다. 박테리아의 포자는 주변의 조건이 나쁠 때 강화된 세포벽 내부에서 돌돌 말린 채 환경이 안정된 상태로 개선될 때까지 휴면 상태로 기다리는 박테리아 그 자체며, 언제라도 원 상태로 다시 돌아가 박테리아의 기능을 수행할 수 있다.

* 점액 박테리아

박테리아의 작은 이리 떼는 적당한 시기에, 그들의 작은 구조로 다시 환원되어 포자가 나온다. 그들은 박테리아 형태를 재개하여 그들이 하는 방식대로 2개로 나누어진다.

미생물은 아주 매력적이지만 그것이 전부는 아니다. 이리 떼는 나중에 해체되지만 당분간은 다세포 생명체처럼 행동한다. 박테리아는 다시 새로운 과정을 개척한다. 다세포화가 단계적으로 진행되었지만 단세포 박테리아가 다세포 유기체와 유사한 덩어리를 만들고, 그다음에 그들이 마치 성숙한 유기체의 자손인 것처럼, 방출될 포자를 만든다고 생각하면 매우 흥미롭다. 오늘날 세계는 다세포 자손을 생산하는 다세포 생명체로 가득 차 있다. 이 박테리아는 많은 세포로 구성된 일체형 유기체를 생산할 수 있는 능력이 있을까?

아마 아무도 모르겠지만, 여기에 숙제가 있다. 가이아는 무언가가 효과가 있다는 것을 알게 되면, 항상 우리가 원하는 방향이 아니더라도 물론 그녀는 모든 주제에 관심이 있으므로 그것을 홍보한다. 그녀는 항상 미생물을 좋아했으며, 성공적인 포자 개념으로 더 많은 것을 수행할 수 있을지 궁금해하면서도, 일부 박테리아가 영양분이 없이 오랜 시간 생존할 수 있는 포자의 일종인 내생포자endospore를 만들 것을 권장한다. 그것은 극단적인 경우에 취해지는 자기 보호에 관한 가이아의 규칙이다.

오늘날 세계에서 가장 오래된 생물체는 솔송나무나 갈라파고스땅거북이 아니라 내생포자로 시간을 보내고 있는 박테리아다.

《사이언스Science》에 도미니카공화국에서 멸종한 벌 안에서 발견된 내생포자인 후벽균Firmicutes*에 관한 기사가 실렸는데, 4000만 년 전에 호박amber 속에** 보존된 것인 듯하다.

어떻게 이런 일이 있었을까? 벌은 나무에서 흘러나오는 끈적끈적한 송진에 포획되었다. 송진에 갇힌 벌은 몸부림쳤으나 빠져나올 수 없었고, 결국 질식해 죽었다. 그 속에 갇힌 박테리아는 일이 잘못되었음을 감지했고 몇 시간에 걸쳐 내생포자로 바뀌었다. 그들의 계획은 여건이 개선되기를 기다리는 것이었다.

이런 일이 생길 때 우리는 무엇을 하고 있었는가? 벌이 송진에 포획된 날, 우리는 나무 위에서 노는 아프리카 원숭이였고, 나무 사이를 능숙하게 날아다니며 진화의 길을 따라왔지만, 우리가 원했다고 해도 당시 그 내생포자가 달성한 것을 결코 달성할 수 없었다.

송진이 호박으로 굳어지는 데 약 1세기가 걸렸다. 내생포자들은 그 속에서 기다리고 있었는데 기다림은 시작일 뿐이었다. 그러나 우리는 기다리지 않았다. 그후 4000만 년 동안 원숭이에서 유인원으로 변모했고, 나무를 떠나서 인간형으로 변모했으

* 후벽균은 라틴어로 강건한 피부라는 뜻으로 후벽균문에 속하는 세균의 총칭이다. 내생포자를 형성하여 극한 조건에서도 생존하며 맥주, 포도주나 사이다를 부패시키는 데 큰 역할을 한다.

** R. J. Cano and M. K. Borucki, "Revival and Identification of Bacterial Spores in 25-to 40-Million-Year-Old Dominican Amber", *Science*, May 19, 1995.

며, 뒷발로 걷는 법을 배우고 몸에서 털이 없어졌으며, 돌을 갈아서 도구를 만들 줄 알게 되었고, 불을 사용하는 방법을 알아냈으며, 나중에는 불을 피우는 방법을 찾아냈다. 매우 다행스러운 일이다. 왜냐하면 빙하기가 와서 대부분의 물이 얼어 버렸고 그 결과 전 세계에 비가 충분히 내리지 않았기 때문이다.

삼림은 시들었고 초원이 펼쳐졌다. 우리는 그때 사냥과 채집을 하며 아프리카 사바나에서 사는 인간이 되었다. 결국 전 세계를 걸어 다니며 동식물을 키우는 방법을 배웠고, 건물을 짓고 도시를 건설하는 방법을 배웠으며, 마침내 벌이 들어 있는 호박을 발견한 과학자에게 혜택을 주는 미생물학을 가르치는 대학으로까지 발전시켰다. 과학자들은 벌을 꺼내 그 내부를 살펴보았다. 그들은 내생포자를 찾아냈다. 벌들이 호박으로 들어온 지 40만 세기가 흘렀지만 내생포자는 준비를 마친 상태였다. 그들은 원래의 박테리아 모습으로 복원되었고, 아무 일도 일어나지 않았던 것처럼, 작은 삶을 계속해 나갔다.

미생물은 둘로 나누어지면서 번식한다. 이때 유전자 이동은 없으며, 처음에는 단지 하나의 단세포가 두 개의 동일한 단세포가 된다. 그러나 일부 고세균과 일부 박테리아에 선모pilus라는 작은 털이 생겨났다. 이 선모를 이용해 더 복잡한 미생물은 표면에 달라붙거나 앞으로 나아갈 수 있다.

그러나 박테리아가 하는 일은 그것뿐만이 아니다. 어떤 박테리아는 작은 털 중에 특별한 선모를 2~3개 가지고 있는데, 이것들은 반드시 같은 종이 아니어도 다른 박테리아에 밀어넣을 수 있으며, 두 박테리아는 작은 튜브를 통해 유전물질을 교환할 수 있다. 이것은 유성생식이라고 알려져 있다. 박테리아는 수컷도 암컷도 아니며 2개의 박테리아가 반으로 갈라지고 1/4, 1/8 등 무한대로 분열할 것이다. 그러나 가끔 작은 머리카락과 같은 선모 덕분에 그들은 유전적으로 변화할 수 있다. 유전적 변화는 좋을 수도 있고 나쁠 수도 있는데, 그들에게 유익한 변화는 우리가, 그들이 야기하는 증상을 멈추게 하기 위해 복용하는 항생제에 대해 내성을 갖는 것이다.

생명 현상에 관한 한, 유전자를 교환하고 다양성을 얻는 능력은 적어도 지구에 사는 사람들에게는 빅뱅만큼이나 중요하다. 이것이 없었다면 돌연변이가 변이의 유일한 방법일 것이고, 돌연변이는 종종 유익하기보다 해가 된다. 돌연변이는 세포가 분열할 때 발생하지만 가끔 잘못되기도 한다. 그런 다음 DNA가 비정상적으로 복제된다. 때로 문제를 일으키기도 하지만 대부분의 경우 큰 차이가 없다. 그러나 도움이 되는 경우는 드물다. 그래서 진화가 돌연변이에 의해서만 진행된다면, 세계는 여전히 '고등' 유기체를 기다리고 있을 것이다.

유성생식에 관해서 언급하면, 과학자들 간에 고세균이 어떻게 선모를 사용하는지에 대해서는 의견이 분분하다. 하지만 박테리아가 작은 선모를 통해 서로 접촉할 때, 초기 형태의 유성생식이 나타나지만 고세균에서 유성생식이 발견되는 경우는 거의 없다. 아무튼 고세균이 산酸이나 빙하에서 서식하기도 하여 박테리아와 혼동되는데도 불구하고 박테리아가 선모를 사용하는 것을 보면 박테리아가 더 발달된 것으로 보인다. 우리에 관한 한, 빙하 내부에서 번성하는 것은 진보한 것이 아니다. 그러나 유성생식은 진보한 것이다.

미생물의 중요성은 아무리 과장해서 말해도 지나치지 않다. 과학자 린 마굴리스는 미생물을 '원핵생물'로 분류했고, 이들에 대해 다음과 같이 말했다. "원핵생물과 그 진화는 매우 중요하여 지구상에서 생명체 형태의 기본적인 분류는 일반적으로 생각하는 식물과 동물 분류가 아니라 원핵생물과 진핵생물의 분류다. 지구가 생성된 후 처음 20억 년 동안, 원핵생물은 지구의 표면과 대기를 지속적으로 변화시켜 왔다. 그들은 생명에 필수적이며 소형화된 화학 시스템을 발명했는데, 이는 지금까지 인류가 접근하지 못한 업적이다. 이 고대의 고도의 생명공학 기술은 발효, 광합성, 산소 호흡 및 공기 중 질소의 제거로 이어졌다."*

* Lynn Margulis and Dorion Sagan, *Microcosmos: Four Billion Years of Microbial Evolution from Our Microbial Ancestors*(Berkeley: University of California Press, 1986), p. 29. 마굴리스는 고세균과 박테리아가 같은 도메인에 속하고 고세균은 일종의 박테리아였다고 주장했다.

그들의 숫자는 이해할 수 없을 정도다. 사람의 몸에 있는 미생물이 그 사람의 몸을 이루고 있는 세포보다 10배 많은 것이라 생각되며, 인체의 세포가 10^{15}(1000조) 개라고 한다면 단 한 사람에 살고 있는 미생물은 1만조 개가 되는 셈이다.

그들은 지구의 생물자원의 가장 많은 부분을 차지한다. 하지만 우리는 그들을 볼 수 없기 때문에 믿기 어렵다. 볼 수 있다 하더라도 당신이 어디를 보든 모든 곳, 대지에도, 땅속 깊은 곳에도, 구름 속에도, 바다에도, 민물에도, 세계 어디든 모든 풍경이 그들로 덮여 있다. 그들을 숫자로 표현하면 5에다가 '0'이 30개 붙는다.* 즉, 5×10^{30}으로 영어로는 5 million trillion trillion (5 nonillion)인데, 어마어마한 숫자라는 것 외에 우리가 체감할 수 있는 것은 없다. 원자와 분자만이 미생물보다 더 많다.

그러나 우리가 좋아하든 싫어하든 이 미생물은 생명의 근본이 된다. 그리고 우리가 그 사실을 알든 모르든, 세포 구성은 생명의 주형이다. 고세균과 박테리아는 똑같이 보이고 똑같이 행동하여 한때는 같은 것이라고 생각했다. 그러나 이 두 종류의 생명체는 매우 다른 것으로 밝혀졌으며 생명체로 분류된 세 가지 도메인 중 두 가지를 차지한다. 고세균의 유전자와 대사 경로는 박테리아보다는 우리와 유사하다. 따라서 고세균이 아무리 박테리아처럼 보여도 우리와 더 닮았다.

* 미생물의 수는 5,000,000,000,000,000,000,000,000,000,000이다.

이와는 대조적으로 우리는 나무, 아메바, 해면체, 해초, 타조, 이끼와 같은 도메인에 속한다. 어떤 사람은 우리와 이끼나 아메바의 유사성이 거의 없다고 생각한다. 왜냐하면 사람들은 대부분 우리의 세포 구조나 DNA 구성, 우리를 여기에 이르게 한 거의 무한하고 끊임없이 변화하는 진화의 경로를 생각하지 않기 때문이다.

구성원이 수백만인 우리의 진핵생물 도메인은, 이제 다른 모든 것, 즉 그 영역이 세계고 그 안에 있는 모든 것, 극지방에서 극지방까지, 구름에서 바다 바닥까지 보이지 않는 모든 것에 적용된다. 그리고 대부분은 두 개 또는 그 이상의 파트너와의 협력 결과로 얻어진 것이다. 각기 혼자로도 성공했지만, 함께했을 때 더 성공했다.

적자생존適者生存은 한때 진화에서 중요한 열쇠라고 생각했다. 인정사정 봐 주지 않는 자연은 정상적인 것으로 생각되었다. 그러나 가이아는 협력을 좋아한다. 협력은 그녀의 세 가지 규칙 모두에 도움이 된다.

제4장

원생생물

우리 종족은 미생물과 서로 붙어 있는 작은 선모線毛로부터 시작되었다. 그 선모로 20억 년 전쯤에 그들은 아마도 자신의 세포와는 아주 다른 새로운 종류의 세포를 만들었을 것이다. 새로운 세포에는 DNA를 감싸는 막이 있었다. 그 막과 내용물은 세상이 돌아가는 방식을 바꾸었고 '좋은 알맹이'라는 뜻을 가진 진핵생물이라는 이름을 얻었다.

하지만 이상하게도 미생물은 새로운 세포를 만드는 데 20억 년이나 걸렸다. 사람들은 왜 20억 년이나 걸렸는지 의아하게 생각한다. 미생물이 다른 미생물에 붙을 수 있는 털 같은 선모를 가지고 있었다면, 공생 관계로 인해 그들은 매우 오랫동안 다른 생명체를 만들어 냈을 것이다. 20억 년 동안에도 그들은 새로운 종류의 미생물을 만들고 있었다는 뜻일까?

사실 미생물은 종류가 많아 시간을 낭비하지 않았고, 그 시간 동안 심지어 미생물도 진핵생물도 아닌 진핵생물과 같은 종류 또는 어떤 생명체를 만들었다. 그러나 지구는 초기에 화산이 분출하고 유성과 충돌하여 힘든 시간을 보냈다. 따라서 미생물이, 다르고 알 수 없는 유기체를 생산했다면, 그들은 화석을 남기지 않고 사라졌을 것이다.

살아남은 새로운 유기체는 단세포였지만 달랐다. 그들은 맨 처음으로 진핵생물의 하나의 계인 원생생물계가 되었다. 앞에서 말한, 히아신스와 함께 우리 침실에 있는 아메바는 원생생물로, 작아도 너무 작아 볼 수 없고 모양이 일정하지 않은 조각으로 묘사될 수 있다. 미생물보다 크지만, 미생물과 매우 비슷하다. 각각은 핵이 있는 단세포일 뿐이다. 그러나 미생물과 달리 아메바는 단단한 세포벽 대신 유연한 막으로 덮여 있다. 반면에 아메바는 앞이나 뒤 같은 특징은 없지만 유연한 막 덕분에 몸이 불룩해져서 위족僞足이라고 하는 '헛발'을 만들 수 있다. 아메바는 이리저리 움직이다가 유기물 잔해나 규조류珪藻類를 만나면 먹는다. 아메바는 헛발을 내어 먹잇감을 감싸 끌어들인 후 주머니를 만든다. 그런 다음 생화학 용매를 짜내어 음식을 분해하고 막을 통해 영양분을 흡수한다. 그 과정에서 폐기물이 생기면 들어온 길을 따라서 밀어 내보낸다. 아메바가 먹는 행위는 식세포작용 phagocytosis(세포 섭취)으로 알려져 있으며, 아메바 내부로 들어온 음식은 식포phagosome(먹은 덩어리)로 알려져 있다. 아메바는 덩어리를 먹고 먹은 것을 끝으로 보낸 후에 더 많은 음식을 찾는다.

하지만 사람들은 여기서 멈추고 궁금해한다. 뇌와 감각기관이 없는 바늘 끝보다 작은 세포가 어떻게 작은 먹잇감을 구별할 수 있고, 그 주위에 도달하여 그것을 감싸고 소화할 수 있으며, 어떻게 남은 것이 노폐물이라는 것을 알고 막을 통해 밀어내는가 하는 것이다. 아메바는, 핵 안에는 없지만 세포 내부에 있는 진한 액체인, 작은 점만 한 세포질에 불과하다. 하지만 그들은 우리가 가지지 못한 감탄할 만한 능력을 가지고 있다.

아메바는 형태가 여러 가지다. 백혈구는 아메바의 일종으로, 우리 몸속에 살지만 혼자 살 수 없다는 점은 아메바와 다르다. 일부 백혈구는 항상 혈액 속에 있지만, 백혈구는 골수에서 시작해서 림프샘에 모인다. 필요하면 더 많이 나타나서, 숲 속의 표범처럼 몸을 배회하다가 우리에게 해를 끼치는 침략자들을 사냥한다. 우리는 그들의 생태계지만 그들은 우리에 대해 잘 알지 못하며, 이는 그들에게 중요한 인간적 자질을 부여한다. 우리도 우리의 생태계에 대해 많이 알지 못하는 것은 마찬가지기 때문이다.

또한 습기가 많은 토양과 습한 잎사귀에서 발견되는 점액 곰팡이라고도 하는 딕티오스텔리움 디스코이디움*Dictyostelium discoidium*과 같은 사회적 생활을 하는 아메바도 있다. 이들은 우리와 마찬가지로 진핵생물이지만, 앞서 언급한 이리 떼 박테리아라고 불리는 박테리아와 거의 같은 방식으로 행동한다. 이리 떼 박테리아는 점액을 형성하고 더 나은 곳으로 이동하며, 그러고 난 후 일부는 포자가 되는 모자를 쓴 버섯 모양의 구조물을 형성한다.

딕티오스텔리움 디스코이디움도 같은 일을 하지만 더 높은 수준으로 실행해 왔다. 주변 환경이 불쾌하면 이 아메바는 화학 신호를 방출하여 그 무리를 하나로 모은다. 이 작은 원생생물이 모여 쭉 뻗으면 길고 가는 공 모양이 되는데, 그것은 이제 앞과 뒤가 있는 다세포 생명체며 작은 민달팽이처럼 보인다.

그런 다음 민달팽이가 움직이는 것처럼 앞쪽 끝이 앞으로 미끄러지면서 더 많은 음식을 찾아 헤맬 때에는 작은 흔적인 점액을 남긴다. 조건이 좋은 곳에 오면 뒤쪽 끝이 펴지고 앞 끝은 이리 떼 미생물 무리와 거의 비슷하게 올라간다. 그래서 버섯 모자처럼 보이는 전구 모양을 받치는 얇은 줄기를 가진 버섯처럼 보인다.

이리 떼 박테리아의 무리처럼, 바깥쪽에 있는 아메바는 '피부'가 되어 자신을 희생한다. 이들은 구근 속에 있는 아메바를 보호하고, 균체가 형성되면 전체가 기울어지고 구근 속의 아메바가 밖으로 나온다. 그들은 모두 이제 더 좋은 곳에 있기를 바라며 단세포 상태에 있게 된다.

이리 떼 박테리아 무리와 이 유능한 아메바 사이에 연결 고리가 있을 수 있다. 그렇지 않다면 이런 유사성은 서로 다른 유기체가 자신들의 문제에 대한 유사한 해결책을 찾았을 때 일어날 수 있다고 할 수 있다. 그것이 그들에게 효과가 있다면 당신에게도 효과가 있다고 가이아는 그녀가 만들고 있는 새로운 생명체에게 말한다.

다른 원생생물은 유성생식을 하여 유전적 다양성을 얻는다. 짚신벌레는 그런 원생생물이다. 움직이는 모든 원생생물은 '운동성이 있는' 원생생물로 알려져 있으며, 짚신벌레는 매우 작지만 박테리아에 비해 운동성이 매우 큰 원생생물이다. 그럼에도 불구하고, 아메바처럼 짚신벌레는 핀의 끝보다 작은 단세포 진핵생물일 뿐이다. 시력이 좋은 사람은 맨눈으로 볼 수 있지만 그렇지 않은 사람은 현미경으로 볼 수 있고 아주 작은 점으로 보인다. 그것은 암수 구별이 없지만 모양이 일정하지 않은 아메바와 달리 짚신벌레는 앞 끝은 둥글고 뒤 끝은 원뿔 모양이다. 짚신벌레는 입은 없지만 중앙 윗면에 입 모양의 기공이 있다. 장腸은 없지만 뒷부분에 세포항문이 있다.

그 형태를 조금씩 이해할 수 있을 것이다. 미생물의 습관을 계속 설명해 보면, 짚신벌레는 양옆에 노와 같은 작은 털이 있어 앞으로 나아갈 때는 뒤로 흔들고, 뒤로 갈 때는 앞으로 흔들면서 물을 밀치며 나아간다.

나는 짚신벌레를 현미경으로 볼 좋은 기회가 있었는데, 그중 하나에서 깊은 인상을 받았다. 그것은 단지 어떤 종의 일원이었기 때문이 아니라, 흥미가 있었고 나는 그것이 어떤 종류인지 알고 싶었다. 그러나 그것은 쉽게 번식하기 때문에 생물학적 연구를 위해 실험실에서 자주 사용되는 실험용 '흰쥐'와 같은 것이었다. 나는 바로 그곳에서 그들을 봤다.

그들은 작은 바나나 같았고, 양끝이 가늘고 길쭉하고 조금 유연해 보였다. 또한 핵이 두 개 있었는데, 그중 하나는 작은 뇌처럼 행동한다고 들었다. 처음에는 움직이지 않았으나 갑자기 앞으로 쏜살같이 달려가더니 뭔가 생각이 난 듯 멈춰 서서 잠시 기다렸다가 다시 천천히 뒤로 떠내려가는 것 같았다. 그들은 위험을 감지하는 데 능숙하고, 위협을 감지하면 휙 돌아서 반대쪽으로 간다고 했다. 그래서 현미경으로 볼 수 있는 공간을 최대한으로 여기저기 조사하여, 이 작은 것의 마음을 바꾸게 한 것이 무엇인지를 알아내려고 했다.

나는 아무것도 발견하지 못했지만, 별 의미가 있는 건 아니었다. 거기에 무엇이 있었든 간에, 그 작은 생물도 그것을 보지 못했다. 짚신벌레는 눈이 없기 때문이다. 그렇다고 해서 그것을 모른다는 뜻은 아니다. 아니면 그 방향에 있는 무엇인가와 나쁜 경험을 했다는 뜻일 수도 있다. 세계에는 너무 작아 우리가 볼 수 없는 물체가 무한히 많다.

그 이후 나는 '흰쥐'의 특성을 가진 짚신벌레가 배우고 기억할 수 있다는 내용을 읽었다. 상당히 많은 연구가 진행되어 다양한 해석과 결과가 나왔다. 그러나 분명히 짚신벌레는 가벼운 전기충격을 주는 특정 종류의 빛을 피해야 한다고 배웠기 때문에 이 불쌍한 작은 것들은 그후부터 그 빛으로부터 멀리 떨어져 있었다. 누가 단세포가 배운다고 상상이나 했겠는가? 우리가 전기 충격을 주는 빛을 피하는 법을 배우는 것처럼, 그들도 할 수 있고 하는 것처럼 보인다. 만약 짚신벌레가 학습한다는 사실이 드러난다면 우리는 그 가치를 추정할 수 있다. 학습은 예전부터 시작된 것임에 틀림없다.

하지만 짚신벌레는 배우는 것 이상의 것을 해낸다. 그들은 '교미'도 한다. 단세포생물에게 이 단어를 사용하면 과학적 사고방식을 가진 사람들을 화나게 할 수 있으므로, 나는 진실한 사과와 함께 의인화의 부정을 하지 않는 정도로 그것을 사용한다.

짚신벌레가 교미를 한다는 것은 그저 몸체를 둘로 나누는 것과는 아주 다른 과정이다. 짚신벌레는 분열할 때 허리선이라고 불릴 수 있는 부분을 졸라매며 천천히 떨어져 나가기까지 몇 분이 걸린다. 잘려 나가는 하반부는 마치 미래를 염두에 두고 그 과정을 빨리 하고 싶어하는 것처럼 약간 흔들린다. 상반부에서 떨어지면, 그것은 잠시 저절로 자신이 모아지는 데 시간을 보내고 나서 멀리 가 버린다.

그러나 유전자를 교환할 때 두 개의 짚신벌레는 등 뒤의 홈을 함께 누르고 유전자가 짚신벌레에서 다른 짚신벌레로 전달되는 동안 잠시 그대로 있는다. 반으로 나뉘는 과정보다 시간이 훨씬 덜 걸린다. 이제 우리는 짚신벌레가 결정을 내린다는 또는 내리는 것 같다는 사실을 알았으므로, 무엇이 그들을 적절한 상대를 찾게 자극하는지(방금 부러진 자신의 부분이 아니기를 바라면서), 옆으로 돌게 하는지, 상대의 등에 기대서 누르게 하는지, 유전자를 짜내게 하는지 궁금하다. 그 안에 있는 작은 것들이 폐기물이 아니라 유전자인지 어떻게 알 수 있을까? 그리고 어떻게 그 안에 있는 것에서 유전자를 꺼낼 수 있을까? 아니면 무엇이든 그냥 분출시키고 상대방이 찾아내게 하는 것일까?

어쨌든, 일을 끝내면 각각은 다른 개체의 유전자의 일부를 가지고 각자의 길을 가고, 각각은 그후에 전통적인 방법으로 반으로 나뉠 것이고, 두 반쪽은 혼합된 유전자를 가지고 있을 것이다.

원생생물의 생활방식은 다른 계kingdom의 생활방식보다 다양하다. 혼자 생활하는 원생생물도 있고 사회생활을 하는 원생생물도 있다. 어떤 원생생물은 다른 생물체와 공생하며 살고, 어떤 것은 다른 생물체에 기생하며 산다. 그리고 어떤 원생생물은 잡아 먹는 것 이외에는 다른 생명체와 상호작용을 하지 않는다. 아주 중요한 어떤 원생생물은 광합성 박테리아에서 진화한 것으로 보이는 광합성 해조류다.

흥미롭게도, 지구상의 거의 모든 곰팡이, 동물 또는 식물은 원생생물과 관련이 있다. 우리와 관련된 것은, 엄청나게 복잡하고 상상하기 어려운 말라리아를 일으키는 열대열원충말라리아 *Plasmodium falciparum*(낫 모양의 곰팡이)다. 열대열원충말라리아는 여러 생활 단계에 숙주가 두 개 혹은 더 나은 숙주(사람)와 매개체(학질모기)를 가진 기생충이다.

암컷 모기는 알을 낳기 전에 철분이 필요한데, 철분은 사람의 혈액 속에 있는 헤모글로빈에서 발견됨을 알고 있다. 기생충은 포도당과 혈액에 있는 생화학 물질도 원하므로 모기의 타액샘에서 희생자를 찾을 때까지 기다린다.

모기는 우리가 내뿜는 이산화탄소를 통해 우리의 존재를 알고, 우리가 발산하는 열에 의해 우리의 몸을 발견한다. 모기는 피해자가 자신의 존재를 알면 자신을 딱 치는 것을 알기 때문에 조심한다. 그래서 모기는 사람의 아무 곳에나 착륙하지 않고 모세혈관 바로 위에 착륙한다. 모기는 사람의 피 속에 있는 모기가 아는 생화학 물질 냄새를 맡을 때까지 사람의 곁을 맴돌며 코를 킁킁 거린다. 모기는 모세관에 침針을 꽂고는 타액을 조금 배출한다. 모기의 타액에는 주변의 신경을 마취시키고 희생자의 혈액을 굳지 않게 해 빨기 쉽게 하는 액체가 들어 있다. 그 속에는 기생충으로 가득 차 있다. 그들은 침과 함께 피해자의 몸속으로 들어간다.

이 기생충은 포자충*으로 알려져 있다. 벌레 모양이지만 믿을 수 없을 정도로 아주 작다. 그들은 이동하기 쉬운 형태로 되어 있고, 일단 희생자 안으로 들어가면 혈류를 타고 혈관을 통해

* 모기의 타액에 있는 포자충은 기생성 원생동물로 인체에서 혈관을 타고 간으로 이동하여 간에서 성숙하여 분열체가 되며 분열체는 다시 수천 개의 분열소체로 분열 증식하는데, 이들은 인체 내에 적혈구를 파괴하여 말라리아에 걸리게 한다./옮긴이

간으로 간다. 그런 다음 간세포로 들어가는데, 아무 간세포에나 가는 것이 아니라 적당한 간세포를 찾아야 하므로 여러 간세포를 방문한다.

기생충은 먹기 위해 간세포에 머무는 것이 아니라 먹을 준비를 하기 위해 그곳에 머무는 것이다. 그래서 그들은 '딸' 기생충을 생산하는 많은 핵으로 채워진 분열체shizont*로 알려진 공 모양의 구조를 형성한다. 분열체는 수많은 분열소체merozoite**로 분열한다.

이것은 기생충이 섭식하는 형태며 작은 직사각형 벌레처럼 보인다. 그들은 거의 그 사람의 혈액세포를 뚫을 준비가 되어 있다. 하지만 그들은 그들을 뒤쫓아 사람의 면역체계가 작동하는 것을 원치 않는다. 그래서 간세포에서 얻은 막 조각으로 자신을 감싸 위장한다. 위장한 그들은 그들의 목표인 적혈구를 침범한다. 그 사람은 아직 아프지 않으므로 잘못된 것을 전혀 느끼지 못한다.

일단 혈액세포 내부로 들어가면 잠시 동안 포도당, 아미노산의 일부, 아마도 철분을 먹을 것이다. 그러나 그들은 폐에서 산소를 몸 주변으로 운반하는 헤모글로빈을 파괴한다. 분열소체는 계속해서 공 모양의 것을 만들고 더 많은 딸 원생생물을 만들어내는 세포에 물을 들여보낼지도 모른다. 물은 딸 원생생물에게

* 분열생식포자라고 함. 분리된 존재.

** 부분적으로 단순한 존재.

는 나쁠 것이다. 기생충은 지금 망가진 혈액세포를 파괴해야만 밖으로 나가 건강한 또 다른 혈액세포를 침범할 수 있다. 그들은 수천 개의 혈액세포가 거의 동시에 파열될 때까지 이 과정을 반복한다. 이런 일은 보통 밤에 일어나는데 의도적인 것일까? 그들이 밤이라는 걸 어떻게 알까? 하지만 사람이 말라리아의 오한을 느끼는 것은 바로 그때다.

이때부터는 면역체계가 그것을 처리하거나 항抗말라리아 약을 복용하거나, 사람이 죽거나 할 때까지 두 가지 형태의 과정이 계속된다. 이로 인해 기생충은 죽지만, 그들은 그것에 대비하여 준비를 한다. 모든 것이 공 모양의 분열체를 만드는 것은 아니다. 일부는 계속 이동 형태를 취하고 간으로 들어가지 않는다. 일부는 아직 혈관에 있으므로 다른 모기가 그들을 데려갈 수 있다.

시간이 지나면 또 다른 모기가 도착한다. 그녀는 말라리아에 걸린 희생자를 잽싸게 찔러서 기생충으로 가득해진 상태인 그 혈액을 빨아들인다. 일단 새로운 모기 안으로 들어가기만 하면 기생충은 곧 새로운 희생자 안으로 들어갈 수 있으므로 그들도 준비를 해야 한다. 모기의 입에서 창자까지 내려와 창자의 내벽을 관통하고 그곳에서 수컷과 암컷이 된다. 그들은 누가 새로운 희생자가 될지 모르기 때문에 유전자 일부를 교환하고 싶어한다. 그들은 다양한 유전자가 존재하여 유전자 교환이 가능한 미지의 장소로 가는 모험을 한다. 수컷과 암컷이 수정하고, 새로운 혼합 유전자를 가진 기생충이 생기면 새로운 기생충은 운반자 모기의 입으로 올라가 타액샘으로 들어가서 기다린다.

이 모든 일이 일어나는 동안 모기는 희생자를 찾아 날아다닌다. 그 모기는 곧 자욱한 이산화탄소를 발견하고, 그 안으로 날아가 따뜻함을 느끼며, 그쪽으로 향하고, 피 냄새를 맡고, 모세혈관에 착륙한다. 그녀는 찌르고 기생충을 내보낸다. 빨고 있는 피가 천천히 흘러나오고, 빨리하지 않으면 희생자가 자신을 찰싹찰싹 때릴 수도 있을 것이다. 그녀는 잘못된 장소를 찔렀을 수도 있다. 더 열심히 노력하면서, 그녀는 다시 찌르며 희생자에게 더 많은 기생충을 내보내고 이런 과정을 되풀이한다.

나는 모기에게 침샘이 있다는 사실을 알고 놀랐다. 모기에게 침샘이 없다면 아마 우리는 말라리아에 걸리지 않을 것이다. 나는 이 기생충들이 매년 수천 명을 죽이는 우리의 적이라는 사실을 알게 되었다. 그래서 그들이 싫고 두렵다. 하지만 이 원생생물이 성취한 것을 생각하면 경이롭다. 부모님은 내가 배아였을 때 기본적인 형태를 부여해 주었는데, 그 배아는 부모의 형태며 자녀에게 전달되며 죽을 때까지 계속된다. 그래서 모기의 내장에 적합한 형태, 사람의 간이나 적혈구에 적합한 형태, 마지막으로 그들이 한 번 침입한 희생자에서 반드시 가야 하는 서로 다른 장소와 그들이 반드시 확인해야 하는 생화학적 물질의 배열은 말할 것도 없고, 이 형태의 일부를 다른 희생자로 이동하는 것을 포함한 다음 단계를 밟을 준비가 된 형태로 전환하는 것을 반복하는 형태(공 모양의 구조)에 적합한 종種을 상상하기가 어렵다는 것을 알았다.

말라리아 기생충은 어떻게 그것을 아는지 모르겠지만 대부분의 인간보다 사람의 혈액에 대해 더 잘 알고 있다. 그 기생충은 단순하지 않다. 모양에 대해서만 연구해도 그것이 생화학 박사 학위를 받을 자격이 있음을 결코 잊어서는 안 된다. 개구리가 되는 올챙이는 하나의 개체고, 하나의 아메바는 반으로 갈라져 두 개의 개체가 된다. 그러나 이러한 정의 중 하나라도 말라리아 기생충에 적합할까?

그에 맞는 정의는 없는 것처럼 보이며 인간의 경험에도 그와 같은 것은 없다. 우리에게 그것은 마치 비행기에서 내려서 식당에 가고, 화장실로 돌진하여 거기서 앞치마를 입은 개가 되고, 주방에 들어가서 요리사로부터 음식을 잡아챈 다음, 사물함에 들어가서 유성생식으로 번식하고 공항으로 달려가, 비행기를 타고 출발하는, 교육을 잘 받은 사람들을 많이 낳는 생화학자 집단과 같다.

이러한 일은 비록 개체로부터 생긴 어떤 것이 다음 단계로 변형되기는 해도, 정확하지는 않지만 이것은 개별적인 기생충이 할 수 있는 일은 아닐 것이다. 그러나 우리는 그렇게 하는 건 고사하고 그런 일조차 상상할 수 없으며, 할 수 있는 사람들을 불신하는 경향이 있다.

"그래서 뭐가 어떻게 되었는데?"라고 우리는 묻는다. "그것들은 벌레거나 아니면 다른 특별한 것이다. 그들이 할 수 있는 모든 일은 우리를 역겹게 하는 것이다. 우리 인간은 그들보다 더 높은 존재다." 이 점에서 우리는 놀이터에 있는 어린아이 같다. 장난감에는 능숙하지만 우주 비행사를 달에 보내는 데 필요한 것은 알지 못한다. 초고층 건물이나 원자로를 만드는 데는 확실히 성공했지만, 다른 형태를 취함으로써 미리 정해진 일련의 복잡한 목표를 달성하는 동안 서로 다른 체계의 두 동물에 서식하는 것과 비교될 수 있을까? 기생충에 관한 한, 인간은 이 일을 하기 위한 장소일 뿐이며, 그들은 너무 작아 한 사람에게서 다른 사람에게로 기어갈 수 없으므로 우리가 비행기를 타서 옮겨가듯 그들은 모기에 탄다.

이 놀라운 능력이 이 원생생물에게서 어떻게 시작되었는지 누가 알겠는가? 그리고 이 미천한 원생생물이 그것을 달성하기 위해 얼마나 많은 시간을 썼을까?

열대열원충말라리아는 그들 종류의 이름이고 모두 유사한 생활주기를 가지며, 숙주는 2개고, 200여 종이 있다. 숙주 중 하나는 모기고 다른 하나는 척추동물로 보통 포유류다. 그리고 이 원생생물은 우리와 똑같은 진핵생물로 너무 작아 약 30마리가 하나의 적혈구에서 살 수 있다. 생각해 보라. 원핵생물 도메인인 고세균 및 박테리아와는 달리 진핵생물 도메인의 경우 크기에 관해 말할 수 있을까? 어떤 미생물도 현미경 없이 볼 수 있을 정도로 크지는 않지만 진핵생물의 경우 30마리의 말라리아 기생충이 적혈구 하나에 들어갈 수 있을 정도로 작은 반면, 대왕고래는 길이가 약 30m고 혀의 무게만도 코끼리와 같고 심장은 자동차 만큼 무겁다.* 원핵생물은 린 마굴리스의 말처럼 "모든 생명의 필수인 소형 화학 시스템"을 발명했을 수도 있다. 그래서 그들은 우리가 확실히 살아갈 수 있도록 했다. 그러나 개발에 관해서는 우리는 크기 범위를 알지 못했다. 그것은 동물을 위한 것이다. 마찬가지로 곰팡이와 식물도 잘하고 있고, 심지어 더 잘하고 있다. 가장 작은 곰팡이는 효모로 지름이 2μm이고, 가장 큰 것은 10m²를 차지하는 거대한 것이다. 그에 대해서는 나중에 언급하겠다. 가장 작은 식물은 개구리밥으로 물 위에 떠 있는 작은 점과 같다. 가장 크거나 적어도 가장 육중한 것은 자이언트세쿼이아giant sequoia로 키가 84m지만 키가 가장 큰 것은 아니다. 어떤 미국 삼나무는 그보다 8m나 더 크다.

말라리아 원충과는 대조적으로, 우리는 지구상에서 가장 큰 생명체 중 하나인 자이언트켈프giant kelp라고 알려진 다른 원생생물을 고려해야 한다. 켈프는 갈색 해조류며 간단한 방법으로 잘 자란다. 그들은 생활 스타일이 복잡하지 않으며, 새롭게 형성된 켈프는 해저 지지대에 고정되어 평생을 산다. 매일 몇 cm씩 성장하여, 61m 길이의 리본 모양이 되어 태양을 향해 손을 뻗으

* 참조: http://www.nationalgeographic.com/animals/mammals/b/bluewhale.

며 나머지 삶을 살아간다. 그것이 지구상에서 가장 큰 생명체 중 하나며, 가장 단순한 것 중 하나다.

자이언트켈프는 식물이나 광합성 미생물과 마찬가지로 햇빛으로부터 자체적으로 식량을 만들어 내기 때문에 어떤 점에서는 간단하지 않다. 그러나 그들은 이동하지 않으며, 모양을 바꾸거나 다른 생명체를 방해하지도 않으며, 말라리아 기생충과 같이 일련의 복잡한 방식으로 영속하지 않으며, 짚신벌레처럼 배우지도 않는다. 대신에 단지 포자를 만들고, 그 이상은 해류가 움직일 때 흔드는 것 외에는 아무것도 하지 않는다.

그러나 여기에 경고문을 추가해야겠다. 내가 방금 그린 (무의미하고 게으른) 해초 그림은 대부분의 동물과 모든 식물에 관해 한 번 그린 그림과 같다. 이것은 부정확하고 해초에 대해서는 쉽게 틀릴 수 있다는 것이 밝혀졌다.

분명히 원생생물들은 그들이 작다는 점을 제외하고는 공통점이 거의 없다. 어떤 것은 동물처럼 행동하고 어떤 것은 식물처럼 행동한다. 예상했던 대로 그중 하나가 식물이 되었다. 놀라운 것은 그들 중 하나가 동물이 되었고 또한 균류도 되었다는 것이다. 누가 우리와 곰팡이가 관련 있다고 꿈에라도 생각했겠는가?

제5장

진균류

많은 사람들에게 '진균'이라는 단어는 숲 속의 버섯이나 아구창, 아니면 가려운 질 점액으로부터의 감염을 의미한다. 하지만 우리가 균류계菌類界를 잘 모르기 때문에 그런 것이다. 앞에서 말했듯이 효모로 알려진 진균은 하나의 세포로 구성된 미세 유기체지만, 이것과 큰 진균류를 비교하면 집먼지진드기와 대왕고래를 비교하는 것과 같다. 즉, 오리건의 유명한 진균의 크기는 $10km^2$고 일부 설명에 따르면 $23km^2$다. 그런데 후자는 2개의 진균일 수 있다. 어느 쪽이든, 오리건 진균*은 지구상에서 가장 큰 생명체임에 틀림없다.

* 미국 오리건주에서 번성하고 있으며, 지구상에서 가장 오래된 진균으로 알려져 있다./옮긴이

나이는 2천 살에서 1만 살로 추산되는데 1만 살보다 더 많다면 땅늘보*Megatherium*가 그 진균을 보고 있을 무렵 자라기 시작했을 것이다. 우리는 이들을 보고 그들이 오래 산다는 것을 알면 숨이 찬다. 스스로를 기준으로 삼아서 보기 때문이다. 수백 종의 생명체가 우리보다 훨씬 오래 산다. 그렇다고 해도 지금은 멸종하고 없는 땅늘보와 처음 삶을 시작한 것이 지금도 여전히 오리건에서 번성하고 있다고는 상상조차 할 수 없다. 그렇다. 진균류는 점점 커지면서 변했지만, 그 기간 동안 오리건 진균은 선사시대의 황야에서 농장, 도시, 도로 및 사람이 번성하는 공동체로 삶의 환경이 바뀌었다. 사람들조차 처음에는 아메리카원주민으로 살았고, 그다음에는 농장에서 살다가, 지금은 대부분 도시에서 산다. 진균보다 훨씬 더 많이 변했다.

우리는 진균의 크기를 거의 알지 못한다. 본체가 대부분 지하에 있기 때문이다. 진균류는 균사hypha로 알려진 필라멘트로 이루어진 망사 모양의 균사체mycelium에서 발전하는 포자로 생을 시작하는데, 기능상 뿌리와 비슷하다. 균사는 지하에 있거나 무언가의 안에 있으며, 거기에서 즙을 흡수하기 위해 그것을 먹던지 그 속에서 자란다.

버섯은 식물과 같이 자급자족하는 개체라고 볼 수 있다. 하지만 버섯은 진균에게는 열매를 맺는 자실체와 같은 것이다. 진균류가 하는 일상의 일은 균사에 의해 수행된다.

버섯을 보는 견해는 사람에 따라 다르다. 가게에서 사는 것은 식용이고, 숲 속에서 자라는 것은 독성이 있다고 두려워한다. 실제로 많은 것에 독이 있다. 우리 일행이 뉴햄프셔에서 버섯 사냥을 갔을 때 나는 그런 진균과 위기일발의 상황에 맞닥뜨린 적이 있다. 우리 일행에는 집에 있었을 때 줄기의 상단과 하단에 작은 '껍질'의 테가 있는 은색의 돔 모양의 버섯을 먹었을 것으로 보이는 아시아계 여성이 있었다. 버섯을 채취하고 돌아왔을 때, 우리는 그녀의 바구니에 알광대버섯이 들어 있는 것을 알았다. 이 버섯은 죽음의 모자라고도 불리며, 한 입만 먹어도 죽을 정도로 치명적이어서, 우리는 독이 묻었을 경우에 대비해 바구니에 있는 버섯을 모두 없애야 한다고 외쳤다.

그 여자는 충격을 받았는지 독버섯을 낚아채서 가장 가까이 있던 나의 코 밑에다 갖다 대었다. 그러고는 외쳤다. "냄새 맡아 봐! 이렇게 순수하고 하얀 것이 어떻게 해를 끼치는 독버섯이겠어!" 그러고는 그녀는 그것을 바구니에 던져 넣었다.

그녀가 버섯을 내 코에 바싹 대고 너무 세게 밀어붙여서, 분자가 아마도 내 몸 안으로 들어갔을 것이다. 왜냐하면 나중에 나는 숲 속에서 무릎을 꿇고 손을 바닥에 댄 채 위 속에 있는 것을 거의 비울 정도로 토했기 때문이다. 나는 아주 창백해져 비틀거리며 우리가 머물던 곳으로 돌아갔다. 그리고 다른 사람들과 함께 아시아 여인의 바구니를 훔쳐서 숲 속으로 멀리 가져가 던져 버렸다. 만약 이 독버섯이 자란다면 그 지역의 동물들은 알아볼 수 있을지도 모른다. 하지만 만약 버섯이 음식처럼 보이는 더미 속에 있다면 어떻게 될까? 우리는 야생동물의 비극을 막기 위해 버섯을 으깨서 돌 밑에 묻었다.

그녀는 내가 생명을 구한 유일한 사람이다. 우리는 다른 사람의 바구니를 보지 않았다. 단지 그녀가 자신의 것을 보여 주어서 그녀의 바구니만 보았을 뿐인데, 그 버섯을 발견한 것은 행운이었다.

하지만 우리가 그녀에게 너무 모질게 말해 그녀를 속상하게 했다는 점에서 죄책감을 느꼈다. 그럼에도 불구하고, 그녀가 독버섯을 먹었다면 더 심한 죄책감을 느꼈을 것이다. 그리고 그날 저녁에 먹은 스튜stew에 그것을 넣어서 요리했다면 우리 중 누구도 지금 여기에 있지 못했을 것이다.

진균이 우리에게 독이 되는 것 같아 슬프다. 우리들의 공통 조상은 바다에서도, 아마도 담수에서도 살았던 것 같다. 이는 우리의 공통 조상이 수영을 할 수 있었음을 의미한다.

진균도 수영을 할 수 있었을까? 진균도 수영을 할 수 있었다. 그래서 그 자손들도 할 수 있다. 원래 수영하는 동물들은 화석을 많이 남기지 않았지만, 지금도 그런 진균류가 존재하므로 사람들은 그것을 이해할 수 있다. 그렇다. 심지어 오늘날에도 특정 진균의 포자가 물고기처럼 헤엄을 치고 있다. 예를 들어 특정 항아리곰팡이의 포자는, 피부에 있는 단백질과 당을 감지한 다음,

해면동물이 바위에 붙듯이 동물의 유충처럼 먹잇감에 붙어 그들의 먹잇감인 개구리와 다른 양서류를 찾는다.

진균은 먹잇감의 피부 아래에서, 육지에 기반을 둔 진균이 식물에서 영양분을 흡수하듯이 즙을 흡수하면서 포낭으로 성숙한다. 시간이 지나 성숙한 진균은 포자를 생산한다. 일부는 먹잇감에 머물 것이고 다른 것들은 자신의 먹잇감을 찾기 위해 자유롭게 수영할 것이다. 곧, 먹잇감이 된 희생자는 심부전으로 사망할 것이다.

항아리곰팡이의 한 종류가 전 세계의 양서류를 급감시켰다. 어떻게 이런 일이 일어났을까? 원인이야 여러 가지겠지만 그중 하나가 도롱뇽의 일종이 저항성이 있어서 포자를 지닌 채 움직인다는 것이다. 하지만 사람들이 전 세계로 퍼지는 데 역할을 했다. 인간은 개구리를 여러 가지 방법으로 사용하고(임신 진단이 그중 하나다), 야생 개구리를 잡아서 판매하는 사람들은 온갖 종류의 개구리 서식지 생태계를 찾아서 돌아다닌다. 수집가들이 전 세계에서 발견되지 않던 이 진균류의 포자를 퍼뜨렸다고 주장하는 학설도 있다. 우리는 그들이 모든 곳에 퍼지지 않기를 바라야 한다. 양서류를 잃는 것은 모든 조류나 모든 포유류를 잃는 것과 같기 때문이다.

미생물과 일부 원생생물을 제외하고, 진균류는 다른 생명체가 시도하기 훨씬 전에 육지에 왔을 수도 있다. 그들이 어떻게 했는지는 불확실하다. 화석이 되는 경우가 거의 없으나 광합성을 하는 조류藻類, algae는 호수와 연못에 있었고, 수영을 하는 진균류는 지금 조류가 개구리에 끌리듯이 조류에 끌렸을 수 있다. 수영을 하는 진균이 양서류에 들러붙어 즙을 빨아들이면 결국 양서류는 죽는다. 하지만 조류 덩어리들은 아마도 더 많은 즙을 만들어 광합성을 계속하며 진균을 먹였을 것이다. 이것은 둘 모두에게 잘 작용하여 그 협정은 영구적이 되었다. 오늘날, 이 이중二重 형태의 생명체를 지의류라고 한다.

지의류는 하나로 행동하는 두 가지 생명체다. 조류는 음식을 제공하고 진균은 지지대와 비가 내린 후 물을 잠시 동안 보유하고 물을 제공한다. 지의류가 인상적이지 않다고 생각하면 안 된다. 그들에 대해서는 나중에 더 설명하겠다.

시간이 지남에 따라 진균류는 모든 종류의 음식을 먹을 수 있도록 진화했다. 거대한 오리건 진균과 같은 것은 채식주의자이므로 식물의 과즙을 먹고 산다. 곰팡이와 같은 진균은 죽은 유기체에 균사를 집어넣어 죽은 것을 먹는다. 그리고 또 살아 있는 먹이를 잡는 육식성도 있다. 그들의 먹잇감은 대개 회충이며, 회충은 토양 도처에 있고, 진균은 균사의 고리로 회충을 잡는다. 고리는 벌레를 감싸고 터널을 만들어 그것을 잡고 균사는 벌레 속에서 자란다. 그리고 그 진균은 그 육즙을 흡수할 수 있다.

채식성 진균류 역시 피해를 입히는데 오리건 진균과 같은 것은 위험할 수 있다. 오리건 진균의 균사는 나무 뿌리를 관통하고 영양분을 흡수하기 위해 그 나무의 껍질 아래에서 자란다. 따라서 어린 나무를 약화시키고 삼림에 심각한 문제를 일으킬 수 있다. 일부 진균류는 나무에 미네랄을 공급하고 나무로부터 영양분을 얻는다. 아마도 오리건 진균도 이런 일을 할 것이다. 만약 진균이 어린 나무로부터 1만 년 동안 그들을 돕지 않고 과즙만 빨아먹었다면, 삼림이 지금과 같은 크기가 되었을까? 나무와 거대한 진균은 답을 알고 있지만, 과연 우리도 알고 있을까?

모든 진균류는 포자로 번식한다. 육지에 온 진균류는 가이아의 번식 규칙을 따르려고 하자 심각한 문제가 있음을 알았다. 만약 모든 포자가 버섯 아래로 떨어진다면 그들의 영역은 곧 과밀해질 것이다. 당분간은 괜찮을 것이고, 이점도 있을 것이다. 하지만 영원히 계속될 수는 없다. 조만간 그들 상호 간의 교배로 인해 해가 되어, 그들 주변의 식량 공급에 실패할 수 있기 때문이다.

가이아는 이것을 오래전에 알았고, 육지에 기반을 둔 진균으로 가장 훌륭하게 비근친교배 번식 방법을 설계했다. 이들은 놀랍고 창의적인 방식으로 포자를 배포하는 데 능숙해졌다.

어떤 포자는 공기 흐름을 사용한다. 포자가 준비되면 버섯은 스웨터를 머리 위로 벗으려고 끝을 잡아당기는 것처럼, 갓을 위쪽으로 뒤집어 하루에 20억 개의 포자를 바람에 날려 보낸다. 이것은 포자가 확실히 성숙해지는지에 대해 낙관적이지 않다는 것을 암시한다.

만약에 바람이 불지 않으면 어떻게 할 것인가? 어떤 종류의 버섯은 자신의 갓에 가스를 채워서 조금 더 노력한다. 포자가 떠날 준비가 되면 갓을 밖으로 내보내 날려 보낸다. 또 다른 버섯은 찾아오는 곤충을 끌어들이는 향기를 발산한다. 온몸이 포자투성이가 된 곤충은 그들이 걷거나 날아갈 때 주위에 퍼진다.

그러나 아마도 가장 놀라운 포자 수송 방법은 동충하초에서 볼 수 있다. 동충하초는 가장 유용한 진균류로 여러 종이 있으며, 그중 일부는 약용이며 특정 아시아 문화권에서 중요하게 여겨진다. 꽃가루로 곤충을 끌어들이는 식물처럼, 동충하초는 곤충을 끌어들여 번식을 돕는다. 하지만 그들을 환영하는 꽃을 찾아가는 벌과는 달리, 동충하초를 돕는 곤충들은 자신이 무엇을 하는지 전혀 모른 채 그런 일을 하며, 만약 무엇을 하는지 안다면 그들을 돕지 않을 것이다.

동충하초에는 많은 종이 있으며 모양과 크기는 다르지만 모두 매력적인 냄새를 내어 곤충을 유인한다. 개미를 유인하기도 하고 애벌레를 유인하기도 한다. 또 어떤 동충하초는 메뚜기나 파리를 유인하기도 한다. 동충하초에는 곤충에 묻힐 수 있는 포자를 담는 작은 자루가 있으며 포자가 나올 때 곤충의 껍질을 녹이는 생화학 물질이 흘러나온다. 이것은 포자가 곤충에 들어갈 수 있는 구멍을 만들고 다른 것들도 들어갈 수 있으므로, 포자는 감염을 막기 위한 항생제, 다른 곤충의 공격을 막기 위한 살충제, 다른 곰팡이의 침입을 예방하기 위한 살균제를 만들어 낸다.

동충하초를 이 단계에서 어떻게 봐야 하는지 알기 어렵다. 어쩌면 우리가 말라리아 기생충을 보는 방식으로(일련의 형태와 단계를 가진 생명체로) 전체를 살펴보는 것이 가장 좋을지도 모른다. 어떤 단계도 독립적이지 않고, 한 가지 이상의 일을 하는 경우가 거의 없으며, 각 단계는 전체의 일부일 뿐이다.

포자가 자신의 취향에 맞는 희생물을 찾았다면 그들은 효모와 같은 방식으로 부풀어 오르는 동안 중요한 기관을 쓴다. 그런 다음 포자는 희생물의 뇌로 들어간다. 개미를 희생물로 삼는 경우, 포자는 개미가 나무 높이 올라가 나무껍질이나 잎의 큰 중심맥을 물도록 한다. 그렇게 하여 개미의 턱이 개미를 제자리에 고정시키도록 한다. 개미를 파괴하기 위해 1단계로 나무에 올라가서, 2단계로 나뭇잎을 발견하고, 3단계로 그 중심맥을 물게 하는 것과 같은 것은 말할 것도 없고, 다른 유기체의 뇌를 조작해 그 유기체가 어떤 일을 하도록 만들 수 있다는 것을 상상만 해도 놀랍다. 우리의 모든 기술과 뇌 기능에 대한 모든 연구를 동원한다고 하더라도 우리는 그런 방식으로 뇌를 조작하지 못할 것이다. 인체의 모든 장기 중 뇌는 가장 이해 못하는 곳이다. 우리의 연구는 지금 동충하초 방향으로 조금씩 이동하고 있다. 연구원들은 우리의 뇌를 조작하는 장치를 연구하고 있다. 하지만 이것은 수천 년 동안 진균이 해오던 일만큼 복잡하지는 않을 것이다. 그래도 우리는 여전히 갈 길이 멀다.

동충하초는 개미 뇌를 조작할 뿐만 아니라 애벌레나 파리 같은 다른 동물의 뇌도 이해하고 조작한다. 동충하초가 애벌레를 이용하는 경우에는 그것이 그들의 계획인지는 모르겠지만, 애벌레를 나무에 오르지 못하게 하고, 대신 계속 땅을 따라 걷게 하는데, 그것은 나쁜 전략이 아니다. 왜냐하면 강력한 턱이 없고, 나무에 고정할 방법이 없으므로(고치나 번데기를 만들 때까지는), 다음 단계에서 떨어지기 때문이다.

희생자가 안전하고 좋은 장소에 있으면 동충하초는 그녀를 죽이고 새로운 포자를 배포하기 위해 자실체를 보낸다. 희생자가 나무에 있는 개미인 경우, 바람은 새로운 포자를 멀리 운반한다. 반면에 애벌레인 경우, 그들은 육로로 일정한 거리를 이동할 것이고 애벌레가 죽는 장소에서 포자가 퍼지는데 아마도 어린 곰팡이가 번성할 수 있는 곳일 것이다.

파리나 애벌레가 동충하초가 위험한 존재라는 것을 이해하는 것은 불가능하다. 하지만 개미들은 이해한다. 만약 목적 없이 비틀비틀 돌아다니는 수척하고 건강하지 않은 개미가 나무 위에서 나뭇잎에 턱을 매달고 있다면, 개미들은 그 개미를 멀리 데리고 가서 아직 살아 있어도 처분해 버린다. 개미들이 자신의 집단 근처에 있는 것 중 가장 싫어하는 것이 바로 동충하초다.

제6장

동물

우리는 대부분 동물보다는 식물이 먼저 생겼다고 알고 있다. 내가 동물이 식물보다 먼저 있었다고 쓴 기사를 편집인이 수정해서 보내온 적이 있다. 그는 대학에서 인류학을 공부할 때 이 내용을 배웠기 때문에 동물이 먼저 존재했다는 학설은 잘못이라고 여겼다. 그는 어떻게 그런 생각을 하게 되었을까? 그가 말하길, 만약 동물이 식물보다 먼저 생겼다면, 그들은 먹을 것이 없어서 굶어죽었을 것이라고 했다.

하지만 그 문제를 풀었다. 서로를 잡아먹을 수 있었다. 나는 인류학이 이 문제를 어떻게 풀었는지 자세히 알 수 없지만, 인류학anthropology이라는 용어가 개와 같이 우리에게 친숙한 동물을 의미하기도 하는 '동물animal'이라는 단어에서 유래했음을 안다.

개보다는 식물이 먼저 생겨났을 것이다. 그러나 물고기도 동물에 속한다. 해면동물 또한 동물이다. 조개도 동물이고, 아주 작은 곤충 또한 동물이다. 바다는 식물이 탄생하기 훨씬 전부터 동물 종으로 가득했다. 따라서 이 책에서는 출현 순서에 따라 동물 다음에 식물을 언급할 예정이다.

9장에서는 식물을 다루고, 그 다음 장부터는 동물에 관한 내용을 다룰 것이다. 나 또한 동물 세계가 다른 무엇보다 더 의미 있다고 잘못 혹은 맹목적으로 생각하는 사람 가운데 한 명이기 때문이다.

그러나 식물은 분명히 중요한 계界고, 가능한 한 식물에 대해 최선을 다해 논의할 것이다. 하지만 이 장에서는 초기 동물 유형, 즉 우리가 동물로 생각하지 않는 동물과 그 동물의 능력에 대해 설명할 것이다. 그러면 가이아가 한 일에 대해 더 많이 감사해할 것이다. 우리가 '고등'동물이라고 생각하는 종류에 대해서는 앞으로 추가로 언급할 것이다. 그럼에도 불구하고 우리 '고등' 존재는 우리 자신의 정의에 의해서만 '고등'인 것이다. 우리가 '하등'한 것으로 보는 다른 것과 비교할 때만 분명하기 때문이다.

진균류로 발달하는 원생생물은 사람으로 발달하기도 한다. 둘 다 수영을 할 수 있고 둘 다 물에 있었지만, 사람과 진균류 사촌들은 두 가지 길로 나누어져 나아갔다. 둘은 훌륭한 일련의 생명체를 만들어 냈고, 둘 다 진화하느라 바빴다. 그러나 적어도 어떤 면에서 동물계는 다른 것보다 더 다양해졌다. 어떤 동물은 곧 설명하겠지만 길이가 0.3cm 미만으로 아주 작고, 가장 작은 어떤 진드기는 현미경으로만 볼 수 있다. 대왕고래와 같은 것들은 지금도 거대하고 과거에도 거대했다. 어떤 공룡은 길이가 40m나 되었다. 벌레처럼 보이는 작은 수생동물인 복모동물 Gastrotricha은 며칠 동안만 살지만, 심해의 해면동물은 수백 년 동안 산다. 어떤 동물은 공기로 숨을 쉬고, 어떤 동물은 물로 숨을 쉰다. 어떤 동물은 식물을 먹고, 어떤 동물은 다른 동물이나 썩은 고기를 먹거나, 세 가지를 모두 먹는다.

어떤 동물은 헤엄을 치고, 어떤 동물은 걷고, 어떤 동물은 헤엄도 치고 걷기도 하고, 또 어떤 동물은 걷기도 하고 날기도 한다. 어떤 동물은 평생 동안 움직이고, 어떤 동물은 유충 때에만 움직이고, 어떤 동물은 어린 시절에만 움직이고, 다른 동물은 어른이 되어야 움직인다.

어떤 동물은 머리에 뇌가 있고, 어떤 동물은 목에 뇌가 있다. 어떤 동물은 뇌가 없지만 잘 살아간다. 어떤 동물은 몸을 지탱하는 골격이 있고, 어떤 동물은 딱딱한 키틴이 몸을 둘러싸고 있고, 어떤 동물은 몸을 접을 수 있고 몸에 지지대가 없다.

어떤 동물은 수컷이거나 암컷이고, 어떤 동물은 암컷만 있다. 어떤 동물은 어린 새끼를 낳고, 어떤 동물은 알을 낳는다. 어떤 동물은 땅에 알을 낳고, 어떤 동물은 물에 알을 낳고, 부화할 때까지 알을 몸에 보관하고 있는 동물도 있다. 어떤 동물은 알을 낳은 후에 그곳을 떠나 버리고, 어떤 동물은 따뜻하게 유지하거나 지키기 위해 머물러 있다. 어린 개체의 경우, 유충으로 성체와 전혀 닮지 않은 경우도 있고, 성체와 매우 닮았지만 크기만 작은 경우도 있다.

동물의 형태를 규정하지 못한다면 그들을 어떻게 정의할 수 있을까? 지구상에 있는 생명체는 동물이거나 식물이라고 말했을 때로 돌아가 보면, 동물은 그 자체로 움직이는 유기체라고 말할 수 있다. 평생 동안 움직이지 않는 동물은 없기 때문에 다소 가치 있는 정의라 할 수 있다. 하지만 그러한 인식은 변했다. 지금까지 보아 왔듯이 '이리 떼' 박테리아 무리, 짚신벌레, 진균류 같은 생명체들은 물에 밀려 나가기 때문이 아니라, 그들이 원해서 자유롭게 움직인다. 나중에 말하겠지만, 식물도 원하기 때문에 움직이는 것이다.

지금까지 동물계에는 단세포동물이 없다. 그건 식물도 마찬가지다. 동물들은 배아로 삶을 시작한다. 식물도 마찬가지다. 동물은 세포벽이 없다고 정의되지만, 아메바도 세포벽이 없다. 동물은 다른 생명체를 먹는다고 정의되지만, 진균류의 식습관은 어떤가? 그들도 균사로 다른 생물체에서 즙을 빨아들이지 않는가? 우리 공통의 조상, 즉 수영하는 원생생물이, 마치 진균류와 동물의 후손들이 하듯이 다른 생명체를 먹지 않았을까? 파리지옥이라는 식물은 어떤가? 그들은 파리를 먹지 않는가?

동물계에 존재하는 것들은, 다른 사람들과 좌우대칭이라는 것을 제외하면 자기만의 독특한 특징이 있는지 분명하지 않은 듯하다. 좌우대칭이라는 말은, 즉 우리의 오른쪽과 왼쪽은 심장과 같은 내부 기관을 제외하고는 서로 거울 이미지라는 것이다. 그러나 불가사리와 같은 일부 동물은 좌우가 아닌 방사형 대칭이므로 몸이 파이 조각과 비슷하게 배열되어 있고, 곧 설명할 다른 동물은 상부와 하부를 가지고 있다는 점에서 이 설명에 완벽하게 들어맞지는 않는다.

우리의 좌우대칭에 대해 말하면 우리는 정원 호스의 선을 따라 만들어졌다고 할 수 있다. 좌우대칭의 양끝은 열려 있고 좌우대칭의 양옆은 근육과 뼈로 채워져 있는데, 우주에 열려 있는 관을 에워싸고 있는 것과 같다. 음식을 앞쪽에서 먹은 후 수영하는 것처럼 노폐물이 뒤로 나올 때까지 관을 통해 음식을 밀어넣는, 수영을 하는 벌레 같은 조상에게서 시작한 체제體制다. 노폐물이 당신의 앞으로 나오지 않도록 하는 것은 좋은 생각이다. 모든 생명체가 이렇게 하는 것은 결코 아니다. 하지만 우리에게는 효과가 있다. 우리의 계획은 대부분의 후손보다 호스를 더 닮은 작은 조상에 의해 고안되었으며, 그 후손에 대해서는 나중에 논할 것이다.

오늘날 적어도 200만 종의 동물이 존재한다. 첫 번째는 수생하는 작은 것이고, 일부는 아마도 털납작벌레*Trichoplax adhaerens*라고 불리는 동물과 비슷할 것이다. 이 동물은 아마 세계에서 가장 작을 것이다. 그들은 거의 알려지지 않아 일반명이 없다. 수컷은 없고 모두 암컷이다. 너무 작아서 육안으로는 볼 수 없으며 현미경으로만 볼 수 있다. 털납작벌레는 지름이 0.1cm 정도 되는 작고 털이 많은 팬케이크 같다. 그녀는 표면을 상부와 하부로 나눌 수 있으며, 앞과 뒤나 좌우는 없다. 그들이 앞으로 기어가려면, 이동이 가능한 털로 박테리아처럼 움직이고, 그러고 나서 왼쪽으로 가고 싶으면 우리처럼 90도 회전을 하지 않고 아메바처럼 옆으로 이동한다. 털납작벌레는 입도 없고 위도 없으며, 해조류나 유기물 조각, 심지어 미생물 위로 기어 올라간 후 몸 아랫부분의 일부를 쥐어짜 주머니를 만든 다음 아메바처럼 먹는다고 여겨진다. 털납작벌레는 주머니 속으로 소화즙을 분비하고 아메바처럼 외막을 통해 영양분을 흡수한다.

이런 것도 동물인가? 호랑이나 올빼미 같은 동물? 어떤 과학자들은 그들을 동물로 분류하지 않지만, 어떤 과학자들은 동물로 분류한다. 털납작벌레와 같은 문인 판형동물문Placozoa은 동물계에 속한다. 진핵생물 세포, 자신을 움직일 수 있는 능력이 있고 알 속에 배아가 있다는 사실 덕분에 그들은 동물에 속한다. 아마도 올빼미나 호랑이처럼 복잡하지는 않지만, 동물로 정의될 수 있는 특징이 있는지도 모른다. 털납작벌레는 단세포가 아니다. 작은 세포지만, 몸은 여러 개의 세포로 되어 있다. 하지만 털납작벌레는 너무 작아서 큰 미생물이라고 생각할 수도 있다.

모든 털납작벌레가 암컷이라는 것이 이상하지 않을 수도 있다. 결국 유전자 전이는 번식에 필요하지 않다. 가장 초기의 동물로 발생하는 생명체 형성 과정에서, 그들 중 유전자가 전이된 것은 많지 않을 것이다. 초기 생명체들은 성별이 구분되지 않았기 때문에 여기서 혼란이 생긴다. 두 마리가 합쳐서 염색체 한두 개를 교환하지 않는 한, 반쪽 미생물 형태로 쪼개질 뿐이다. 그러나 무성생식은 특정 물고기와 도마뱀과 같은 동물에서도 나타나고 토끼에서도 일어난다고 한다. 물론 토끼는 이런 식으로 번식하는 경우가 거의 없다. 그렇게 번식하는 경우는 어떤 것이 암토끼의 생식세포가 정자세포를 만났다고 생각하게 만들었기 때문이다. 이런 일이 일어나면 새로 태어난 토끼는 암컷이다.

우리가 반으로 갈라지는 것을 포기한 후, 오직 한 종류의 우리, 즉 지구상에는 암컷 종만 있었다. 나중에 유전자를 더 나은 방법으로 전달하기 위해 수컷이 탄생했고, 성적 쾌락은 그 이후에 발생했다. 왜냐하면 유기체가 무엇을 하고자 하는 자유의지를 필요로 한다면, 그것이 즐거우면 일이 더 잘 진행되기 때문이다.

약 7억 년 전, 우리 조상들은 털납작벌레와 같았다. 한때는 이 작은 생물 같은 종이 많았지만, 오늘날에는 하나만 남아 있다. 그들은 세계 대양을 대부분 차지하고 있기 때문에 매우 흔하다. 하지만 너무 작아서 1883년 바닷물이 가득 찬 수조 벽을 기어 올라가는 작은 얼룩을 발견했을 때에야 알았고, 새롭고 놀라운 유기체로 인식되었다. 이와 다른 견해도 있었는데, 1907년에는 다른 동물의 유충일지 모른다고 판단했다. 그런 생각은 1960년대까지 유지되었고, 그 이후에야 유일하고 놀랍고 아주 원시적인* 종의 성체 형태로 인정받았다.

털납작벌레는 가이아의 규칙 3인 번식을 위한 요구를 여러 가지 방법으로 수행한다. 나는 이와 같은 일을 하는 다른 동물을 모른다. 미생물이나 아메바처럼 털납작벌레는 두 개로 분열하지만, 한 걸음 더 나아가 세 개로 나누어질 수도 있다. 그뿐만 아니라 털납작벌레는 자신과 같은 다른 것들로 발전하는 혹 모양의 싹을 자라게 할 수도 있다. 그리고 그녀는 생의 마지막에 그녀의 알을 만든다. 그녀는 한곳에 털납작벌레가 너무 많이 있는 것처럼 환경 조건이 나쁠 때 알을 낳는다. 털납작벌레의 알은 음식을 소화하기 위해 사용하는 것과 같은 종류의 주머니에 들어 있으며, 준비가 되면 물을 이용해 부풀어 오르고 위쪽으로 떠서 밑면을 드러낸다. 털납작벌레는 그곳에서 자손들이 자유롭게 떠다니는 동안 분해된다. 그녀의 모든 배아는 암컷이지만, 일단 방출된 일부 배아는 함께 합쳐져서 몇 개의 유전자를 교환한다.

유전자 전이는 생존을 위한 새로운 가능성을 만들어 내며, 지구의 생명체는 오랫동안 그것을 연구해 왔다. 지금까지 유전자 전이는 그들이 얻는 즐거움을 포함한, 그것을 성취하는 멋진

* 진화생물학자 개리 갈브레스(Gary Galbreath)와의 개인적인 의사소통이다.

방법을 가진 동물을 통해 그 목적을 달성해 왔다. 우리 조상들은 수백만 년 동안 성행위가 우리에게 아주 큰 즐거움을 줄 때까지 이 문제를 지속해 왔다. 그리고 재미를 위해 결합하는 것은, 가이아가 그렇게 해야 한다고 말했기 때문에, 인간을 단순히 교미를 하는 하위 생물보다 위에 두었다.

아니 그렇다고 믿는다. 나는 나미비아에서 사자 두 마리가 짝짓기를 하는 것을 본 적이 있다. 사자보다 인간이 섹스에서 더 많은 것을 얻는다고 생각하는 것은 잘못된 생각이다. 사자들은 쉬지 않고 50번쯤 짝짓기를 했고, 여기서 '짝짓기'는 음경의 삽입, 성교, 절정 도달 등의 모든 것을 뜻한다.

수컷은 그것을 좋아하는 것 같다. 그는 눈을 꼭 감고 절정에 달할 때마다 신음 소리를 냈다. 하지만 암사자에게는 그리 좋은 일이 아닌 듯하다. 수컷의 음경에는 암컷의 생식기 안에 꽉 끼게 하는 가시가 있다. 수컷이 음경을 삽입할 때에는 가시가 없어지지만, 음경을 빼낼 때에는 그 가시가 그녀를 할퀸다. 그러자 암사자는 귀가 먹먹해질 정도로 소리를 지르며 앞발을 뒤로 젖히고는 수컷의 얼굴을 넘어질 정도로 세게 때렸다.

그는 이해하는 듯했다. 눈을 감고 고개를 돌리고 예의 바르게 행동했다. 잠시 후 두 사자는 다시 한번 교미를 했다. 암사자도 약간의 즐거움을 찾은 것임에 틀림없다.

마침내 사자들은 서로 마주보고 서로의 눈을 깊이 들여다보며 생각을 나누고 있었다. 수사자가 물러났을 때 암사자가 몸을 옆으로 굴려 천천히 일어나 그의 옆에 섰다. 그리고 함께 근처에 있는 우물로 걸어가 둘 다 웅크리고 앉아 물을 마셨다. 원기를 회복한 뒤 그들은 다시 시선을 교환했다. 사자는 한숨을 쉬었다. 그러고는 다시 아주 가까이서, 그들은 평화롭게 그들이 있던 곳으로 걸어가 번식의 의무를 재개했다. 그들이 털납작벌레와 무엇이 다른가?

어쩌면 가이아는 털납작벌레에게, 완벽한 성체가 실제로 아기를 낳으면 죽게 되어, 단 한 번의 기회만 가지게 한 것에 대해 의문을 품기 시작했을지도 모른다. 싹트거나 나누어지는 것보다 이게 더 나은 것일까? 알을 낳고 유전적 전이가 거의 없거나 전혀 없는 자손을 낳는 종을 어디서나 얻을 수 있을까? 왜 성숙하고 능력이 있는 동물을 그냥 그 일로 희생시키는 것일까? 가이아는 일부 동물에게서만 이 문제를 해결했다. 왜냐하면 오늘날까지 많은 동물이 번식 직후에 죽기 때문이다. 이것은 가이아는 종들이 계속 존속하는 한, 개개인에게는 관심이 거의 없다는 것을 알려준다.

그럼에도 불구하고 그녀는 한동안 번식을 만지작거리다가, 아마도 100만 년 전(혹은 그보다 더 오래전에)에 해파리를 만들었다. 이 동물들은 최초의 동물이라고 불리기도 하지만, 논쟁의 여지가 있다. 왜냐하면 해파리는 털납작벌레 형태의 초기부터 상당히 진화했기 때문이다. 해파리는 사자와 같은 강렬한 경험 없이도 유성생식을 한다. 수컷 해파리는 입(또한 항문 역할을 한다)

으로 정자 세포를 토해 내는데, 이 정자 세포는 물에서 표류한다. 아마도 암컷을 찾기 위해 그런 것일 수도 있고 아닐 수도 있다. 번식하면 죽는 털납작벌레와는 달리 해파리는 그 과정에서 살아남는다. '홍해파리*Turritopsis dohrnii*'라고 알려진 해파리는 물고기에게 먹히지 않는 한 문자 그대로 영원히 산다.

홍해파리는, 다른 해파리처럼 전형적인 방법으로 해저의 암석에 부착하여 자유로이 헤엄치는 유충으로 생을 시작하며, 그 암석에서 각각 자유로이 떠다니는 해파리 형태인 성체로 성숙하는 폴립polyp의 군체가 된다. 이들은 성체 또는 해파리 상태로 성숙하고, 그 과정을 다시 시작한다. 홍해파리는 여전히 똑같은 또 하나의 해파리다.

해파리의 능력이 인간에게 적용될 수 있기를 희망하면서, 《뉴욕 타임스 매거진》에 게재한 너새니얼 리치Nathaniel Rich의 기사*에서 수년간 해파리를 연구해 온 일본 과학자인 교토 대학의 신 쿠보타Shin Kubota가 언급한 바와 같이, 이상하게도 해파리의 놀라운 능력은 관심을 많이 끌지 못했다.

리치는 이런 관심 부족이 인류의 이익을 위해 해파리의 불멸 형태를 조사하지 않아 과학계를 비판에 이르게 했다고 지적한다. 많은 사람들이 이에 동의할 것이다. 그러나 과학자들은 비판자들보다 더 똑똑하다. 우리는 이미 충분하지 않은가? 우리가

* Nathaniel Rich, "Forever and Ever," *New York Times Magazine*, December 2, 2012, pp. 32~39 and pp. 65~70.

영원히 산다면, 오늘날처럼 빠르게 번식할 수 있을까? 몇 년이 지나면 서로를 잡아먹지 않는 한, 먹을 음식은 말할 것도 없이 지구상에 우리가 서 있을 공간조차 찾지 못할 것이다. 만약 그렇게 된다면 가이아나 과학자들은 인구를 줄이기 위해 치명적인 미생물을 추가로 개발해야 할 것이다.

홍해파리는 조금 모호하기는 하지만 죽지 않는다는 점에서 독특하다고 한다. 예를 들어, 썩은 고기를 먹는 딱정벌레의 유충은 굶으면 초기 발달 단계로 되돌아갈 수 있다. 나중에 조건이 개선되면 이전의 단계로 돌아간다. 필요할 경우 이런 과정을 되풀이한다. 그건 어느 정도 불멸이 아닌가? 게다가 아메바같이 둘로 갈라지고, 두 개의 새로운 아메바가 또 둘로 갈라지고 이런 식으로 영원히 계속되면 누가 죽었다고 말할 수 있겠는가? 그리고 개인으로서 살아남지 않지만, 개체의 집단은 계속 살아가고 있는 '불멸의' 해파리는 아메바와 어떻게 다른가? 그리고 우리 앞마당에서 식물이 뿌리에서 싹을 내는 일을 하고 있을 때, 왜 동물이 이렇게 행동하는 것이 이상하게 보일까?

어떤 면에서는 그리고 그들이 박테리아의 재능을 유지해 주는 것처럼 보이므로 초기 동물들이 아주 흥미로울 수도 있다. 이 모든 것 중에서 가장 매혹적인 것은 완보동물Tardigrada로 알려진 곰벌레(물곰이라고도 함)며, 나는 우연히 곰벌레에게 매료되었다.

나는 항상 그에 대해 이야기하고, 내가 쓰는 모든 책에서 그것을 언급하려고 노력한다. 항상 그럴 수는 없지만, 여기서는 확실히 이야기할 수 있다. 그 일은 아버지가 늪지대의 물을 볼 수 있는 쌍안현미경을 주면서 모든 것이 시작되었다.

당시 나는 대학에 다니고 있었다. 현미경으로 무엇을 보든 수업에서 배우는 것보다 훨씬 흥미로워 기숙사 방에서 시간을 보냈다. 어느 날 아침, 늪지대의 물을 보고 있는데, 갑자기 끔찍한 괴물이 나타나더니 나를 향해 달려들었다. 나는 너무 겁이 나서 몸을 뒤로 던졌다. 의자가 넘어져 바닥에 쓰러졌다. 일어나서 도망가고 싶었지만, 결국 현미경으로 볼 수 있는 것은 무엇이든 간에 아주 작다는 생각에 겨우 진정할 수 있었다. 그래서 용기를 내어 다시 한번 살펴보았다. 나중에 알게 되었지만, 그것은 곰벌레였다.

이 작은 생명체에 대해 더 많이 알게 되었을 때 나는 그것이 피부가 투명해 안과 밖을 다 보았고, 그 생물의 뒷부분에 있는 알 같은 것을 보았으며, 내가 보고 있는 곰벌레가 여자일지도 모른다는 것을 깨달았다. 그녀는 여자였다. 곰벌레는 대부분 암컷이다. 하루 종일 그녀를 지켜보고 싶었지만, 시험 때문에 한 과목은 수업을 받아야 했다. 그래서 그날 저녁 곰벌레를 다시 관찰했다. 처음에는 그녀를 찾지 못했는데, 나는 슬라이드를 이리저리 움직여서 그녀를 찾았다. 나는 바늘을 곰벌레 밑에 밀어넣었다. 그런 다음 바늘을 들어올려 빛에 대고 아주 작은 얼룩을 찾아낼 때까지 조심스럽게 한쪽에서 바늘을 돌렸다. 바늘 끝이 그녀보다 더 넓었다. 나는 그녀를 물에 젖은 슬라이드 위에 다시 놓았다. 그녀는 그런 경험을 해봤기 때문인지 당황하지 않는 것 같았다.

곰벌레의 얼굴은 멋있었다. 작은 주둥이 위에는 눈동자가 두 개 있었다. 나는 그녀가 그 눈으로 무엇을 봤을지 궁금했다. 물론 곰벌레가 보지는 않았겠지만, 만약 곰벌레가 현미경을 올려다보았다면, 괴물 같은 두 눈을 보았을까?

나처럼, 곰벌레도 좌우대칭이다. 그녀의 몸은 유충처럼 체절이 있었고, 작은 다리가 8개 있었으며, 각각의 발에는 갈고리 모양의 발톱이 4개 있었다. 그녀는 첫 번째와 세 번째 오른쪽 다리와 두 번째와 네 번째 왼쪽 다리를 동시에 움직이면서, 우리가 다리를 많이 가지고 있다면 할 수 있는 것처럼 걸었고 또는 그 반대로 하기도 했다. 이 설명만 보면 혼란스럽지만, 우리가 걸을 때 반대쪽 팔을 흔들면서 다리를 앞으로 내밀며 나아가는 모습을 상상하면 쉽게 이해할 수 있는데 다른 팔다리를 움직이면 균형을 유지할 수 있다. 동물들이 좋아하는 이동 방법인 것 같다. 나의 포로가 된 작은 곰벌레는 곰처럼 '어깨'보다 머리를 낮게 하고 걸었다. 걷는 모습을 보니 이 작은 녀석들이 왜 곰벌레로 알려졌는지 알 것 같았다.

곰벌레가 속한 속에는 1,000종이 넘게 있다. 습한 이끼에서 축축한 모래언덕까지, 히말라야산맥에서 심해까지, 빙하에서 온

천까지 거의 모든 습한 환경에서 볼 수 있다. 비록 바늘 끝보다 작지만 곰벌레의 가장 놀라운 능력은, 50만 뢴트겐의 방사능을 견딜 수 있다는 것이다. 반면에 0.2%인 단 1,000뢴트겐도 우리 중 한 사람을 찌는 듯이 덥게 만든다. X선 기술자에게도 일 년에 5회 이상의 뢴트겐은 너무 과도하다고 한다. 핵폭발조차도 곰벌레에게는 그리 큰일이 아닌 것 같다. 그들은 5억 년 동안 지구에 있었고, 따라서 다른 모든 것을 없애 버린 것을 포함한 모든 멸종에서 살아남았다.

하지만 곰벌레는 박테리아와 유사한 방법으로 어떤 비상사태에도 대비하고 있다. 놀랄 일은 아니다. 만약 다치면, 그들은 낭종cyst으로 변한다. 그들의 내부 구조는 줄어들고, 외피는 두꺼워지며, 이 형태로 자가 치료도 한다. 곰벌레는 환경이 굉장히 나빠지면 머리와 다리를 몸 안으로 끌어당겨 체액을 분비한다. 이때 그녀는 작은 쥐똥처럼 보이는데 이것은 '술통'으로 알려져 있다. 왜냐하면 그녀가 작은 와인 통처럼 보이기 때문이다. 내생포자endospore 박테리아처럼, 어떤 환경이 개선되거나 바람이 그녀를 더 나은 곳으로 데려갈 때까지 술통 모양의 곰벌레는 수백 년 동안 살 수 있다.

진화가 이런 놀라운 것을 만들어 냈다고 생각해 보라! 나는 어떻게 그런 일이 일어났는지 궁금해하곤 했다. 좌우대칭으로 발전한 동물이 미생물을 위해 남겨진 것 같은 능력을 어떻게 가질 수 있게 되었는지 궁금해하곤 했다. 나는 마침내 그들은 미생물과 공생 관계를 형성했을지도 모른다고 결론지었다. 그들은 아마도 미생물을 먹은 것 같다.

곰벌레는 창자가 없기 때문에 음식은 그들 안에서 용해된다. 생식샘은 보호받기는 하지만 제대로 보호받지 못한다. 산酸이나 빙하에서 살 수 있는 심오한 능력을 가진 미생물이, 곰벌레의 생식샘에 들어가 유전자를 몇 개 옮겨놓을 수 있는 방법을 찾은 것 같았다. 그 이후 부화된 곰벌레가 두 부모, 즉 미생물과 어머니의 능력을 모두 가지게 된 것이다. 흥미롭게도, 이런 효과를 연구한 과학적 보고서가 후에 발표되었으므로 내가 그렇게 생각한 유일한 사람은 아니다. 나는 황홀했고 자부심으로 가득 차 있었지만, 그 발견에 의문을 제기하는 보고서도 있으므로 그러한 사실이 맞을 수도 맞지 않을 수도 있다. 나는 그들이 맞기를 바라지만 과학적 탐구의 가치를 제외하고는 그렇게 중요한 것이 아니다. 곰벌레는 미생물 유전자를 가지고 있든 없든 놀라운 생명체다.

내가 아는 한, 곰벌레는 다른 어떤 것으로도 발생되지 않는다. 이것이 사실이라면 비극인데, 왜 그럴까? 변화는 개량이 필요할 때 생기는데, 개량이 필요 없는 생명체가 있다면 아마 곰벌레일 것이다.

그들의 다른 집단이 이제 여러 종류의 생태계에 서식한다. 그들은 많이 먹지 않고, 어린 곰벌레는 부모의 보살핌이 필요하지 않다. 곰벌레는 알을 돌보지도 않았고, 심지어 낳으려고도 하지 않았다. 알은 그저 그녀의 외피* 속에 머물러 있는데, 어느 순간 뱀이 그의 피부를 벗듯이 그 외피를 벗어 버린다. 부모의 보살핌에 관해서는, 비록 포식자가 그 알 중 하나를 먹더라도, 부화는 낭종이나 술통 모양이 되어 기능적인 형태로 배설될 때까지 기다릴 수도 있다. 아니 나는 그렇게 상상한다.

곰벌레가 대부분의 고난을 견딜 수 있다는 것은 사실이지만, 나는 내 곰벌레가 고난을 당하기를 원치 않았으므로 그녀를 물병에 넣고 다시 늪으로 돌려 보냈다.

* 외피는 피부 역할을 한다.

제7장

건조한 대지

우리가 알고 있는 생명체는 바다에서 시작되었는데, 그곳은 매우 다른 생태계가 거의 모든 형태의 생명체를 보호했고, 아직도 보호하고 있다. 과학 분야 작가인 사이 몽고메리Sy Montgomery는 "바다는 세계에서 가장 큰 황야고 지구 표면의 70%를 덮고 있다."*라고 기술했다. 그러나 이 광대한 푸른 영역은 육지나 우주에서 보는 것보다 훨씬 더 크다. 바다는 지구상의 모든 생명체가 살고 있는 거주 공간의 95% 이상을 차지하는 3차원 영역이다.

왜 생명체는 이 모든 것을 떠나 불모의 바위투성이인 해안으

* Sy Montgomery, *The Octopus Scientists: Exploring the Mind of a Mollusk*(New York Houghton Mifflin, 2015), p. 1.

로 갔을까? 물론 대부분은 그렇지 않았다. 그래서 그런 해안에 있는 것 중 일부는 우연히 거기에 도착했을 수도 있었다. 30억 년 동안 우리는 물속에서 살았다. 미생물은 말할 것도 없이 원생생물, 곰팡이, 동물이든 식물이든 관계없이 각각의 진핵생물은 물에서 시작되었다. 그런데 그 해안은 어디에 있었는가?

대륙은 움직였고 아직도 움직이고 있으므로 해안은 다른 장소에 다른 시기에 나타났다. 하지만 속도는 빠르지 않았다. 자연은 속도 스펙트럼의 양쪽 끝에서 작동하며, 한쪽 끝은 빛의 속도므로 초당 30만 km다. 달팽이의 속도는 아주 느려서 과학자가 시간을 재보니 시간당 약 8cm였다고 한다. 그리고 스펙트럼의 맨 아래에는 지구의 지각판이 있는데, 만약 그들이 움직이면 인간의 머리카락 너비를 기어가는 데 약 3주가 걸린다. 따라서 매우 느리게 진행되는 과정에서, 일부 섬들은, 바다 밑바닥의 지각을 통해 용암을 밀어 올린 지구의 뜨거운 중심부로부터 형성되었다. 초기 섬들은 수백만 년에 걸쳐 형성된 대륙으로 함께 밀려났다. 적어도 이론상으로는 남반구의 '로디니아Rodinia(발상지)'가 가장 초기 지역이었을 것이다. 그것이 얼마나 오래 지속되었는지는 다르지만, 10억 년 전에 형성되었거나 형성되고 있었다는 학설이 있다.

로디니아가 실제로 존재했고, 있었다면 그것은 다른 대륙을 형성하기 위해 떨어져 나온 것일 것이다. 그중 일부는 크고 대부분 흩어졌다. 그리고 약 3억 년 전에 대륙이 다시 합쳐져서 거대한 대륙인 판게아Pangaea*를 형성했다. 합쳐진 대륙은 서로 만나고 있는 줄도 몰랐고, 올라가는 것 말고는 아무 데도 갈 데가 없었으므로 앞으로 이동했고 판게아의 중간에 있는 건조한 지역 주변에 높은 산맥을 형성했다.

판게아는 시작 후 7500만 년이 지난 후인 트라이아스기 중반까지 완성되지 않았다. 그때까지 지구 역사상 가장 큰 대륙이었고, 현재의 대서양이 있는 지구의 일부와 그 이상을 덮고 양옆으로 뻗은 유일한 대륙이었다. 북쪽 끝은 북극에 닿아 있었고 남쪽 끝은 남극을 덮고 있었으며, 그 사이의 7776만 km^2의 땅에는, 극 근처의 차가운 지역, 적도 연안 지역의 무더운 지역, 그 둘 사이의 적당한 지역 그리고 중간의 거대한 건조한 지역 등 거의 모든 기후가 존재했다. 건조한 지역은 광대한 대륙을 가로질러 움직이는 기단이 내부에 도달하기 전에 수분을 잃어버려 생겨났다. 이처럼 대륙은 심각한 기후변화를 겪었지만, 판게아는 1억 년 동안 지속되었다.

지각판은 여전히 움직이고 있다. 앞으로 2억 5000만 년 내에 남극 대륙과 호주는 남극 가까이에서 합류할 것이고, 아프리카는 북극으로 향할 것이며, 아메리카와 유라시아는 그 사이에 있는 아프리카를 압박할 때까지 서로 다가갈 것으로 예측된다. 이

* 모든 땅이라는 뜻이다.

렇게 형성된 대륙은 북쪽으로 거대하지만, 아르헨티나가 태국, 말레이시아, 인도네시아와 합류할 남쪽은 덜 거대할 것이다.

새로운 거대한 대륙은 이미 판게아 최첨단Pangaea Ultima이라는 이름을 가지고 있으며, 중간에 작은 바다가 있는 균형이 잡히지 않은 도넛처럼 보일 것이다. 이것은 세계의 나머지 지역을 덮을 만한 훤히 트인 대양, 거대한 대양, 무한한 바다와 연결되어 있지 않을 것이다. 이 광경은 누가 보게 될지 모른다. 아마도 인간은 아니고 곰벌레는 볼 수 있을 것이다. 우리가 예측할 수 있는 것은 살아남은 종들이 바다에 버려진 플라스틱으로 만들어진 거대한 섬을 발견할 것이고, 육지에서는 화석이 된 건물, 고속도로, 자동차를 발견할 것이라는 것이다.

원래의 판게아는 적절한 시기에 갈라져서 더 작은 대륙이 되었다. 로라시아Laurasia라고 불리는 대륙이 결국 유럽, 아시아, 북아메리카가 되었고, 곤드와나Gondwana라고 불리는 대륙은 남극, 호주, 아프리카, 남아메리카가 되었다. 곤드와나의 일부분은 인도를 형성했고, 인도는 아시아에 합류하기 위해 북상하기 전에 잠시 동안 스스로 떨어져 나갔다. 원래 판게아의 화석이 이 대륙에서 발견되었는데, 현재의 형태는 아니지만 거기에서 시작되었음을 알려준다. 우리는 그들이 떨어져 나가면서 새로운 대륙에서 살게 되었고, 한 반구에서 살기 시작한 동물이 다른 반구에서 번성하게 되었다.

적어도 이론적으로는 바다는 어디에서나 접근할 수 있다. 수영을 할 수 있다면 (이론적으로는) 원하는 곳으로 갈 수 있다. 그러나 실제로는 할 수 없다. 왜냐하면 바다에는 육지와 같은 생태계가 있고, 거기에 있는 모든 것이 모두에게 우호적인 것은 아니므로 우호적이라 하더라도 바다는 적어도 연결되어 있었고, 그들은 대부분 오랜 시간 동안 존재해 왔다.

판게아를 제외한 건조한 대지는 그렇지 않았다. 생명체가 대륙과 섬에서 살기 시작한 후, 그들은 날지 않는 한 이 섬에서 저 섬으로 이동할 수 없었고, 지구의 흥미로운 존재는 대부분 날지 못했다. 이런 고립은 중요하다. 고립은 많은 생명체의 진화를 설명할 수 있고, 공기와 햇빛으로 당을 만들고 산소가 자유롭게 떠다니게 할 수 있는 생명체가 없었다면 결코 일어날 수 없었다.

제8장

지의류

지금까지 우리는 미생물에서 가장 초기 단계의 동물에 이르기까지 다양한 종류의 생명체를 생각해 보았다. 그런데 이 장 이후부터는 식물로 옮겨갈 것이다. 하지만 여기서 우리는 앞에서 설명한 어떤 형태도 아닌 생명체를 고려해야 한다. 거의 모든 곳에서 발견되지만, 거의 눈에 띄지 않는 작고 경시되는 생명체 말이다. 바로 지의류다.

이와 같은 것을 누가 특별하다고 믿을까? 지의류는 아주 작고 다소 덩어리지고 평평하고 무질서한 이끼가 섞인 작은 혼합물처럼 보인다. 그것은 단지 평화로운 곳에서 사는 바위나 나무줄기에 붙어 있을 수 있다. 그들이 특별하다는 것은 이 생물이 완전히 다른 두 종류의 유기체, 즉 원생생물과 진균으로 구성되어 하나의 유기체로 함께 살아가고 있다는 사실이다.

앞서 말했듯이, 진균은 대부분 모든 일을 수행하는 섬유질로 구성되어 있으며, 이들은 지지대 역할을 하고 수분을 제공한다. 비가 올 때, 진균은 몇 달 동안 자신과 파트너가 함께 지낼 수 있을 정도로 수분을 충분히 모은다. 조류인 이들은 섬유질 속에 흩어져 있다. 그들은 광합성을 통해 식량을 제공하며, 햇빛을 이용하여 공기로부터 당을 만든다.

지의류는 매우 안정적이어서 마치 하나의 유기체처럼 번식한다. 때로는 분열하여 번식한다. 한 조각이 떨어져 나오면 다른 지의류로 성숙할 수 있다. 하지만 지의류는 그것에 만족하지 않고, 가끔 자기 안에서 유성생식을 한다. 조류 부분과 진균 부분은 자신의 유전물질을 다발로 만드는 일이 거의 없으며, 결합하여 하나의 다발을 만들 때 유성생식이 이루어지고, 다발이 튀어나와 더 많은 지의류가 된다.

오늘날에는 온화하거나 열대성 기후라면 세계 어느 곳에서나 볼 수 있는 많은 종류의 지의류가 있다. 이는 다른 생명체처럼 개별적으로 진화하지 않고 지의류의 두 부분이 하나로 결합된 채 진화했다는 것을 의미한다.

그들은 아주 오랫동안 존재해 왔다. DNA에 근거한 최근 연구에 따르면, 그들은 13억 년 동안 존재했을 수도 있다.* 이 학설에 대해 일부 진화생물학자들은 화석에 대한 연구가 DNA 연구보다 더 신뢰할 만하다고 하면서, 이에 대해 의구심을 나타냈다. 지의류가 오래전에 존재했다면, 그들은 눈덩이 지구Snowball Earth라고 알려진 시기에도 살아남았을 것이다. 이 기간이 언제 시작되었는지는 불분명하지만 7억 년 전에는 생겼다 없어졌다 하면서 진행 중이었다. 그래서 오랜 시간 동안 지구는 극도로 추워지고 대부분의 물은 얼어붙었을 것이다.

눈덩이 지구는 대멸종 시기 중 하나라고 할 수는 없으며, 건조한 대지는 바람에 노출된 바위에 불과하지만, 지의류처럼 전적으로 자급자족하는 생명체는 온난화를 야기하는 이산화탄소를 소비할 수 있었다. 그런데 이산화탄소를 소비함으로써 온난화 가스를 감소시키는데, 지의류가 충분히 많이 존재했다면, 그들은 아마도 눈덩이 지구 기간에 기여했을 것이다. 어쨌든 그들은 확실히 약간의 산소를 만들었는데, 이는 그들을 따라 육지로 올라온 일부 생명체에게 도움이 되었을지도 모른다.

지의류가 어떻게 시작되었는지를 알려주는 몇몇 동물이 존재한다. 그중 가장 유명한 것은 바다 민달팽이인 갯민숭달팽이다. 하지만 적어도 하나의 다른 민달팽이, 일부 편형동물, 심지어 도롱뇽도 해조류를 이용한다. 이 동물들은 그들이 먹는 해조류와 함께 떠살이 생물인 플랑크톤 층에서 산다. 그들은 해조류의 대

* Pen State, "Land Plants and Fungi Changed Earth's Climate, Paving the Way for Explosive Evolution of Land Animals, New Gene Study Suggests" *Penn State Science* and also *Science*, both August 10, 2001.

부분을 소화하지만, 광합성을 담당하는 세포로 가득 찬 자루 같은 색소체라고 하는 세포소기관만은 소화하지 못한다. 색소체는 어떻게 해서든 동물의 몸에 남아서 동물의 몸을 녹색으로 변화시킨다. 이 동물들과 같이 녹조류 사이에 살기 때문에 이 녹색은 위장 역할을 하고 있다. 하지만 또 다른 혜택이 있다. 포로가 된 색소체는 그들의 서식처를 모른 채 광합성을 계속하며, 처음 그들을 포함하고 있던 해조류에 먹이를 제공하는 것처럼 색소체를 먹는 동물에게 먹이를 제공한다.

이들은 지의류만큼 진보한 것 같지는 않다. 그 안에 색소체가 있는 동물은 여전히 동물이고, 이 동물들은 진균류보다 한참 뒤에 나타났다. 하지만 그들의 경험은 지의류의 경험을 참고할 수 있었다. 진균류는 무언가에 붙어서 즙을 소비하는 것으로 유명하며, 종종 제공자에게 미네랄을 되돌려 주고, 원시 수영 진균류는 항아리곰팡이가 개구리를 관통하는 것처럼 해조류 덩어리를 관통했을 것이다. 항아리곰팡이는 개구리를 먹기 전에 죽이지 않고, 과즙을 즐기면서 그에게 붙어 있다. 초기 진균이 해조류에서 약간의 즙을 먹을 수 있어서 도움이 되었다면, 그녀는 그것을 즐기고 머물기를 바랐을 것이다. 내게는 이 같은 공생 관계가 물속에서 시작되었을 수도 있다는 것을 알려주는 것 같다. 하지만 일단 공생 관계가 형성되면, 그들은 햇빛과 비만 있으면 되므로, 함께 머물 수밖에 없는 불모의 광활한 바위에 발이 묶이게 되었다. 이것이 가장 중요한 수준으로 볼 수 있는 가이아의 2번째 규칙이다. 그것이 지의류에 확실히 도움이 되었다. 하지만 그들이 계속 버렸던 산소는 나중에 세상에 도움이 되었다.

오늘날의 지의류는 자동차의 배기가스를 싫어한다. 뉴햄프셔의 진입로에 있는 나무들은 101번 고속도로로 가는 시골길이어서 지의류로 덮여 있다. 그 길은 교통량이 많지 않지만, 고속도로는 교통량이 많아서, 101번 고속도로로 나가면 지의류를 전혀 볼 수 없다.

제9장

식물

아마도 지구 역사상 가장 위대한 경이로움, 즉 건조한 대지를 바람, 먼지, 불모의 바위, 유해 가스가 있는 황량한 지역에서 깊은 토양, 빽빽한 식생, 산소가 있는 신선한 공기가 있는 낙원으로 변화시킨 경이로움은, 광합성을 할 수 있고 그들이 없으면 우리가 숨을 쉬지 않거나 먹지 못하는 것들의 진화일 것이다. 우리가 둘 다 할 수 있는 것은 광합성 덕분이다. 앞서 말했듯이, 이것은 박테리아 그룹, 특히 시아노박테리아가 처음 달성했으며, 후에 해조류 그리고 나중에는 식물이 달성했다. 식물은 산소의 가장 중요한 원천이며, 모든 먹이사슬의 기초기 때문에(그들 없이는 우리가 숨을 쉬거나 먹을 수 없다). 이제 우리는 햇빛부터 시작하여 광합성을 더 자세하게 살펴보아야 한다.

내게는 햇빛이 노랗게 보인다. 손을 그 위에 올려놓으면 따뜻함 외에는 아무것도 느껴지지 않는다. 햇빛은 질량도 없고, 그것을 만질 수도 없다. 나는 적색에서 자외선까지 다양한 소위 색스펙트럼으로 나의 마음을 감쌀 수 없다. 그리고 어떻게 당신이 식물과 같이 색스펙트럼을 분해할 수 있고, 어떤 것을 이용해서 음식을 만들 수 있으며, 당신의 체표면 아래에, 마치 페인트가 다른 물체를 덮고 있는 것같이 존재하는 것을 당신이 어떻게 확보할 수 있겠는가.

한 식물학자는 내게 녹색 빛은 표면에서 반사될 뿐, 표면에 머물지 않는다고 말했다. 하지만 그가 말한 '반사reflects'가 내가 아는 반사와 같은 것이라면, 즉 《미국문화유산사전*American Heritage Dictionary*》의 사용법에 있는 반사라면, 어두울 때나 햇빛을 받을 때 잎은 왜 같은 색깔일까?

그 답은 엽록소*에 있다. 엽록소는 햇빛을 흡수하고 녹색을 제외한 다른 스펙트럼을 에너지로 사용할 수 있는 물질이다.

엽록소 분자는 식물이 잎의 세포에 있는, 앞서 언급한 색소체plastid라는 세포소기관에 있다. 그들은 공기 중에서 이산화탄소(CO_2)를 찾아내어 탄소(C)를 꺼내 물(H_2O)과 혼합하고 산소(O)의 일부를 버린다. 시아노박테리아와 광합성 해조류도 같은 일을 한다. 그들은 호수나 연못, 심지어 바다 표면에 떠 있어서, 햇

* '엽록소'는 그리스어에서 유래했으며 '푸른 녹색 잎'을 의미한다.

빛 아래에 있지만, 그들은 필요한 것을 물에서 가져와 다소 다른 결과를 가져온다. 식물에 의해 만들어진 당은 포도당($C_6H_{12}O_6$)이며, 수식으로 하면 해조류에 의해 만들어지는 자당($C_{12}H_{24}O_{12}$)의 절반에 불과하다.

초기 광합성 원생생물은 물에 살았던 해조류였다. 때로는 진흙으로 변하거나 가장자리가 건조한 얕은 웅덩이에 살았다. 이런 해조류는 여전히 우리 곁에 있는데, 혼란이 생기는 이유는 어떤 것은 식물이기 때문이다. (이것은 긴 설명이 필요하다. 어떤 사람들은 식물이라고 하고, 어떤 사람들은 해조류라고 한다. 많은 종이 존재하기 때문에 어떤 것은 식물일 수 있고 다른 것은 해조류일 수 있다. 그리고 그것이 불확실하기 때문에 나는 계속해서 해조류라고 표현할 것이다). 그들 중 일부는 호수 표면에 함께 모여 달갑지 않은 덩어리를 형성한다. 이 덩어리는 식물이라고 불릴 수 있었던 최초의 유기체인 이끼류와 크게 다르지 않다.

다양한 종류의 녹조류green algae가 5000만 년 동안 번성하여 연못과 하천의 둑과 같은 습한 장소에 붙어 있는 덩어리를 형성했다. 그들은 때로는 마를 운명이었으나 수분을 가장 잘 유지할 수 있어서, 의심할 여지없이 자연이 선호하게 되었고 약 4억 7500만 년 전까지는 일부가 이끼류로 간주할 수 있을 만큼 변형되었다.

이끼류와 그 직계들은 선태식물Bryphyte로 알려져 있다. 이들은 우산이끼와 뿔이끼다. 대부분 여전히 습한 곳에서 자라며, 뿌리 대신 흙에 들어가서 제 위치를 유지하는 작은 섬유질의 헛뿌리가 있지만 뿌리처럼 물을 운반하지는 않는다. 나중에 생겨난 현화식물flowering plant처럼 잎이나 씨앗이 없고, 햇빛 수용체는 작고 녹색의 꼬인 형태다. 이끼류는 지의류와 같은 방식으로 번식하며, 분열과 유성생식을 함으로써 번식할 수 있다. 그들은 습지에서, 심지어 축축한 곳에서도 살며, 아주 작은 정자 세포는 습지를 헤엄쳐 다니거나 떠다녀, 결과적으로 원시 배아라고 할 수 있는 것을 가지는 원시 포자가 된다.

우리는 이들이 어떻게 발생했는지 잘 알지 못하지만, 초기 식물이 어떻게 해서 유성생식을 하게 되었는지에 대해서는, 오늘날의 어떤 종류의 우산이끼로부터 아이디어를 얻을 수 있다. 우산이끼는 비가 올 때 정자가 위로 올려서 내보내 근처의 우산이끼의 난자와 수정하는 특별한 컵 모양의 잎을 가지고 있는데 이것이 초기 방법이었을 수도 있다.

초기 식물(및 지의류)의 장점 중 하나는 모래, 점토, 공기 그리고 주로 죽어서 떨어져 나간 식물에서 생긴 일부 유기물질로 구성된 토양을 만든다는 것이다. 오늘날에는 2.5cm의 토양을 만드는 데 약 100년이 걸리는데, 식물이 이미 자라고 있는 곳에서 잎과 다른 부위가 떨어져 나가면서 만들어진다. 지의류는 대부분 바위 위나 나무에 붙어 있지만, 역시 토양을 만들기 위해 그들 자신의 일부를 떨어뜨릴 수 있다.

처음 몇 백만 년 동안, 습기가 많은 지역에 있던 이끼류는 그들이 자라고 있는 지역 근처에 적은 양의 토양을 만들었을 것이다. 오늘날 건조한 대지는 흙으로 깊이 덮여 있다. 이것은 전 세계를 덮는 데 걸리는 시간이 얼마나 걸릴지 가늠하게 해 준다. 나는 1935년에 부모님이 지은 집에서 그 과정을 보아 왔다. 부모님은 집으로 가는 진입로에 지상보다 조금 높게 디딤돌을 대고 산책로를 만들었다. 내 마음의 눈은 아직도 그들을 보고 있고, 여전히 사진 속에서는 그들을 볼 수 있다. 거의 80년이 지났는데 대부분의 돌은 지상에서 1.3cm 아래에 있다. 지렁이가 토양을 밀어 올리는 데 도움이 되었지만, 상승의 일부는 잔디밭에서 토양을 만드는 풀에게 돌아갔다.

식물이 천천히 진화했다는 사실은 놀라운 것이 아니다. 이끼류와 다른 것들이 적어도 그들이 자라는 곳에 토양을 만들고 소철류, 침엽수, 은행나무를 진화시키는 데 1억 7000만 년이 걸렸다. 현화식물은 훨씬 나중에 진화했다. 그리고 다시 말하지만, 문제를 해결하는 데는 시간이 걸렸지만, 이 고등식물들은 문제가 해결됨에 따라 여러 종류의 기후에서 그리고 지표수 없이도 전 세계로 번성해 나갔다.

세상의 모든 생명체는 물에서 유래했으며, 오늘날까지 그것 없이는 아무도 살 수 없다. 하지만 많은 사람들은, 비와 이슬이 그들이 필요로 하는 것을 가져다줄 수 있기 때문에, 그것에 몰입할 필요가 없음을 알게 되었다. 식물이 다양화되는 동안 동물이 육지에 도착했기 때문에 지표수로부터의 해방은 유혹적이었을 것이다. 그때까지 식물에는 포식자가 없었지만, 첫 번째로 나타난 동물이 웅덩이와 개울에서 살았고 그곳 근처에서 식물을 발견했을 것이다. 지구상에 있는 모든 것이 물에 의존하고 있지만, 모든 것이 물속에서 알을 낳거나 성장하는 것은 아니다. 진화 역사의 어느 시점에서 어떤 동물은 수상가옥을 떠나 근처에서 자라는 식물을 뜯어 먹었다.

이들이 식물을 먹는 가장 초기의 포식자였음에 틀림없다. 더 많은 동물이 왔을 것이고, 곧 많은 동물이 채식주의자가 되었을 것이다. 식물이 이끼류와 양치류에 불과하더라도 어느 누가 그런 쉬운 먹이나 전리품을 그냥 놔두겠는가?

식물이 어디에 사는지 아는 사람은 누구나 그 식물을 이용할 수 있다. 식물은 어쩔 수 없이 그것을 염두에 두어야 하므로 그들 중 일부는 수역에서 벗어나, 뿌리나 물관부xylem로 알려진 조직이 발달하는 방향으로 한 걸음 멀리 이동했다. 뿌리는 지하수를 찾는 데에 사용되었고 물관부는 물을 식물의 모든 부위로 운반하는 데 사용되었다.

식물이 취한 또 다른 조치는 그들이 가지고 있는 물을 저장하는 것이었다. 그들은 나뭇잎과 줄기를 약간의 밀랍으로 덮고 몸의 나머지 부분을 껍질과 같은 두꺼운 코팅으로 덮었다. 그들의 몸은 물의 손실로부터 보호받았기 때문에 그들은 더 높은 곳에서 살 수 있었다.

그럼에도 불구하고 끊임없이 진화하는 포식자들은 그들을 찾아내는 데 아무런 어려움이 없었다. 따라서 방어 조치가 필요했다. 예를 들어, 일부 식물은 햇빛 수용체를, 침엽수는 기막힌 작품인 소나무 바늘잎과 같은 바늘로 변형하여 포식자들을 실망시켰다. 침엽수는 추운 기후에 적응하기 위해 잎을 바늘 모양으로 바꿨으나, 포식자가 가시가 있는 것을 먹기보다는 고사리나 이끼를 더 선호한다는 것은 어쩔 수 없었다.

독이 있는 진균류와 같은 방식으로, 일부 식물은 독소를 개발했는데, 의심의 여지 없이 같은 이유에서다. 이런 식물을 먹은 동물은 곧 맛이 좋지 않고 입 안이 아픈 것을 느낀다. 덤불을 먹는 영양을 보면 알 수 있다. 그들은 덤불의 동쪽을 잠시 씹어 보고 서쪽을 돌아다니다가 더 먼 곳에 있는 덤불 쪽으로 간다. 왜 그런가 하면, 포식자들이 첫 번째 수풀은 갉아 먹었으나 방어하는 독소가 그 영양을 실망시켰기 때문이다.

어떤 나무는 다른 나무에게 포식자의 공격에 주의하라고 경고해 준다. 나무가 포식자의 공격을 알게 되면 독소로 스스로를 방어할 뿐만 아니라 다른 나무와도 의사소통을 하는 화학신호인 페로몬을 내보낸다. 페로몬을 감지하면 다른 나무들은 포식자가 그들을 발견하기 전에 독소를 모아서 공격을 준비한다. 게다가 흥미롭게도, 어떤 나무들은 뿌리를 누르거나, 소통하는 이웃 나무가 있는 토양에 음파 진동을 일으키거나, 그들이 음식을 빼앗거나 다른 나무를 그늘지게 하는 것을 포기시키거나, 위협을 경고하거나 하여 다른 나무들과 소통한다는 사실이 최근에 밝혀졌다.* 나무들이 하는 대화의 형태다. 식물은 인간의 특징을 갖고 있지 않다고 누가 그러는가? 의인화의 부정은 죽은 거나 다름없다.

고정된 유기체의 경우 번식 또한 문제다. 많은 나무들이 뿌리에서 싹을 내 자신을 복제할 수 있지만, 이것이 번식일까 아니면 임시방편의 준비 단계일까? 아메바가 반으로 나누어지는 것이 번식이라면 새싹을 내는 것도 번식이다. 그러나 새로운 새싹은 여전히 부모의 일부며 아메바가 하는 분열은 아니므로 같다고 보기는 어려울 수 있다. 어쩌면 새싹을 보내는 나무는 그저 태양을 더 찾으려고 애를 쓰는 것인지도 모른다. 나무는 움직일 수 없지만 뿌리는 널리 퍼져 있어서 나무는 뿌리를 2차 목적으로 사용하고 있다.

이런 일이 분명히 일어나고, 그 결과는 극적일 수 있다. 유타주의 거대한 군락은 이 발아 과정에 의해 형성되었고 수령이 8만이라 한다. 생물학적으로 말하자면, 겉으로는 그렇게 보이지 않지만, 전체가 같은 나무다. 하지만 싹을 틔우는 것은 유전자의 전이가 아니며, 이것이 나무가 또 다른 방법을 고안한 이유다. 식물성 유성생식에 대해 이야기해 보자.

* Monica Gagliano, Stefano Mancuso, and Daniel Robert, "Towards Understanding Plant Bioacoustics," *Trends in Plant Science* 17, no. 6 (2012): pp. 323~325.

자가수정을 하는 것보다 다른 것을 수정하게 하는 것이 더 낫다. 자가수정은 꽃가루가 자기 몸에 흘러내리면 그런 일이 일어난다. 물론, 초기 식물들은 다른 식물들을 수정하려고 했지만 (물방울에 의해 운반되는 우산이끼 정자 세포를 보라) 고등식물들은 그 과정을 더 발전시키고 더 신뢰할 만한 결과를 얻었다. 물론 바람은 아주 오랫동안 식물을 수분해 왔고, 꽃가루 알레르기가 있는 사람이면 누구나 증언할 수 있듯이 지금도 수분을 하고 있다. 하지만 우산이끼처럼 바람을 이용하는 식물도 꽃가루 덩어리를 만들어야 한다. 꽃가루는 아주 작은 정자 세포다. 하지만 보다 엄밀히 말하면 정자 세포는 아니다. 작은 용기 속에 있는 번식 세포다. 모두 뭉쳐서 바람이 가는 곳으로 가고, 다른 식물의 씨방에 도달한다는 목표를 가지고 있다.

대부분의 꽃가루는 목표에 도달하지 못한다. 그렇다고 그 과정이 성공적이지 않다는 것을 의미하지는 않는다. 그러나 현화식물은 동물의 도움을 받아 그 과정을 더욱 발전시켰다. 정말 훌륭하게 발전시켰다. 동물, 아마도 벌은 꽃꿀nectar이 꽃 안쪽 깊은 곳에 있고 그것을 얻기 위해 파고들어야 한다는 것을 알고 있는 듯하다. 그 과정에서, 벌의 솜털에 꽃가루가 묻는다. 그녀가 비슷한 꽃을 찾아서 날아갈 때, 첫 번째 꽃에서 얻은 꽃가루가 다음 꽃에 떨어진다. 작은 꽃가루 입자는 대부분 씨방을 찾아가게 되고, 그 결과 자손은 두 명의 부모를 갖게 된다.

수백만 년 후, 신석기 시대의 조상 역시 현화식물과 거의 같은 방식으로 동물을 다양한 용도로 이용했다. 야생동물이 음식을 얻기 위해 우리를 찾아오도록 유혹했고, 그들이 식량을 가지는 것은 원하지 않았으나 (그들은 대부분 식량을 훔쳤다) 얼마 되지 않아 그들의 잠재력을 깨달았다. 우리가 아는 모든 것을 식물도 똑같이 했을 것이라는 점 말이다. 몇 가지 예외가 있지만, 우리는 걷는 동물을 사용했고, 식물은 날고 있는 동물을 이용했다. 하지만 두 경우 모두 결과가 비슷했다.

식물은 수백 개의 종과 계약을 했지만 우리는 비교적 적은 수의 종과 계약했다. 이중에는 반가축화된 순록과 애완용 식품으로 사용되는 바퀴벌레가 포함된다. 또한 많은 사람이 동물을 잔혹하게 대하는 것과는 대조적으로, 식물은 동물 도우미들을 더 잘 대우한다. 어떻게 더? 더 인도적으로? 여기에는 꿀벌, 장수말벌, 말벌, 파리, 나비, 개미의 수많은 종이 포함된다. 각각의 식물은 좋아하는 동물을 유혹하고 그들이 기뻐하기를 원한다. 일부 현화식물은 벌새와 같은 작은 새를 사용하고, 어떤 식물은 작은 박쥐를 이용하지만, 너구리와 주머니쥐와 같은 포유류를 이용하는 식물도 있다. 그중 일부는 코 주위의 털에 꽃가루가 묻어 있는 것으로 보아 벌처럼 꽃을 찔러서 꽃꿀을 맛본다고 생각된다. 물론 주머니쥐나 너구리에게 전적으로 의존하는 식물은 없다. 그들은 가끔 방문하는 그 동물들로부터 혜택을 얻을 뿐이다.

고등식물이 취한 또 다른 중요한 단계는 종자의 개발이다. 동물과 마찬가지로, 식물은 어머니의 몸에 형성된 배아로 생명을 시작하지만, 그후에는 많은 동물과 마찬가지로 고등식물도 배아를 보호막으로 둘러싼다. 식물에서 그 결과물은 종자며, 동물에서는 알이다. 유용한 코팅 안에 있는 것이 다를 뿐 그들은 똑같은 것이다. 실제로는 보호 코팅으로 덮여 있는 배아가 때가 되면 새싹이 나거나 부화한다.

흥미롭게도, 식물과 동물은 이것을 독자적으로 개발했다. 기적이다. 식물과 동물의 공통 조상은, 배아는 말할 것도 없고, 알과 같은 것이 존재하기 수억 년 전에 살았던, 단지 매우 원시적인 진핵생물 세포의 집합체에 지나지 않는다. 그래서 식물은 식물의 방식으로 배아를 개발했고, 동물은 동물의 방식으로 개발했다. 이 과정은 가이아가 효과가 있을 법한 것이 무엇인지 깨닫게 되었을 때 우리에게 제공해 준 수렴진화convergent evolution*로 알려져 있다.

수렴진화는, 같은 방식으로는 아니더라도, 다른 곳에서도 일어났다. 예를 들어, 새, 박쥐, 곤충은 모두 날개로 날지만, 날개는 완전히 다른 조상으로부터 독립적으로 왔으며, 구조가 매우 다르다. 이 동물들이 공유하는 먼 조상이 무엇이든 간에 그들은 물속에서 살았고 날개가 없었을 것이다.

하지만 흥미로운 점은 새, 박쥐, 곤충에 의해 진화된 날개가 일하는 방식이 모두 다르다는 것이다. 배아는 그렇지 않다. 배아

* 수렴진화란 계통적으로 관련이 없는 둘 이상의 생물이 유사한 형태로 적용하는 현상을 말한다.

는 식물과 동물에서 아주 똑같다. 예를 들어, 척추동물의 배아에는 초기부터 척추가 있고, 식물의 배아에는 줄기가 있다.

많은 식물들은 그 근처에 다른 식물이 있는 것을 좋아한다. 전통적이고 관리되지 않는 숲은 의사소통하고 협력하는 다른 식물들의 존재로부터 엄청난 이익을 얻는다. 어머니 나무는 근처의 아이 나무들과 다른 종의 나무들에게 먹이를 주지만, 단지 얽힌 뿌리를 통해 좋아하는 종에게만 먹이를 준다. 그들은 좋아하지 않는 나무에 먹이를 주지 않는다. 숲에서 함께 지내는 나무들은 강풍으로부터 서로를 보호하고 습한 분위기를 보존하며, 기생충의 공격과 같이 나쁜 일이 발생하면 뿌리 또는 공기 중 페로몬으로 교신을 한다.

식물은 가까이 있으면 이익을 얻지만, 일정한 이종교배로 인한 이익은 거의 없으며, 진균류와 마찬가지로 식물은 이를 피할 수 있는 방법을 알아냈다. 유액乳液을 분비하는 일부 식물은 바람에 씨앗이 운반되지만, 많은 식물은 동물이 씨앗을 운반한다. 예를 들어, 까끄라기는 우연히 그것을 스치고 지나가는 사람을 무는, 치아가 있는 씨앗이다. 까끄라기는 결코 환영받지 못하기 때문에 까끄라기가 붙은 것을 알면 바로 떼어내 버리는데, 그들은 버려진 곳에서 번성할 수 있다. 여러 종류의 식물에는 까끄라기가 있으며, 어떤 까끄라기는 아주 커서 타이어도 뚫을 수 있다. 어떤 동물도 그런 종류의 까끄라기를 먹지는 않는다. 그것이

까끄라기를 만드는 식물에게는 중요한 장점이다.

일부 현화식물은 종자 운송을 최고 수준으로 끌어올렸다. 그들의 접근 방식은 까끄라기와 같이 공격적이지는 않지만 즐겁고 호소력이 있다. 이 식물들은 식용 코팅으로 씨앗을 덮으며, 광합성으로 만든 당 때문에 달콤하다. 과육은 씨앗을 뚫는 벌레에 대한 방어책으로 시작되었을 것이므로, 이익은 우연히 일어날 것이다. 그러나 식물은 곧 과육이 곤충을 저지하는 것 이상의 역할을 할 수 있다는 것을(진화적이며 식물적 방식으로) 깨달았을 것이다. 그리고 모든 곤충을 저지하는 것은 아니다.

우리를 포함한 동물들은 달콤한 냄새가 나는 열매를 보면 참을 수 없으므로 누구든 그것을 발견하면 먹는데, 과육은 먹지만 작고 내구성이 있는 껍질이 있는 종자는 먹지 않는다. 씨앗은 걸어가든지 날아가든지 그것을 먹는 사람의 창자를 통해 손상되지 않은 채 통과되고, 하루 정도 지나면 그들을 배설하여, 영양분을 공급하는 비료가 되는 똥 속에 들어 있다. 거기에서 씨앗은 잘 자랄 것이다. 과일을 먹는 동물들은 늘 그렇게 하기 때문에 혜택을 받는 식물과 막연하게나마 공생하는 파트너로 간주될 수 있다.

그렇다면 견과가 열리는 나무도 궁금할 것이다. 견과는 호두나무처럼 매우 단단한 껍질로 덮여 있거나 도토리처럼 딱딱하지 않은 껍질로 덮인 배아다. 전 세계적으로, 견과류를 먹는 동물의 종류는 수천이나 되지만 누구든지 아무리 어려워도 껍질을 깨뜨려야 한다. 배아는 씹어서 소화하지만, 씨를 뿌리는 일은 없다.

그뿐만 아니라, 배아는 단단한 껍질로 싸여 있는데, 어떻게 껍질 밖으로 나와 성장할까? 호두 껍질이 땅에 남겨지면 오랜 시간에 걸쳐 분해된다. 그동안에 누군가가 그것을 본다면 어떻게 될까? 그것을 발견한 사람은 잡아채서 부수고 열어서 배아를 먹을 것이다. 호두나무가 위험을 감수하기로 결정한 것은 의심의 여지가 없다. 호두를 먹고 싶어 하는 다람쥐, 쥐, 기타 동물은 대부분 껍질을 깨뜨릴 수 없기 때문이다. 강한 어금니를 가진 동물은 할 수 있고 인간도 할 수 있다. 그러나 호두의 조상은 인간이 나타나서 이런 문제를 일으키기 전에 이미 진화했고, 이제 우리는 호두나무를 심어서 약간의 보상을 하고 있다.

호두나무와 그들과 비슷한 종류의 나무는 껍질을 만들 때 참나무보다 더 딱딱하게 만든다. 참나무가 껍질이 덜 딱딱한 것은 이해가 된다. 만약 도토리를 심은 다람쥐가 그것을 잊어버리거나 포식자에게 잡혀 그것을 파낼 때까지 살지 못하면, 습기 찬 땅에서 어느 정도 시간이 지나면 도토리의 껍질이 부서지기 쉬어지고 배아가 자라기 시작한다. 그러나 다람쥐만 도토리를 먹는 동물은 아니다. 사람도 도토리를 먹지만 심지는 않는다. 수십 종류의 동물도 호두를 심는 것은 좋다고 여기지 않고 그것을 먹는다.

예를 들어, 뉴잉글랜드에 있는 곤충 애벌레는 말할 것 없이, 쥐와 들쥐에서 사슴과 곰까지 도토리를 먹는 야생동물을 생각해 보자. 이런 동물은 대다수가 겨울을 지내려면 반드시 몸무게를 늘려야 한다. 그들은 땅에 떨어진 도토리를 먹을 뿐만 아니라 숨겨진 일부 도토리를 찾기 위해 나무 근처의 땅을 파헤친다. 가장 좋은 환경에서 소수의 도토리만 살아남을 수 있기 때문에, 도토리를 많이 숨겨 놓아야 한다. 너무 많은 도토리가 먹히면 참나무는 번식이 잘 되지 않는다. 이때 나무는 어떤 일을 해야 할까?

그들은 할 수 있고 또 한다. 때때로 수백 km^2 이내에 있는 모든 참나무가 도토리를 만들지 않는다. 2011년 미국 농무부USDA 산림청이 후원한 연구에 따르면 모든 종의 참나무가 이것을 함께했다. 삼림 전문가들은 기후조건 때문이라고 말하지만 왜 이런 일이 발생하는지는 불분명하다. 그런 일을 하는 참나무의 영역이, 더 멀리 남쪽까지는 아니어도 캐나다에서 캐롤라이나까지 아주 넓어서, 기후조건이 다르다는 점에서 이해가 잘 되지는 않지만, 그럴 수 있을 것 같다. 그리고 미국 농무부 삼림청 조사에 따르면 참나무는 어디서나 이처럼 단체 행동을 한다고 한다.

일부 자연주의자들은 산림청 연구를 지지하는 것 같은 이론을 내놓았다. 바람에 날리는 페로몬에 의해 교신하면서 참나무들이 도토리를 만들지 않아서 포식자를 굶어죽게 할 수 있다는 것이다. 참나무들은 이듬해 다시 도토리를 만드는데, 포식자가 소수만 생존했으므로 많은 양을 먹을 수 없어서 상대적으로 안전할 것이며, 참나무는 다시 번성하게 될 것이다.

흥미롭게도 참나무와 같은 전략을 사용하는 동물이 있다. (가이아는 좋은 생각이라면 다른 곳에도 사용한다.) 한 가지 예를 들면,

많은 무리의 여성 순록은 동시에 출산을 한다. 수백 마리의 새끼가 한꺼번에 태어나고 태어난 지 한 시간이 지나면 달릴 수 있다. "순록의 포식자인 늑대들은 자기 영역이 있고, 다른 늑대들이 무단 침입하는 것을 용납하지 않기 때문에 순록은 살아남는다. 따라서 순록 새끼의 수는 폭발적으로 늘어나지만, 늑대의 수는 그대로다."

2008년 미국 동부의 여러 곳은 도토리를 거의 수확하지 못했다. 도토리에 의존하는 동물들은 필사적이었다. 겨울철에는 누가 먹이를 주지 않는 한 그들은 굶어 죽는다. 작은 명금鳴禽을 제외한 야생동물에게 먹이를 주어서는 안 되지만 나는 사슴 25마리, 어치 5~6마리, 야생 칠면조 75마리를 먹여 살렸다. 그런 것은 우리 종의 모순이다.

물론 불법 행위에 대해서는 후회하지만, 나 자신도 동물이어서 굶주림이 어떤 것인지 알기에 도우려 했다. 그리고 식물과 동물 사이에 갈등이 생기면 나는 보통 동물 편이다. 그래도 겨울에 사슴에게 먹이를 주는 행위는 심각한 위험이 따른다. 거의 모든 사람이 당신을 싫어할 것이다. 사슴이 이웃의 관상용 관목을 먹으면, 이웃은 당신이 사슴을 끌어들였기 때문이라고 생각한다. 그러나 더 큰 위험은 사슴에게 있다. 그들의 소화기관은 겨울 식단에 맞추어져 있는데, 겨울철 음식물이 아닌 것을 먹으면 그것이 깨질 수 있다. 아무런 지식 없이 그리고 잘 보살피지도 못하면서 사슴에게 그러한 먹이를 주면 죽을 수 있다.

나는 25마리의 사슴 하나하나를 개인적으로 잘 안다. 이듬해 봄, 그들은 고맙게도 다 살아 있었고 잘 있었다. 겨울이 시작될 때 그들은 다시 돌아왔고, 내가 어떻게 하는지 보려고 그들은 창문을 통해 나를 쳐다보았다. 이게 뭘까? 당신이 추측해 보라. 나는 겨울의 야생동물에게 먹이를 챙겨 주는 것을 권장하지는 않지만 누군가가 줘야 한다고 주장한다면, 먼저 그 문제에 대해 주의 깊게 생각해 봐야 한다.

지능에 관해서는, 식물은 우리가 알고 있는 바와 같이 두뇌가 없다. 그러나 두뇌는 우리 종에 의해 과대평가되었다. 앞에서 언급한 전기충격을 피하는 법을 아는 두뇌가 없는 '흰쥐' 역할을 하는 짚신벌레를 생각해 보자. 두뇌가 없는 다른 생명체와 마찬가지로 식물도 사물을 안다. 그들은 햇빛과 물을 감지하고, 필요한 것에 도달하기 위해 자신의 일부분을 키운다. 중력도 감지한다. 그래서 그들은 뿌리를 내리고 상부를 높이는 방법도 알고 있다.

덩굴이 지지대를 오를 때 볼 수 있듯이 그들은 그림자 또는 상대적인 어둠을 감지한다. 덩굴은 지지대의 어느 쪽이 해가 들고, 어느 쪽이 그늘지는지 안다. 그리고 지지대를 향하고 있는 정상적인 세포를 변화시키지 않고 그들 뒤에 있는 아주 긴 세포를 성장시켜서, 줄기의 내부에 있는 세포를 그에 맞춰 성장시킨다. 긴 세포는 짧은 세포 위로 구부러져서 덩굴이 그늘에 기울어질 때까지 줄기를 휘게 만든다. 한편, 덩굴의 끝은 정상적으로 계속 자란다. 곧 위쪽의 잎은 모든 햇빛을 감지하지만, 아래쪽의 잎은 여전히 그림자를 감지하고, 덩굴은 다시 그쪽으로 굽는다. 이 일이 반복적으로 일어나면 덩굴은 지지대 주위를 감싸게 된다.

두뇌는 그 가치보다 더 많은 문제를 야기할 수 있으며, 두뇌의 소유자가 길을 잃고 위기를 초래할 수도 있다. 따라서 두뇌 없이 문제를 해결할 수 있다면 두뇌를 소유할 필요가 있겠는가? 실제로 일련의 짧은 세포 뒤로 일련의 긴 세포를 성장시키는 것은 무엇이든지 식물이 원하는 대로 향하게 하는 방법이다. 그러나 덩굴이 그 일을 하는 것을 보는 것은 극적이다. 그리고 전체 과정은 짧은 시간에 이루어진다. 식물은 대부분 자신의 일부를 거의 즉시 태양 쪽으로 돌릴 수 있다.

국립자연사박물관National Museum of Natural History의 마크 모펫Mark W. Moffett이 《뉴요커*The New Yorker*》의 편집자에게 보낸 편지에서 일부 식물은 걷기도 한다고 지적했다. 모펫은 "어떤 무화과나무는 지나치게 응달이 지는 곳을 피하거나 자신의 위로 넘어진 나무 아래에서 벗어나기 위해 기둥뿌리stilt root로 '걸을' 수 있다."*고 기술하였다. 필로덴드론philodendron 같은 식물은, 햇빛이 드는 곳을 발견할 때까지 길이를 바꾸지 않고 나무의 가지 사이를 움직이며 돌아다닐 수 있다고 그는 말했다. 움직이는 동안 잎은 작고 줄기는 가늘다. 그러나 그들이 좋아하는 곳을 찾

* *The New Yorker*, January 27, 2014, 3.

으면(이것은 모펫의 설명이 아닌 나의 설명이다) 줄기가 두꺼워지고 나뭇잎이 커진다. 적어도 내게는, 그것은 자신이 무엇을 하고 있는지 알고 있다는 신호 같다.

이 편지와 매사추세츠 대학의 생물학 교수인 토비아스 바스킨Tobias Baskin이 작성한 두 번째 편지는 마이클 폴란Michael Pollan의 〈지적인 식물The Intelligent Plant〉이라는 매혹적인 《뉴요커》 기사에 대한 반응이다.* 폴란의 발견은 식물이, 필로덴드론과 앞서 언급했던 다른 식물의 활동과 마찬가지로 확실히 지능이 있다는 느낌을 준다. 바스킨은 다르게 생각하고는 "마이클 폴란은 식물이 지능이 있는지에 대한 논쟁을 보도했다. 식물은 지능이 없다."**라고 썼다.

바스킨의 견해는 확실히 식물학의 여명기 때부터 받아들여져 온 것이다. 그의 의견은 널리 받아들여지고 있고 동물에게도 적용된다. 그러나 그는 의인화의 부정을 실천하지 않고 있을까? 지능이란 무엇인가? 그것은 인간만을 위한 것일까?

《미국문화유산사전》에서는 '지능'을 "지식을 얻고 이해하고 사용하는 능력"이라고 정의하고 있다. 여기에는 종에 대한 언급이 없다. 사람만 지능을 가지고 있다고 말한 사람은 아무도 없다. 식물이 정보를 획득할 때 이것이 지식의 기초기 때문에 '지식'이라는 단어가 열쇠가 될 수 있다. 그리고 식물은 식물 형태

* *The New Yorker*, December 23 and 30, 2014.

** *The New Yorker*, December 23 and 30, 2014.

인 그 지식을 '이해해야' 한다. 그렇지 않으면 식물은 받는 정보를 사용할 수 없다. 그렇다면, 이것은 지능이고, 덩굴이 그 목적을 달성하기 위해 그늘을 향하는 이유와 무화과나무가 왜 어디로 걷는지 그 이유를 설명할 만한 더 좋은 단어를 생각해 낼 수 없다.

그리고 지능을 가졌다는 것으로 충분하지 않다면 식물은 또한 기억력을 가지고 있다. 아주 멋지고 반드시 읽어야 할 책인 페터 볼레벤Peter Wohlleben의 《나무 다시 보기를 권함*The Hidden Life of Trees*》에 발표된 매혹적인 실험에서 미모사가 물방울에 대해 배운 것을 기억했다. 볼레벤은 미모사를 만지면 잎이 반으로 접힌다고 했다. 이 실험에서 미모사는 물방울이 물에 닿았을 때 잎이 접혔으나 물방울이 해를 끼치지 않는다는 것을 관찰한 후에는 잎을 접지 않았다. 한참 후에 다시 물이 떨어졌지만, 미모사는 물방울이 그들을 해치지 않는다는 것을 알았기 때문에 잎을 접지 않았다. 다시 말하면, 그들은 기억하고 있었다는 것이다.*

그러나 미모사의 생각하는 과정은 우리와 다르며, 그게 바로 우리가 그것에 대해 이야기할 때 실수하는 것이다. 우리는 모든 일을 의식적으로 생각하면서 하지 않는다는 것을 잊는 경향이 있다. 우리가 생각하는 것이 무엇이든 간에, 우리 몸은 따로 작동하고 있다. 우리의 생각은 우리의 심장을 더 빨리 뛰게 하거

* Peter Wohlleben, *The Hidden Life of Trees: What They Feel, How They Communicate*(Vancouver: Greystone Books 2015), pp. 47~48.

나, 콧물이 나오는 것을 멈추게 할 수 없다. 아무 생각을 하지 않아도 심장은 뛰고 콩팥은 물질을 걸러내고 폐는 공기를 주입한다. 삼림지대의 산책로를 걷는데 퓨마와 얼굴을 마주치면 우리의 몸은 우리를 더 커 보이게 하려고, 눈을 아주 크게 뜨고 위 근육을 조이며 무릎과 팔꿈치를 도망가려는 자세로 구부리고 털이 일어서기 때문에 우리 몸에 소름이 돋는다. 우리의 피부는 옷으로 덮여 있다는 것과 털이 작다는 것을 모른다. 그저 그것을 소유한 사람의 몸은 무의식적으로 더 커 보이게 하려고 최선을 다해야 한다고 생각한다. 이때 우리의 생각은 큰 역할을 하지 못한다. 그것은 나중에 작동한다. 그동안, 퓨마는 동일한 경험을 한 적이 있어 나무 사이로 뛰어간다.

식물은 빛, 중력, 물보다 더 많은 것을 감지한다. 예를 들어, 그들의 조상이 진균류로 지의류를 만들었을 때 그들의 조류 조상이 그랬듯이 공생 관계에 있는 진균류에 대해 알고 있다. 진균류는 식물의 뿌리를 따라 실 모양의 균사처럼 늘어서서 식물로부터 약간의 즙을 빨아먹고 대신에 식물에 미네랄을 제공한다. 진균류는 대가를 조금 지불하고 약간의 즙을 받는다. 이는 미네랄을 받는 대가로 식물이 진균류가 스스로 만들 수 없는 탄수화물인 자당을 진균류에게 제공하기 때문이다.

그리고 흥미롭게도, 식물과 진균류는 둘 다 상대방이 노를 젓고 있는 것을 알고 있다. 2011년 8월 12일자 학술지 《사이언스》에, 진균류가 식물에 적절한 양의 미네랄을 공급하지 못하거나 식물이 진균류에 적절한 양의 당을 공급하지 못하면 다른 한쪽은 자신이 제공하는 것을 줄여서 상대방을 응징할 수 있다는 연구논문이 실렸다. 그러면 상대방은 다시 생각하고 행동을 강화한다. 이런, 설탕은 어떻게 된 거야? 내 파트너가 나를 화나게 했어? 내가 미네랄에 대해 너무 이기적이었나? 만약 당신이 그런 것을 생각한다면, 그것은 대단한 일이다.

오늘날 열대우림에서 툰드라에 이르기까지 거의 모든 종류의 야생 풍경은 식물로 빽빽하게 가득 차 있다. 왜냐하면 식물계의 구성원이 우리보다 더 성공적이었기 때문이다. 우리는 100살 넘게 사는 특별한 사람을 축하해 준다. 그러나 삼림에 있으면서 손상되지 않은 거의 모든 나무는 100년보다 훨씬 더 오래 산다. 콜럼버스가 미국을 발견했을 때 자라고 있던 니사 실바티카*Nyssa sylvatica*는 우리 집 근처에서 지금도 자라고 있다. 나미비아에 있는 바오바브나무는 적어도 2,000년 넘게 살았다. 유럽의 주목은 족히 4,000년은 된 듯하다. 캘리포니아에 있는 참나무는 5,000년도 더 된 것이다. 다른 종류의 식물도 수명이 길다. 실레네 스테노필라*Silene stenophylla* 꽃의 씨앗은 북극의 얼음 밑에서 발견되었는데 1억 3,000년 후에 발아했다.

그러나 수명은 인간에게는 그다지 쓸모가 없는 듯하다. 외계 우주에서 온 유성이나 빙하기나 화산활동은 과거에는 식물에 해를 끼쳤다. 그러나 지금 우리는 그들을 파괴하기 위해 우리 역할을 다하고 그보다 더한 것도 한다. 우리와 같은 중형 종의 포유류가 식물계와 같이 널리 퍼지고 밀집된 것에 도전한다는 것은 불가능한 것 같다. 그러나 현재 지구상에 있는 40만 종의 식물 중에 약 1/3이 인간에 의해 멸종 위기에 처했다. 지금도 많은 종류의 식물이 사라지고 있다. 그러나 성공하려면 식물의 마지막 보루인 화본과식물을 생각해야 한다. 그들은 우리가 사라진 후에도 여기에 남아 있을 것이다. 여기 있는 동안 우리에게는 그들이 필요하다.

현화식물이 진화한 후, 아마 초기에는 다른 것 중에서 녹색 새싹을 먹은 소형 채식공룡 덕분에 원시적 형태의 쌀 같은 것이 등장하기까지 약 9000만 년이나 걸렸다. 그들의 습관은 기존의 식물상을 위협하고, 일부는 방어 조치를 취하도록 독려했다. 방목동물이 풀을 먹고 아주 미세한 돌 같은 상태로 굳은 일종의 이산화규소인 풀처럼 생긴 식물석植物石*은 약 7000만 년 전에 잠시 걷기를 멈춘 채식공룡이 흙이 묻지 않게 꼬리를 쭉 펴고, 무릎을 살짝 구부린 채 눈 화석이 된 똥에서 발견되었다.

똥만 화석이 되었지만, 공룡이 배회할 때 풀의 일종이 존재했다는 사실을 알려 준다. 비록 포유류가 나타났을 때 풀은 말 타입, 소 타입, 염소 타입, 사슴 타입, 영양 타입으로 크기가 다

* J. W. Hunt, A. P. Dean, R. E. Webster, G. N. Johnson, and A. R. Ennos, "A Novel Mechanism by Which Silica Defends Grasses against Herbivory," *Annals of Botany* 102, no.4(2008): pp. 653~656.

양해졌다. 이것은 잔디밭이나 들판에서 자라는 그런 풀이 아니다. 그 동물들은 풀을 자를 수 있는 넓은 앞니와 갈 수 있는 큰 정사각형 어금니를 가지고 있었으며, 그들은 쌀 유형의 식물을 현대의 볏과식물로 진화시키는 데 크게 기여했다.

이 식물은 매우 혁명적인 것이다. 이 식물은 보통 위로 성장하며, 대부분의 식물처럼 위에서부터 자라지 않고 아래에서부터 자라나며 방목이 가능하고 눈에 잘 띄지 않는다. 또 그들은 태양이 있는 한 거의 모든 종류의 땅에 뿌리를 내리고, 바람이 운반해 줄 수 있는 작은 씨앗을 가지고 있으며, 불이 난 후에도 곧 자라며, 물을 별로 필요로 하지 않는다. 그리고 물이 충분하지 않으면 그들은 잠시 동안 아래로 굽지만 비가 오면 즉시 다시 기운이 생겨 올라서는 식물이다.

화본과식물은 잔 나뭇가지, 줄기, 가지 등 식물이 사용하는 방법으로 햇빛을 받아들이지 않았다. 나뭇잎과 드러난 실 모양의 줄기만 남겨 둔다. 그리고 줄기의 주요 기능은 번식이 잘 되도록 바람이 도달할 수 있도록 높게 유지하는 것이다.

풀은 대체로 구조가 멋지고, 가장 성공적인 식물이라고 할 수 있다. 다른 식물은 많은 방법을 시도했지만 풀은 그들을 능가했다. 풀은 식물 왕국의 호모 사피엔스지만 파멸의 길은 가지 않았다.

풀은 지구상의 식생 중 1/5을 차지하고, 땅의 1/3을 덮는 세계에서 가장 풍부한 식물 중 하나가 되었으며, 남극 대륙의 전부는 아니지만 남극 대륙을 포함한 거의 모든 곳에서 볼 수 있다. 그들은 대초원, 사바나, 평원은 말할 것도 없고 도시에서 삼림, 습지, 툰드라까지 다양한 생태계를 차지할 수 있는 방법을 모색해 왔다. 풀은 옥수수, 밀, 쌀, 기장, 보리로 전환되었다. 풀은 음식과 짚에서부터 잔디밭과 에탄올에 이르기까지 모든 것에 그 식물을 이용하는 우리는 말할 것도 없이, 그것에 숨거나 둥지를 짓는 것과, 그것을 먹는 수백 마리의 동물 등 수천의 생명체에게 유용하다.

파괴된 숲에서도 풀은 빨리 자란다. 공룡과 '새벽 말dawn horses'*과 얼룩말과 말, 영양, 사슴, 물소, 염소 및 다른 많은 동물이 그곳에서 모든 풀을 다 뜯어 먹은 후에도, 그것은 아래에서부터 다시 자랐고 지금까지 살아남아 승리했다. 진균류의 균사체와 같이 풀잎이 아닌 뿌리는 그들의 중요한 신체의 일부분이 되었으므로 이전에 물소를 방목한 미국 평원의 어떤 풀숲은 수천 년이 되었다고 한다. 풀을 정말로 괴롭히는 유일한 유기체는 그들을 그늘지게 하는 더 큰 식물이다. 번개가 치고 불이 붙기 시작하면 풀과 더 큰 식물이 함께 불타지만 뿌리에서부터 빨리 자라기 때문에, 풀은 언제나 가장 먼저 되살아난다.

사바나 초원의 풀이 진화한 이래 번개 때문에 불타 버렸지만, 인간이 불을 피우는 법을 안 이후에 더 자주 불에 탔다. 방목동

* 지금은 멸종된 소형종 말로서(키가 42~50cm) 말의 첫 조상으로 알려져 있다./옮긴이

물이 풀을 뜯을 때 긴 풀보다 짧은 풀을 더 좋아하고, 불이 난 후에는 새로운 풀이 생긴다는 것을 안 이후에 인간은 사냥하는 방목동물을 유혹하기 위해 불을 피웠다. 영양은 짧은 목초를 좋아했는데, 흔들거리지 않아서 물어뜯기가 쉽고, 아직 거친 섬유질이 생기지 않아 소화하기 쉬웠기 때문이다.

인간이 지른 불은 몇 km 정도 타다가 몇 가지 이유로 꺼진다. 아마도 이미 불탄 지역에서 다시 바람이 불어 왔을 것이다. 그리고 며칠 정도 기다리면 초록색 점이 나타나기 시작했을 것이고, 영양이 나타나서 그것을 우적우적 먹었을 것이다.

우리가 지구를 과거로 되돌릴 수 있다면, 그 시절은 좋은 선택이 될 것이다. 우리가 거기에 있을 수 있다면 더 좋을 것이다. 20만 년 동안, 많은 식물이 불에 적응했고(심지어 발아도 불에 의존할 정도로) 우리 종이 다른 종에 적응한 것처럼, 우리는 우리 종에 적응한 생태계의 한 부분이다.

오늘날 사바나 기후를 가진 여러 나라에서는 정부 법령에 의해 불을 금지하고 있다. 인구가 증가했고 불을 너무 많이 피워 고대 경관이 거의 파괴되었는데, 이것은 정부의 잘못이 아니다. 어쨌든, 많은 고대 경관에 있는(한때는 불이 잘 통제되었던) 어떤 관목림은 사라졌고 이제 그늘진 풀은 기능을 발휘하지 못한다. 따라서 이제는 대형 초식동물, 특히 우리 조상들이 사냥을 한 초식동물이 사라져서 초식동물 수가 급격히 줄어들었다. 인간이 아닌 포식자가 그들을 사냥하기도 했지만, 대부분이 총에 맞았다.

그러나 풀은 아직 여기에 있다. 지구상에서 가장 성공적인 생명체 중 하나인 풀은, 아무리 작은 조각이라도 계속해서 그 자신의 것을 가지고 있을 것이다. 우리가 그들을 작게 유지하기 위해 주위에 있는 동안 그들은 작은 조각일 것이다. 우리가 죽은 후에는 널리 퍼질 것이다.

제10장

육지의 절지동물

식물은 건조한 대지를 살 수 있는 땅으로 만들었고, 그곳에 다음 동물이 도착했는데 그들이 바로 절지동물이다. 절지동물이란 무엇인가? 절지동물을 뜻하는 arthropod의 'Arthro'는 관절염arthritis에서와 같이 절지를 뜻하고, 'pod'는 '족병 전문의podiatrist'에서와 같이 다리를 의미한다. 절지동물문Arthropoda에는 진드기, 거미, 전갈, 곤충, 따개비, 노래기, 지네, 바닷가재, 게 등이 속한다. 오늘날 지구상에서 가장 다양한 동물문으로 최초로 물을 떠난 동물들이다. 그들이 물에서 살았는데도 다리가 왜 필요했는지는 확실하지 않지만, 그들은 모두 다리가 있었다. 그리고 그들은 바다를 돌아다닐 수 있는 벌레였지만, 그들의 조상이 누구였는지는 분명하지 않다.

그들이 뭍으로 나왔을 때, 거주가 가능한 3차원의 물의 이점을 고려하면 왜 수생동물이 육지로 이동하려고 했는지 이해하기 어렵다. 그러나 처음 육지로 이동한 동물들은 위아래로 헤엄치지 않고 단순히 바닥을 걸어 다녔는데, 그래서 그들에게는, 그 환경이 공기 대신 물이 있는 2차원적 환경이나 다름없었다. 그래서 아마도 그들이 건조한 대지를 선택한 것 같다. 관절로 된 다리가 있어 돌아다닐 수 있었고, 절지를 하나로 묶어 주는 딱딱한 외피(키틴질 피부)가 있어 건조해지지 않았다.

초기의 선구 절지동물은 뉴모데스무스 네우마니*Pneumodesmus newmani*로 알려진 용감한 노래기다. 이 노래기는 4억 2800만 년 전에 스코틀랜드에서 멸종되어 화석이 되었다. 그러나 다른 초기의 선구 절지동물은, 바로 그 노래기는 아니었으나, 그들은 얼마 지나지 않아 화석이 된 물가에, 화석이 된 시체와 화석이 된 작은 화석 궤적을 남겨놓았다.

이 초기의 선구 절지동물은 분명 오늘날의 절지동물이 살고 있는 해저에서 나와, 위에서 떠내려 오는 음식을 먹기 위해 주변을 걸어 다녔을 것이다. 바닷가재 또한 처음 상륙을 시도했던 절지동물 중 하나다. 그들 중 하나가 당시에 얕은 바다였던 중국에서 화석으로 발견되었다

바다가 얕았기 때문에, 썰물은 아주 멀리 빠르게 밀려 나갔다. 그리고 바다를 떠다니던 절지동물이 따라가기에는 너무 멀고 너무 빨랐다. 만약 그들이 바닷물이 빠져나갔을 때 해변 근처

에 있었다면, 그들은 오도 가도 못했을 것이다. 그러나 다리와 발이 키틴으로 덮여 있던 동물은 잘 견뎌낼 수 있었고, 호흡에 관해서는 바닷가재를 요리하는 사람이라면 누구나 알 듯이, 그들은 냉장고의 어떤 공기에서도 오래 살 수 있다. 조수가 다시 돌아오기를 기다릴 수 있는 자들은 자연에서 도태당하지 않았으며, 공기호흡을 할 수 있는 능력을 개발할 기회를 얻었다. 이 생명체들은 당시에 고정된 수생식물을 먹었는데, 해안에 고정되어 서식하는 많은 먹음직스러운 식물을 발견할 수 있었을 것이다. 결국, 초기 식물은 표면의 수분과 직접적인 접촉이 필요했고, 대부분의 식물은 분명히 물 바로 옆에 서식했거나 심지어 일부는 늪지나 연못과 개울의 둑과 접해 있는 물속에서 살았을 것이다. 그런 조건들은 초기의 육지 절지동물에게 고무적이었던 것이 틀림없다.

이끼류는 이끼류 이외에는 먹을 것이 별로 없는 습지에서도 자랄 뿐만 아니라 오늘날의 노래기는 일부 아직도 이끼류를 먹으므로 일단 육지에 온 노래기들은 이끼류를 먹었을 것이다. 초기의 선구 노래기들은 아마도 영양을 공급받을 만한 것이 거의 없었을 것으로 추측되므로 그랬을 것이다. 그러나 그들의 이끼류에 대한 선호가 4억 2800만 년 동안 지속되었다고 생각하니 놀랍다! 가이아가 그 노래기를 만들었을 때 승자를 만든 것이다. 그와 그의 후손들은 기후변화, 표류하는 대륙, 화산폭발, 혜성 충돌, 소행성 충돌, 끔찍한 대량멸종을 견뎌냈고, 작은 이끼류를 찾을 수 있는 한 견딜 수 있었다.

물을 떠난 모든 절지동물이 노래기와 같다고 할 수는 없다. 포식자가 거의 없고 무한한 가능성이 있는 새로운 환경 아래에서, 다른 선구 절지동물은 서로 다른 방향으로 진화했고 진화의 방향에 따라 생태학적으로 중요한 자리를 차지했다. 드디어 그 무리들은 이 생태계의 중요한 상징물이 되었다. 절지동물은 그들이 식물과 서로 깊은 연관을 맺을 때까지, 식물을 먹기도 하고 (그래서 식물이 자신들을 보호하는 것을 자극했으며), 꽃가루를 운반해 주고 작은 꽃꿀을 얻으면서 식물과 상호 협력 관계를 형성하여, 끊임없이 진화하는 식물과 긴밀한 관계를 형성했다.

오늘날 절지동물은 다른 어떤 동물보다 그 수가 많다. 그들은 널리 퍼져 나갔을 뿐만 아니라 어떤 것은 분류학적으로 우성인 구성원이나 훗날의 척추동물이 하는 일을 했다. 즉, 체구가 매우 커진 것이다. 몸무게가 0.5kg이고 날개 길이가 61cm 이상인 잠자리와 같은 곤충이 생겨났는데, 아마도 지금까지 생겨난 곤충 중에서 가장 큰 곤충일 것이며, 확실히 어느 시대의 잠자리보다도 큰 잠자리일 것이다. 오늘날까지도 현대의 잠자리는 곤충 중에서 가장 크다. 하지만 단지 크기가 크다는 것만 언급하겠다. 길이가 244cm로 아마도 육지에 기반을 둔 절지동물 중 가장 큰 노래기 타입이 나타났기 때문에 다시 가장 큰 곤충을 노래기라고 생각하게 된다. 우리는 노래기가 전혀 진화하지 않았다고 말할 수 없다. 왜냐하면 그들은 진화했지만 지네처럼 다른 크기와 형태로 진화했기 때문이다. 거대한 절지동물은 대부분 멸종했는데, 어쩌면 당연한 결과일지도 모른다. 그럼에도 불구하고, 오늘날 동아프리카에 있는 한 노래기는 길이가 약 38cm인데, 만약 그가 당신의 발 위를 지나가면 훨씬 더 커 보일 것이다.

수천 년에 걸쳐, 육지에 기반을 둔 절지동물은 그들의 외골격을 유지하고 번성했다. 바다에 머물렀던 것도 그랬고, 게와 같은 절지동물은 민물에 터전을 만듦으로써 그들의 육지에 기반을 둔 동료와 합류했다. 오늘날 민물 게는 1,000여 종 이상으로 분화했지만 육지에 기반을 둔 절지동물에 비하면 초라하다. 그들의 종류에 대해 언급하면 게 타입(4,000종), 노래기와 지네(2만 종), 말벌, 꿀벌, 호박벌(2만 2,000종), 개미와 흰개미(2만 6,000종), 거미와 전갈(4만 4,000종), 나비와 나방(17만 5,000종), 파리와 모기(24만 종), 딱정벌레(40만 종) 등을 들 수 있으며, 우리 지구상의 모든 동물 종의 30%를 차지한다. 이들을 인류의 조상인 사람과 Hominidae(오랑우탄, 고릴라, 침팬지, 사람, 보노보 5종)와 비교해 보라. 그리고 이 모두는 물을 떠나기로 선택한 것이 아니라 물이 그들로부터 사라진 것을 알게 된 선구자들로부터 나왔다는 것을 고려해 보라. 물론 절지동물은 시간이 충분하여 더 많은 종을 생산할 수 있었다. 그리고 오늘날까지도 다른 어느 동물군보다 많으며 전 세계 어디에서나 볼 수 있다.

제11장

척추동물

척추동물문은 절지동물만큼 많이 번식하지 않았다. 하지만 누가 우리를 비난할 수 있을까? 우리는 생겨난 지 얼마 되지 않았다. 우리는 우리가 발전하는 데 중요한 부분은 물속에서 일어났고, 중요한 신체적인 특성이 완성되기 전까지 물을 떠나지 않았다. 우리의 조상은 해면동물이나 산호충珊瑚虫처럼 바다 밑 지대에 붙어 있는, 미삭동물이나 미삭동물과 밀접한 관련이 있는 수생 생명체인 멍게였다고 여겨진다. 오늘날, 그런 종은 많으며, 좋은 예가 바위에서 자라는 꽃처럼 보이는 작은 곤봉멍게속 *Clavelina*이다. 멍게는 대체로 예쁘지는 않지만, 일생 동안 바다 깊은 곳에 정착되어* 물에서 떠돌아다니는 먹잇감을 찾아낸 것처럼 보인다.

그들이 머무를 수 있는 좋은 장소를 찾았다면 괜찮겠지만, 만약 바위가 꽉 차 있거나 그들의 종들이 고립되어 있다면, 후손들은 그들 옆에 고정되어 있을 수 없다. 그러면 그들은 어떻게 새로운 장소를 찾을까? 그들은 해면동물과 산호충과 같은 방식으로 고정되는데, 고정할 곳을 찾을 때까지 이리저리 떠다니거나 헤엄치는 유생으로 생을 시작하여 고정되면 성체로 성숙한다. 그러한 유생이 우리의 조상이었던 것 같다.

이 점에 대해 일부 과학자들은 견해를 달리한다. 우리가 정말로 바위를 발견하면 고착하려 하고, 정착된 여과섭식동물 유생의 후손이며, 고착된 삶이 자신의 생이 아니라 생각하고 세상을 변화시키기 위해 떠돌아 다녔다고 상상이 되는가? 또는 그들이 작은 벌레처럼 수영을 시작해서 두 방향(고정된 여과섭식동물이 되거나, 아니면 척추동물이 되거나)으로 진화했을까? 어떤 학설이 더 그럴듯한지 밝히는 것은 매우 어려운 일이다. 오늘날에도 자유로이 수영하는 멍게류 성체가 존재하며 모든 바다에서 볼 수 있다. 하지만 어느 경우든, 작은 멍게류는 해류에 의해 희생될 수 있고, 그 문제를 해결하기 위해 우리 조상은 동물의 한쪽 끝에서 다른 쪽 끝까지 쭉 연결되는 유연한 막대며 근육이 부착될 수 있는 지지대 역할을 하는 척삭notochord을 만들어 낼 수

* 이 멋진 단어인 '정착된다'는 과학적으로 말하면 '자유로이 움직이지 않는다' 또는 '영구적으로 붙어 있다'라는 뜻이며, 주로 멍게류와 같은 바다 생물에 사용한다.

있을 정도로 진화했다.

종종 멍게류와 같이 신경삭nerve cord이 척삭 위에 있기도 한다. 이 장치는 수영과 방향을 결정하는 데 도움이 되는데, 여분의 힘과 통제력 덕분에 그들은 어떤 방향으로든 쉽게 이동할 수 있고, 짧은 시간 내에 적합한 바위를 찾을 수 있을 것이다. 아마도 척삭이 없는 것보다 있는 것이 위험에 덜 노출될 수 있기 때문일 것이다. 일단 바위에 정착하면, 멍게류는 더 이상 척삭이 필요없다. 멍게류는 성숙하고 있는 중이지만 아직 유생이므로 대부분의 척삭이 아직 꼬리에 있다. 그리고 바위에서 안전하다고 느낄 때, 멍게류는 꼬리를 몸 앞쪽으로 가져와서 척삭과 모든 것을 흡수한다.

그러나 우리 조상은 정직한 멍게가 아닌 헤엄쳐서 이동하는 성체로 성숙하여 평생 척삭을 가지게 되었다. 겉으로 보이는 것과는 달리, 이 작은 수영하는 녀석은 물고기, 양서류, 파충류, 조류, 포유류로 발생시켰다. 멍게류 유생처럼, 우리는 모두 척삭을 가지고 삶을 시작하고, 흥미롭게도 멍게류 성체처럼, 우리도 그것을 잃는다. 그러나 우리는 여전히 그것의 도움이 필요하여 그것을 신경과 함께 개조하여 척수spinal cord와 척추column가 되었다.

척수의 이름을 따서 우리는 척삭동물문Chordata이다. 오늘날 달 위를 걷는 우주 비행사와 바다 밑 바위에 박혀 있는 멸종된 여과섭생을 하던 멍게류와 닮은 점이 없어 보이지만 우리의 조상의 업적을 명예롭게 하기 위하여 우리는 척삭동물문에 멍게를 포함시킨다. 그래서 척수가 있어 책을 읽고, 차를 운전하고, 전쟁을 하고, 현미경을 통해 멍게류의 화석을 관찰한다.

인간은 척추동물이 물을 떠날 때 시작되었다. 오늘날 개구리 타입과 도롱뇽 타입의 양서류뿐만 아니라 큰 벌레처럼 보이는 무족영원류라고 알려진 양서류를 생각해 보자. 무족영원류는 열대 지역에서 발견되는데 땅 밑에서 살아 거의 눈에 띄지 않는다. 심지어 양서류 같은 동물도, 비록 아인슈타인만큼은 아닐지라도, 사고 기능을 가지고 있다고는 하지만, 우리가 다윈, 베토벤, 아인슈타인뿐 아니라 굴속에 숨어 사는 알려지지 않은 벌레들과 같은 분기군分岐群이라고 상상하기는 매우 어렵다. 우리는 모두 수영을 계속해 온 멍게류 유생의 후손이다.

하지만 우리는 빠르게 다양화되지 않았다. 양서류가 되기 이전에 물고기(어류)였고, 진화를 하기 위해 우리는 물을 떠나야 했다. 이런 일은 물고기가 다양해지면서 일어났다. 어떤 물고기는 우리의 어깨와 뼈 관절이 비슷하다. 물고기에게 그것은, 지느러미가 강하다는 것이고, 물고기가 물속에서 힘을 줄 수 있다는 것이며, 옆지느러미의 닻과 같은 역할을 한다는 것이다.

모든 물고기가 광활한 대지로 들어올 수는 없었다. 그들 중 일부는 개울과 늪으로 옮겨가면서 지냈다. 강가 입구에서 어슬렁거리던 물고기들은 하류로 휩쓸려 내려오는 식물이나 죽은 절지동물에 의존하면서, 부분적으로 담수에 내성을 가지면서 상류로, 특히 바다 옆에 있는 늪지로 그리고 나중에는 강에서 멀리 떨어진 늪지로 이동했을 것이다. 많은 식물이 있는 늪지대는 초창기의 절지동물에게 매력적이었을 것이고, 모험을 좋아하는 물고기들의 먹이였을 것이다.

그러나 습지는 건조해지게 마련이다. 바다가 해안에서 뒤로 이동할 수 있는 것처럼 늪도 줄어들어 진흙만 남을 수 있다. 뿐만 아니라 늪지대의 식물은 물의 흐름을 늦추는 큰 덤불에서 자라고 때가 되면 잎과 다른 부분이 떨어져 부식된다. 천천히 움직이는 물과 유기물의 부식은 정체를 일으키고, 물속에는 산소가 거의 사라져, 물고기의 아가미 호흡을 어렵게 한다.

난관을 극복하는 능력은 물고기마다 다르다. 물고기는 물에서 산소를 얻으며 그 물을 마시고 아가미로 통과시키지만 폐어와 같은 일부 물고기는 때때로 공기를 들이키지 않으면 질식한다. 폐어류 타입은 운이 좋아 정체된 늪에서 살아남은 것 같다.

어떤 물고기는 지느러미가 6개 있다. 그러나 폐어종에는 지느러미가 4개 있으며, 그 물고기의 후손은 모두 다리가 4개거나 그 변형체인 두 다리와 두 팔 또는 날개 두 개를 가지고 있다. 그래서 우리는 달리 표현할 수 있는 동의어가 없기 때문에 그들을 '4개의 다리'를 뜻하는 라틴어인 사지동물tetrapoda이라고 명명할 수밖에 없다. 그럼에도 불구하고, 그것은 중요하다고 생각한다. 당신도 그들은 다리가 몇 개 안 되는 물고기의 유일한 후손이기 때문에 중요하다고 생각할 것이다. 다리가 수백 개 있는 노래기 타입에서 다리가 8개인 거미, 다리가 6개 또는 다리가 6개에 날개가 있는 곤충 등 대부분 다리가 있는 동물은 다리를 4개 이상 가지고 있다. 모든 창조물 중에서 우리는 다리가 가장 적기 때문에, 사람들은 폐어종이 우리의 조상이 아니라면 누가 조상인지 상상하기 어렵다는 결론에 이르렀다.

그러나 폐어의 지느러미는 대부분 티크타알리크 로세아이 *Tiktaalic roseae**라고 불리는 폐어의 화석에 나타난 것처럼 강하지 않았던 것 같다.

이 화석은 3억 7500만 년 된 것으로 엘즈미어섬에서 고생물학자인 닐 슈빈Neil Shubin과 테드 대슐러Ted Daeschler에 의해 발견되었다. 슈빈은 그의 유명한 책 《내 안의 물고기*Your Inner Fish*》에서 티크타알리크 로세아이가 우리의 진화에 미친 영향을 묘사했다.**

티크타알리크 로세아이는 가늘다기보다는 긴 편이었다. 다른 물고기들과는 달리 그는 목, 어깨, 원시 형태의 한 쌍의 폐가 있다. 그리고 지느러미는 다른 물고기의 지느러미보다 강했다. 그리고 티크타알리크 로세아이는 물이 수영할 수 없을 정도로 얕으면, 걸어서 갈 수 있었다. 어쩌면 공기 중에서도 잠시 동안이

* 이누이트족의 언어에서 나온 '큰 장밋빛 물고기'.

** Neil Shubin, *Your Inner Fish: A Journey into the 3.5-Billion-Year History of the Human Body*(New York: Pantheon Boooks, 2008)

나마 살 수 있어서 그가 계속 주시할 수 있는 식물 주위에 있는 어린 절지동물을 잡기 위해 육지로 가기 시작했는지도 모르겠다. 시기는 절묘하게 일치해서 많은 절지동물이 육지에 있었다. 따라서 매우 유혹적이었을 것이다. 아마도 티크타알리크 로세아이는 그의 빳빳한 지느러미로 절지동물을 사냥하기 위해 물을 헤치고 다녔을 것이다.

오늘날 육지에서 걸어 다닐 수도 있고, 심지어 나무에 올라갈 수도 있는 물고기*가 있는 것도 사실이다. 그러나 그들은 여전히 양서류가 아니라 물고기다. 다시 말하지만, 문제는 서식지다. 대부분 물이 고여 있는 맹그로브 나무의 늪지에 서식하며, 공기가 있는 밖에 있을 때 더 잘 산다. 피부가 젖으면 산소가 피부를 통해 나온다. 이 현상을 과학용어로는 '피부호흡'이라고 하며, 피부로 숨을 쉰다고 한다. 이 물고기가 땅에 있다면, 앞쪽의 지느러미는, 주위를 둘러보고 싶을 때 위로 올린 몸을 유지할 수 있을 정도로 강하다. 이렇게 할 때, 그들은 마치 지느러미 모양의 팔이 튀어나온 바다표범 같다. 이 물고기는 '수륙 양용 물고기'로 알려져 있으며 말뚝망둥어는 좋은 예다. 나는 입을 크게 벌린 채 앞쪽의 지느러미를 높이 치켜 올리면서 물에서 나오는 말뚝망둥어의 비디오를 본 적이 있는데, 그는 다른 사람, 아마

* 등목어(登木魚)로, 나무에 올라가는 물고기라는 뜻이다. 버들붕어와 가물치 등의 물고기가 이에 속한다. 인도에서 중국에 걸친 아시아 지역이 원산지다./옮긴이

도 다른 말뚝망둥어에게 소리치고* 있었다.

그는 확실히 너무 용감하고 단호해 보였으며 그의 외침에 위엄이 있어서 대담한 작은 포유류 같았다. 그러나 모든 능력에도 불구하고 말뚝망둥어는 우리 조상으로 간주되지 않는다. 우리의 진화 노선이 이미 진행 중이었기 때문에 그들은 진화 선상에 없었다. 나는 그들이 나의 조상이었기를 바랐기 때문에 이렇게 말하는 것이 유감이다.

* 믿기지 않겠지만, 많은 종류의 물고기가 소리를 낸다.

제12장

양서류

물고기가 공기호흡을 할 수 있다고 해도, 영양분을 얻을 수 있는 기회가 많고 기온도 비교적 안정적으로 유지되며 위아래 어느 방향으로도 이동할 수 있는 3차원 생태계인 바다가 있는데, 왜 물고기들은 육지에서 시간을 보내기를 원했을까? 물론 아무도 확실히 말할 수 없지만 포식자 때문이었을 것이다. 그들이 작은 먹잇감을 찾아 주위를 헤엄치고 있는 동안, 그들보다 더 큰 놈들이 그들을 찾으며 주위를 헤엄치고 있었다. 아마도 초기 척추동물로 추측되는 많은 것은 다른 수생동물에 비해 몸이 작아 먹잇감이 되었을 것이라는 사실을 알면 흥미롭다.

수생동물의 수백만 년 동안의 진화 과정에서 모든 종류와 크기의 포식자가 바다에 나타났다. 그러나 육지의 유일한 포식자는 절지동물이었고, 물고기 크기의 어떤 것에 대항하여 문제를 일으킬 만한 것은 거의 없었다. 어쩌면 그것이 물고기 타입을 자극하여 마른 땅에서 삶을 살도록 했을지도 모른다. 끊임없이 진화하던 물고기로서는 자신을 잡아먹으려는 포식자가 없는 곳에서 먹이를 찾아낸다면, 자신은 오래 살 수 있고 많은 자식을 낳을 수 있으며 지구가 그들과 같은 것들로 채워질 것이라 기대했다. 그런데 그러한 일을 육지에 기반을 둔 새로운 동물들은 당시 그렇게 할 수 있었다. 육지에 사는 생명체로서는 이 새로운 종류의 동물이 수천 년에 걸쳐 해결하지 못한 문제를 해결해 주었기 때문에, 그들에게는 예상치 못한 이익이었고 행운이었다.

한때 물고기였던 새로운 육지동물은 이끼류와도 같은 것이었다. '양서류'는 '이중생활'을 의미한다. 그들은 육지에서 살 수 있는 방법을 알아냈지만 물에서 자유롭지 않았다. 그들은 물에 알을 낳고, 유생 시기에는 아가미와 지느러미 모양의 물갈퀴(심지어 옆으로 굴러가지 않도록 하는 물갈퀴)가 있어 물에서 호흡을 할 수 있고, 물의 깊이를 알려주는 측선側線(옆줄)이 있다. 이상은 물고기와 양서류 유생을 묘사한 것이다. 단지 성체 양서류만 할 수 있지만, 물고기의 형체를 육지에서 생활하거나 적어도 육지를 방문할 때는 적응할 수 있도록 하기 위해, 코를 통해서뿐 아니라 피부호흡 등 여러 가지 방법으로 공기호흡을 하고 지느러미 형태의 물갈퀴를 다리로 변환시켰다.

초기 양서류에는 피부로 호흡을 못하게 하고, 양서류가 두 방향으로 진화하도록 하게 한 비늘이 있었다. 하나는 더 많은 공기를 필요로 하고 피부호흡을 하는 오늘날의 양서류가 되었고, 다른 하나는 물과는 상관없이 육지생활에 상당히 독자적으로 잘 적응하는 전혀 다른 종류의 동물인 파충류가 되었다.

양서류는 6500만 년 동안 육지에서 번성한 절지동물보다 늦게 나타나서 식물에 의해 조성된 생태계를 차지할 정도로 적응했다. 절지동물은 새로 나타난 양서류의 좋은 먹잇감이었다. 양서류 성체는 오늘날에도 절지동물의 다른 동물을 먹지 않는다. 절지동물은 양서류에게는 유일무이한 식량 자원이다.

양서류는 시간제 육상동물이 된 이후 절지동물이 했던 일을 했는데, 그것은 그들이 항상 젖어 있거나 촉촉한 다른 종류의 생태계에 적응하는 것이었다. 세월이 흐르면서 그들은 다양한 모양과 크기로 발전했다. 그중 하나가 2억 7000만 년 전에 살았고 악어처럼 보였던 프리오노수쿠스*Prionosuchus**다. 프리오노수쿠스는 길이가 약 9m였고 몸무게가 약 2,000kg이었다.

양서류가 2,000kg이라고? 오늘날의 기준으로 보면 악어라고 해도 너무 크고 양서류라고 하기에도 확실히 너무 기이한 것이다. 프리오노수쿠스는 지금까지 알려진 것 중에서 가장 큰 양서류다. 프리오노수쿠스의 화석은 그가 성체였거나 적어도 유생은

* 톱니 악어.

아니라는 사실을 우리에게 말해 주며, 그의 크기는 거대하게 변한 동물이 걸어온 진화의 길을 그도 걸어왔음을 알려준다. 프리오노수쿠스의 화석과 함께 상어 화석이 발견되었는데, 이는 그들의 진화 노선이 다시 바다로 돌아갔음을 암시한다. 그러나 그는 너무 커서 상어도 그를 괴롭히지 못했을 것이다.

개구리, 도롱뇽, 무족영원류 같은 비파충류 타입의 조상은 다른 방향으로 진화했다. 두 종류의 거대한 도롱뇽, 즉 하나는 중국에 있는 길이가 거의 184cm가 되는 것과 다른 하나는 일본에 있는 약 152cm 되는 것을 제외하고는 그들의 자손은 대부분 작다. 두 도롱뇽은 사람이 먹거나 호기심으로 판매하기 때문에 멸종 위기에 처해 있다.

오늘날의 양서류는 포유류에서는 부적절하다고 생각되는 폐를 가지고 있다. 그러나 그들은 모두 코뿐만 아니라 피부를 통해서 숨을 쉰다. 소수를 제외하고는 대부분 수분에 의존한다. 예외가 있다면 물을 거의 사용하지 않고 요소urea를 제거할 수 있는 방법을 가지고 있는 사막 개구리다. 그러나 대부분의 양서류는 습지나 그들이 물에 들어갈 수 있는 연못 옆에 살고, 그들이 동료나 더 좋은 연못을 찾기 위해 멀리 돌아다녀야 할 때에는 대기에 습기가 많은 밤에 한다.

그리고 그들에게는 기온 역시 문제다. 물의 온도는 천천히 변하고, 그들이 물고기였을 때에는 그들이 좋아하는 기후를 찾아

올라가거나 내려오거나 할 수 있었다. 하지만 2차원의 건조한 땅으로 나오면 그러한 이점이 없기 때문에 그들은 자주 태양에 의해 몸을 덥혀서 기능을 발휘하게 한 후 이동하거나 기다리는 동안 자신을 묻어서 위험에 대처했다. 그러나 그들은 모든 단점을 잘 극복했고, 모든 절지동물을 먹으며 5000만 년 동안 지구를 통치했다. 양서류가 그렇게 오랫동안 지구를 지배했다고 상상하기는 어렵다. 5000만 년은 50만 세기다.

오늘날 양서류는 개구리와 두꺼비, 도롱뇽과 영원류, (굴속에 살며 결코 가이아의 승리로 알려지지 않는 생물로 은둔생활을 하는 벌레 같은 생명체인) 무족영원류의 세 종류만 살아남았다. 이 세 그룹은 200종이 살아남은 무족영원류, 약 680종이 살아남은 영원류와 도롱뇽, 약 6,500종이 살아남은 개구리와 두꺼비 등 모두 약 7,400종(추정치는 다소 다름)으로 진화했으며, 그들은 현재 양서류의 85%를 차지할 정도인데 이는 아주 거대한 것이다.

그러나 이들과 24만 종의 파리와 모기, 40만 종의 딱정벌레를 비교해 보거나 오늘날의 모든 양서류를 합친 것보다 엄청나게 많고 아마도 오늘날까지 출현한 모든 양서류의 수보다 더 많이 생존해 있는 절지동물 종의 수와 비교해 보면, 양서류의 출현은 그들이 절지동물을 아무리 많이 잡아먹어도 절지동물에 큰 영향을 미치지 않았음을 추측할 수 있다.

그다음에 역시 대규모의 멸종이 발생했다. 대규모의 멸종은 3억 7200만 년 전* 데본기에 시작되었는데 그 기간 동안에 많은 종류의 양서류가 멸종하여 절지동물이 8500만 년 동안 진화했던 것과는 달리 그들은 단지 1800만 년 동안 진화했다. 이 대멸종 역시 일종의 역할을 했을 것이다. 흥미롭게도 데본기의 멸종은 일반적으로 절지동물에 대한 영향이 적었고 곤충에 대한 영향은 거의 없었다.

개구리에 관해 언급하면, 그들이 적어도 분류학상으로는 매우 성공적이라는 사실은 놀라운 일이 아니다. 그들의 생존 기술은 다양하다. 몇 가지 예를 들어 보면, 어떤 개구리는 독이 있어서 포식자가 매력을 느끼지 못하고, 어떤 개구리는 작아서 눈에 잘 띄지 않는다. 하지만 어떤 개구리는 거대하거나 적어도 개구리로서는 아주 컸다. 오늘날 가장 큰 개구리는 적도 아프리카의 골리앗개구리로 길이가 약 30cm고 몸무게가 약 3.6kg이다.

두꺼비는 피부가 딱딱해져서 물의 필요성이 변형되었다. 그리고 적어도 한 종류의 개구리, 즉 남아메리카의 다윈코개구리(다윈이 발견하여 그렇게 불렸다)는 물속에서 알을 낳는 오래된 습관을 벗어나 젖은 땅에 알을 낳는다. 아빠 다윈코개구리는 알이 부화하기 직전까지 근처에서 알을 지킨다. 그다음에 노래할 때 개구리 턱 밑으로 튀어나오는 큰 풍선 같은 울음주머니 안으로 혀로 알을 삼킨다. 그는 유생(올챙이)으로 부화할 때부터 개구리 성체 형태로 성장할 때까지 울음주머니 안에서 자란다. 그는 울

* 날짜에 대해서는 여러 학설이 있으나 모두 그 시대에 있다.

음주머니에 있는 동안 그들을 먹인다. (그것은 위뿐만 아니라 울음 주머니로도 음식을 삼킬 수 있는 능력이다.) 그러나 작은 개구리를 언제 내보내야 하는지 어떻게 알까? 당신의 턱 밑에 당신이 책임져야 하는 유생들을 품고 있는 아빠 개구리가 되는 것은 어떤 기분일까? 올챙이로서, 새끼들은 서로 꼭 껴안을 것이다. 그러면 아빠 개구리는, 아기 올챙이의 새로 생긴 작은 다리가 찌르거나 긁는 느낌이 들기 시작할 것이고, 이것이 그들이 성인이 되었다는 신호일까? 아니면 일정 시간이 지난 후에 그들을 내보내야 하는 것을 아는 것일까? 아니면 어린아이들이 스스로 나오는 것일까?

흥미롭게도 오늘날 살아남아 있는 모든 양서류는 피부가 투과성이고 언제나 촉촉하다. 그들은 확실히 그것을 최대한 활용했으나 비늘이 있는 형태는 사라지지 않았다. 파형류爬型類 계통 분기의 '파형류Reptilomorpha'로 모호하게 알려진 초기 형태는 비늘이 있어서 그들이 다른 방향으로 변화하는 데 도움이 되었다. 대부분의 개구리는 원래의 몸 형체(큰 머리와 꼬리가 없는 개구리가 아니라 작은 머리, 목, 4개의 다리와 꼬리가 있는 긴 체형)와 방수가 되는 피부가 있다. 그들에게 적용된 파충류라는, 사전에 따르면 파충류와 관련된다는 의미를 가지는, 명칭은 내게 익숙하지 않다.

내 연구는 불충분한 듯하다. 인터넷에서 찾아보니 첫 파충류가 하늘에서 내려와서 성경을 썼다는 게시글을 여럿 봤다. 나는 다른 사람의 연구에 의문을 제기하는 것을 주저하는데, 한 연구원의 자신감에 감명을 받았다. 그는 "진실에 눈을 떠라."라고 말했다. 그럼에도 불구하고, 나는 의심한다. 나는 글자는 나중에 발명되었다고 생각했고, 또한 파충류 타입은 엄지와 손가락이 아니라 발가락이 있고, 아마도 성경에 있는 것보다 훨씬 적은 한두 단어 이상 쓸 수 있을 정도로 오랫동안 연필을 잡을 수 없다고 생각했다. 그래서 나는 '파충류'에 관한 모든 것을 포기하고 '양서류로부터 진화한 네 발 달린 동물'에 초점을 맞췄다. 그리고 놀라운 사실을 밝혀냈다! 그들은 지금까지 밝아 온 가장 중요한 진화 단계 중 하나를 발명했던 것이다!

양막류Amniota의 알에 대해 알아보자. 이제 우리는 닭이 먼저냐 달걀이 먼저냐의 문제에 답을 할 수 있을 것이다. 양막류의 알은 닭보다 수백만 년 먼저 나와서 물속에 있을 필요가 없었다. 그 가죽 같은 덮개는 양서류 알의 외측막보다 더 두껍고 단단하며, 안에 있는 태아를 위해 산소가 함유된 공기를 넣을 수 있는 작은 기공이 있고, 태아의 먹이와 수화水和를 위한 막으로 둘러싸여 있었다. 가죽 같은 이 덮개는 새와 공룡 알의 껍질이 되었고, 막은 (추후 알을 낳는 동물이 된 이 계보의 모든 동물에서 유지되는 형태인데) 태반이 되었다.

파충류와 포유류를 포함한 다양한 생명체들은 그들만의 고유의 태반을 가지도록 진화했지만, 그 기본적인 형태가 태아가 먹고 촉촉해지기 위한 태반을 둘러싼 막이라는 것은 적어도 육지에 기반을 둔 알을 낳는 동물에게는 큰 진전이다. 그것 때문에 파충류와 포유류는 앞서 언급된 막의 이름인 '양막류'라고 명명되었다. 양막류는 고대 그리스어에서 유래했는데, 제물로 희생된 양의 피를 담는 그릇의 이름이었다.

첫 번째 양막류는 양서류보다 한 발 앞서 있었다. 그들이 매우 중요한 무언가를 발명했다는 것을 생각해 보라! 그리고 이 양막류의 알은 사람뿐만 아니라 모든 종류의 동물이 사용하고 있기 때문에, 성경보다 더 유용했는지도 모른다!

양서류 알은 물고기에 의해 무자비하게 먹혔고 지금도 먹히고 있다. 그 결과 두꺼비나 도롱뇽과 같은 많은 양서류들은 (찾을 수만 있다면) 그들의 알이 봄 저수지에서 더 안전하다는 것을 알게 되었다. 저수지는 숲 속에 있고, 봄비와 녹은 눈으로 가득 차 있으며, 시내나 개울 근처도 아니고 그곳에 사는 물고기도 접근할 수 없는 곳이다. 그러나 봄 저수지는 특정한 종류의 단단한 토양에서만 형성되기 때문에 상대적으로 흔하지 않다.

사람들은 양서류 알이 들어 있는 봄 저수지의 물이 서서히 빠지는 것을 상상한다. 저수지의 물이 거의 마를 때쯤이면 양서류의 알은 대부분 쪼그라든다. 피부가 조금 더 단단한 알은 괜찮겠지만 여기서 부화해도 살아남는 것은 별로 없다. 가이아는 이것을 보고, 머지않아 혹은 우리 기준으로 볼 때 수천 년 후에 그러한 알을 낳을 수 있는 것들이 알을 낳지 못하는 그들의 친척들을 대체할 것임을 알았다.

하지만 육지에 기반을 둔 이 알조차 안전하지 않았다. 누구나 볼 수 있는 곳에 알 한 묶음을 방치해 두는 것보다 더 유혹적인 것은 없다. 그들은 심지어 당신이 그들을 보고 있다는 것도 모른다. 그렇기 때문에 땅에 알을 낳는 동물은 대부분 (그들이 오래전에 고안해 낸 방법으로 추측되는데) 종종 낙엽 등으로 묻어 그들을 보호하거나 감춘다.

양막류는 유생 단계를 완전히 건너뛰고 작은 성체의 형태로 부화하는 양서류로, 두 단계의 생을 가진 유일한 척추동물로 남았다. 물속에 있을 필요가 없는 알, 보호가 가능한 피부, 머지않아 자신을 돌볼 수 있는 유아의 그런대로 괜찮은 폐는, 고등식물과 맥락을 같이하는 발달로, 평생 동안 물이 있는 곳에서 멀리 떨어져서 사는 그들에게 큰 힘이 되었다.

이러한 업적을 이루는 동안, 양막류는 두 방향으로 진화했는데 한쪽은 포유류로, 다른 한쪽은 공룡, 익룡, 현대의 파충류와 조류로 진화했다. 초기 파충류 타입은 어떤 것은 변하지 않았다. 절지동물이 모두 곤충 식단을 유지하는 것처럼 파충류도 동물성 먹이만 먹는다. 오늘날 1만 종의 파충류 중에서 식물을 먹는 파충류는 이구아나와 몇몇 거북이와 같은 소수에 불과하다.

제 13 장

원시 포유류

다음 단계는 대부분 판게아 대륙에서 3억 1000만 년에서 3억 2000만 년 전 사이에 일어났다. 판게아에 거주한 사실을 입증하는 화석이 전 세계에서 발견되어, 우리는 그 사실을 알 수 있다. 예를 들어 남아메리카, 남아프리카, 중국, 몽골, 인도, 남극에서 리스트로사우루스*Lystrosaurus**라고 불리는 포유류 계통의 놀라운 중형 동물의 화석이 발견되었다. 아프리카, 인도, 남극에서 특정 파충류 타입의 화석이 발견되었다. 그리고 양치식물의 화석이 이 지역에서 모두 발견되었다. 그 화석들은 판게아가 분리될 때 거기에 있었다.

* 삽 도마뱀.

그러고 나서 양막류는 두 가지 중요한 그룹으로 분리되었는데, 두 그룹 모두 매우 중요했다. 가장 초기의 그룹은 포유류가 되었고 거기에서 우리가 생겨났다. 그리고 두 번째 그룹은 훨씬 나중에 생겨났는데 공룡, 익룡, 악어, 현대 파충류 및 조류 등 그밖의 모든 것으로 발생했다.

공룡에 대해서는 우리 모두 알고 있으며 믿기 어렵겠지만 우리는 이들이 나타나기 오래전부터 있었다. 이것은 우리 계보의 초기 구성원이 적어도 항상 크지는 않았지만 외관상으로는 무섭게 생긴 공룡으로 오인될 수 있기 때문에 믿기지 않는다. 어떤 공룡은 몸길이가 약 3m고, 머리는 크고, 입 안은 모양이 서로 다른 이빨로 가득 찼다. 어느 정도는 우리 이빨과 같았으나, 모양이 모두 같았던 도마뱀의 이빨처럼 보이지는 않았다. 다른 특징 역시 우리 혈통의 미리보기며 우리의 방향을 가리키고 있다. 그러나 이러한 특성을 가지고 진화한 동물에 대해 들어본 사람은 얼마 안 되며 더구나 그 이름을 대는 사람도 거의 없다. 모두가 알고 있는 '공룡'이라는 이름과 달리 우리 조상의 이름은 박사과정의 연구과제가 될 정도다.

그 이름은 '단궁류synapsid'다. '융합된 아치궁형, 弓形'를 의미하며, 당신의 관자놀이 옆에 있는 얼굴 측면에서 시작하고 광대뼈와 위턱뼈로 구성된 뼈의 다리를 의미한다. 만약 당신이 혀를 윗니 뒤쪽으로 움직이면, 당신은 관자놀이 아치를 느낄 수 있으며, 막연히 최초 형체를 가진 작은 도마뱀(그러나 도마뱀이 아니다)처럼 보이는 3억 1500만 년 전의 동물을 되돌아볼 수 있을 것이다. 그 활이 완성되기까지 수억 수천만 년이 걸렸으나 그것이 없었다면, 그 활을 가진 동물이 모든 방향으로 진화했기 때문에 3억 1500만 년 동안 그것을 유지했을지는 확신할 수 없다. 그러나 그것은 분명히 효과가 있는 것으로 보이며 개량의 시작이었다. 결국, 크게 물 수 있는 근육을 고정시키기 위해 측면에 구멍이 있는 턱이 있는 선반 같은 장소를 만들었다. 따라서 양서류에는 없는 형체로, 우리가 세게 물 수 있게 하는 데 도움이 되었고 계속 그렇게 할 수 있게 해 주었다. 가이아도 그러한 활을 가지고 있을 것이다. 아니면 당시에는 없었을 수도 있다. 거북이와 악어 같은 비단궁류non-synapsid는 활이 없지만 어떤 것은 활이 없어도 세게 물 수 있다.

단궁류는 판게아에서 시작하여 다양한 기후에 적응하면서 양서류가 갈 수 없는 건조한 곳으로 퍼져 나갔다. 빙하시대가 끝나가고 있었고, 비록 판게아의 최남단은 얼어 있었지만 내륙인 아프리카 지역은 (건조하나 진정한 사막은 아닌) 오늘날의 아프리카 사바나와 같은 기후가 되었다. 그러나 거대한 대륙의 중심 방향으로 더 건조해졌으며, 반면에 나무고사리와 소철류가 서식하는 열대삼림은 해안을 따라 형성되었다.

따라서 여러 개의 다양한 생태계가 자리 잡게 되었고 단궁류도 잘 지내게 되었다. 그들은 서로 다른 방향으로 진화했다. 일부는 초식동물이나 육식동물로, 일부는 의심할 여지없이 썩은 동물을 먹는 청소동물로 진화했다. 일부는 등에 거대한 돛을 가지고 있어 체온을 차게 유지했다. 돛은 몸을 뜨겁게 하기도 하고, 넓고 가는 표면은 열을 빨리 식히기도 한다. 또한 돛은 햇빛에 서면 몸을 따뜻하게 해 줄 수 있으므로, 그 돛의 목적은 내온성 동물의 초기 징후였다.

그리고 또 돛은 측면에서 보면 더 커 보인다. 아마도 돛은 단궁류를 더 무서워 보이게 하기 위한 것이었을 것이다. 또한 돛은 이성을 유혹하여 번식을 위해 사용되었을 수도 있다. 나중에 몇몇 공룡도 돛을 가지게 되었다. 사실, 그 기간 동안 꽤 많은 동물이 돛을 가졌지만, 온도를 조절하거나 포식자에게 커 보이기 위해서나 구애를 위해서나 이 돛은 가이아가 원했던 방향으로는 잘 사용되지 않았던 듯하다. 결국 정면에서 보면, 돛은 얇은 플라스틱 조각 같고 무서워 보이지 않는다. 오늘날에는 소수의 작은 도마뱀만 가지고 있으므로, 돛은 선사시대 때 유행이었던 듯하다. 아니면 진화할 때 대체되어야 할 임시 형태였을지도 모른다.

어떤 단궁류는 작고 어떤 단궁류는 아주 크다. 어떤 것은 네 발로 정상적으로 걸었지만 뒷다리로도 걸을 수 있었다. 네 발로 걷는 단궁류는 대부분 무릎을 굽히고 팔꿈치를 밖으로 하고 악어 스타일로 걸었다.

그러나 시간이 지나 일부 종은 걸음걸이를 밝혀 주는 화석 발자국을 남겼다. 이 발자국은 발가락이 5개 있는데, 첫 번째와 다섯 번째 발가락은 짧고, 두 번째와 네 번째 발가락은 길고, 세 번째 발가락 또는 중간 발가락이 가장 길었다. 사람의 손을 보면 그 패턴을 알 수 있다. 이것은 발에 가해지는 압력이 가운데로 오게 됨을 의미한다. 즉, 이는 발이 몸의 옆쪽이 아닌 밑에 있음을 의미한다. 발자국을 남긴 발은 똑바른 다리의 것이다. 따라서 우리를 포함한 많은 오늘날의 포유류의 것과 같다. 그것은 또한 우리의 손이 단궁류의 패턴을 유지하고 있고 단궁류가 오늘날의 보행 방법을 발명했음을 의미한다.

그들은 또한 오줌을 발명했을 수도 있다. 물에서 떠난 네 발 달린 우리 조상은 여전히 몸에 수분이 필요했으며 가능한 한 체내에 수분을 보전해야 했다. 따라서 물을 조금 첨가하고 반죽이 된 것을 똥과 혼합하여 요소(그것은 건조해지면 작고 옅은 색의 덩어리처럼 보일 수 있다)를 제거한다. 이것은 총배설강에서 이루어졌다. '총배설강cloaca'은 '하수구'라는 뜻의 라틴어며 동물 창자 마지막 부분이다. 동물의 몸 밖으로 나가는 것은 체내 노폐물과 좋은 냄새(소유자가 냄새를 맡는다면)부터 수컷의 정자와 암컷의 수정란에 이르기까지 모두 이곳 총배설강에서 나간다.

총배설강에서 나온 배설물은 부드럽지만 요구르트와 같이 반고체다. 새똥이 그 예다. 물줄기 같은 소변과 딱딱한 똥이 서로 다른 두 개의 구멍에서 나오는 포유류와는 전혀 다른 양상이다. 우리의 창자는 미생물로 가득 차 있고 똥을 위한 별도의 출구가 있어서 요로가 쉽게 감염되지 않도록 보호하는 것이 장점이다.

초기 단궁류가 우리를 위해 이것을 마련했을까? 그들이 한 것처럼 보일 수도 있다. 그러나 소변이나 방광이나 요도는 화석이 되지 않는다. 추측할 수는 있지만, 우리는 어떻게 두 개의 다른 구멍을 갖게 되었는지, 어떻게 단궁류가 오줌을 누는지 정확히 알지 못한다.

단궁류에는 아마도 비늘이 없었겠지만, 피부도 화석이 되지 않기 때문에 피부에 대해 알려진 것은 거의 없다. 그러나 우리의 단궁류 조상은 액체를 생산하는 피부 아래에 땀샘을 가지고 있었을 수 있다. 땀샘이 얼마나 많이 있었는지, 그들이 생산한 액체가 땀의 원조인지는 아무도 모른다. 그러나 그것은 체액이었기 때문에 그 속에 영양소가 있었을 것이다. 이는 우유의 선조일 수도 있음을 의미한다.

우리는 우리의 갈 길을 가고 있었다. 그러나 그들의 골격을 박물관에 있는 초기 단궁류의 뼈대나 인터넷이나 책에서 사진으로 보면 두 손을 보거나 혀로 윗니를 밀어 그들이 우리에게 준 융합된 아치를 느끼거나 송곳니로 맛보거나 우리가 어떻게 그것을 가졌는지에 대해 궁금해하지 않으면서, 우리는 경외심을 가지고 그들을 본다. 대신에 우리는 우리를 불안하게 하는 커다란 턱이 있는 무서운 공룡을 보면서, 그 괴상한 동물이 지금 여기에 없는 것에 감사하고 있다.

그러나 그들은 지금 여기 있다. 바로 우리다. 그리고 우리는 그들과 다르지 않다. 우리는 리처드 도킨스의 유명한 이미지를 생각해야 한다. "당신은 어머니의 손을 잡고 그 옆에 서 있다. 그녀는 그녀의 어머니의 손을 잡고 있고, 또 그 어머니의 손을 잡고 등등, 잡고 있는 손이 침팬지의 손이 될 때까지 어머니의 손을 잡고 있다." 도킨스는 여기서 멈추지만 우리는 계속해서 엄마의 손을 잡고 융합된 아치를 가지고 있고 파충류처럼 보이지만 이빨은 다른 초기 단궁류가 될 때까지 더 멀리 갈 수 있다. 단궁류는 손이 없다. 우리는 그녀의 앞발 중 하나를 잡을 것이다.

단궁류는 8000만 년 동안 세계를 통치했다. 포유류가 그들의 계통분기에 속하기 때문에 다시 지배할 것이다. 그러나 그들의 거의 끝이 없는 통치에 대한 피해는 약 2억 5000만 년 전에 시작된 페름기-트라이아스기 대멸종P-T extinction 과정에서 일어났으며, 지금까지 세계가 경험한 것 중 단연코 최악이다. 그것의 진행 과정은 복잡했고 여전히 완전히 이해되지는 않는다. 하지만 용암이 현재의 시베리아에서 생긴 지각의 균열인 시베리아 지질 구조에서 쏟아져 나오면서, 100만 년 이상 계속되었다는 상당히 기본적인 이론이다. 대양은 약 38도로 가열되었고, 상당한 온실가스가 지구를 가마솥으로 바꾸어 놓았다.

전체 속屬의 86%가 점멸했다고 한다. 이것은 식물뿐 아니라 해상동물의 96%, 육상 척추동물의 70%, 많은 곤충이 대량으로 멸종했다. 식량도 별로 없었고 호흡할 만한 공기도 별로 없었다.

이 무서운 사건을 칭하는 또 다른 이름인, '대죽음Great Dying'은 아주 가혹한 말이 아니다. 생물 다양성이 심각하게 손상되어 상황이 안정화되고 생명체가 수적으로 완전히 정상적으로 돌아오는 데 약 1500만 년이 걸렸다.

단궁류는 8000만 년 동안 지구를 지배한 후에, 여러 종에서 상대적으로 적은 수로 줄어들었다. 살았던 것 중에는 우리 조상이 된 오리너구리 타입이 있다. '오리너구리platypus'는 '평발'이라는 뜻을 가진 라틴어며, 그녀에 관해서는 다음에 좀 더 설명하겠다.

제14장

공룡

단공류의 오랜 통치 기간 동안 다른 타입의 파충류가 진화하고 있었다. 이들은 지배파충류로 알려져 있다.

그들은 여러 특징 중에서도 깊이 박혀 있는 이빨에 의해 구별되는데, 오늘날 악어, 익룡, 조류를 포함하는 그들의 계통분기가 시작되었다. 그러나 이것들은 대멸종 이후에 등장한 수천 종류의 공룡을 포함하고 있는 거대하고도 아주 성공적인 그룹의 끝자락일 뿐이다. 멸종 당시, 많은 동물은 체구가 작아서 물을 포함하여 모든 것이 조금만 필요했다. 여러 멸종기에는 체구가 작은 것이 도움이 되었다.

초기 공룡이 어떤 모습인지는 4500만 년 전에 살았던 니아사사우루스*Nyasasaurus*(니아사의 도마뱀)라는 작은 동물을 보면 알 수 있다. 그는 키가 91cm, 몸길이가 305cm, 몸무게가 약 59kg이었다. 미크로랍토르*Microraptor*(붙잡는 작은 것)라 불리는 작은 육식동물인 작은 공룡도 나타났다. 그는 몸길이가 41cm였다. 그는 깃털이 있었고, 곤충과 같이 날개를 4개 가지고 있었으며, 활공은 가능했으나 날지는 못했다. 그는 칠면조 스타일로 몸을 앞으로 기울이면서 뒷다리로 걸었다. 아마도 작은 도마뱀을 잡아 먹었을 것이다.

또 다른 작은 공룡은 식시아니쿠스*Xixianykus*(식시아에서 온 발톱)였다. 식시아니쿠스는 길이가 51cm였고 네 발로 걸었다.

다른 작은 공룡의 화석이 발견되었지만 각각의 종류에 하나밖에 없어서 그 화석의 주인공이 성체인지 알기 어렵다. 그들이 출현할 무렵, 판게아와 같은 다양한 생태계에서 거대한 공룡이 수백만 년 동안 생겨났다. 공룡은 건조한 대지의 통치자로 단궁류를 대체하고 1억 4500만 년 동안 살았다. 현재 공룡의 한 종류로 알려진 조류 공룡은 계속 새로 살고 있다.

단궁류가 매우 성공적으로 널리 퍼져서 포유류로 지구상에 남아 있다는 것과, (더 많은 것이 발견되겠지만) 수천 개로 추정되는 웅장한 공룡 종의 무리는 새로 지구상에 남아 있다는 사실을 염두에 두고 과거를 살펴보면 도움이 될 것이다.

누군가가 삽을 발명한 이래로, 사람들은 공룡 화석을 파헤치고 있다. 작은 화석들은 발견되어도 거의 관심을 받지 못했고 거대한 화석들은 거인이나 용의 유적으로 여겨졌다. 공룡 화석에 대한 과학적 연구는 1800년대에 시작되었다. 가장 큰 공룡으로 알려진 것은 1877년에 발견되었는데, 이것은 암피코일리아스 프라길리무스*Amphicoelias fragillimus*[*]라고 불리는 초식동물이다. 그는 몸길이가 58m에 달하고 몸무게는 약 135톤으로 추정된다. 이것은 엉덩이뼈, 다리뼈, 2개의 척추를 근거로 추정한 것이다. 하지만 내 생각이 맞다면, 다리뼈가 분실되었거나 부서져서 화석에 대한 설명에 몇 가지 문제가 있었을 것이며, 오늘날 사람들은 암피코일리아스 프라길리무스는 존재하지 않았다고 생각한다.

지금 가장 큰 공룡으로 알려진 것은 드레아드나우그투스*Dreadnaughtus*(두려움이 없는 것)라고 불리는 또 다른 식물을 먹는 네 발 달린 동물이다. 그의 화석은 2005년과 2009년 사이에 조심스럽게 발굴되었으며, 몸길이가 약 15m, 높이가 약 9m인 것으로 보였다. 그는 몸무게가 대략 15톤일 것으로 추정되며, 다른 경쟁자가 있지만 그는 지금까지 모든 공룡 중에서 가장 큰 것임이 증명되었다. 우리는 때때로 육식성 공룡을 크다고 생각하는데 그것은 우리 생각이며 가장 큰 공룡은 초식동물이다.

육식동물인 티라노사우루스 렉스*Tyrannosaurus rex*(폭군 도마뱀왕)의 화석이 1902년에 발견되었다. 그는 몸길이가 12m고 몸무게가 7톤으로 판단되며, 곧 가장 유명한 공룡이 되었다. 그 이후

* 측면에 빈 공간이 있어 매우 부서지기 쉬운.

그의 이미지는 스피노사우루스*Spinosaurus*(척추 도마뱀)라 불리는 또 다른 괴물에 의해 도전받았는데, 그들은 티라노사우루스 렉스처럼 뒷다리로 걸어 다녔다. 스피노사우루스는 몸길이가 18m로 타라노사우루스보다 컸을지도 모른다. 그러나 그는 유명해지지 않았다.

유명한 공룡으로는 뇌룡(천둥 도마뱀)이라고도 알려진 브론토사우루스*Brontosaurus*가 있다. 우리는 대부분 그녀를 알고 있다. 브론토사우루스는 그들과 똑같이 거대했지만 너무 무거워서(육지에서는 몸무게를 지탱할 수 없었던 고래에 근거를 둔 이론이지만) 그들의 몸무게를 지탱할 수 있는 연못에 살았다고 한다.

이 이론이 나왔을 때 나는 어린아이였고, 대부분의 내 또래 아이들과 마찬가지로 공룡에 매료되어 있었다. 하지만 동물이 너무 살이 쪄서 서지 못한다는 것은 감격스런 일이 아니어서 브론토사우루스는 크기를 제외하고는 그렇게 대단하다는 생각을 하지 못했다. 우리는 브론토사우루스가 어떻게 먹었는지 궁금해하곤 했다.

우리는 그들이 초식동물이라는 것을 (올바르게) 배웠다. 그들이 연못에서 똑바로 섰다면, 근처의 모든 잎을 먹는 데 많은 시간이 걸리지 않았을 것이다. 그렇다면 무엇을 먹었을까? 연못을 떠나지 않고 다른 곳에 가지 않고도 음식을 어떻게 더 찾았을까? 그들은 기어갔을까? 티라노사우루스 렉스가 육지에서 돌아다니는 그들을 발견하면 그들을 죽이지 않았을까? 이 문제를 포함해 공룡에 대한 대부분의 의문은 결코 풀리지 않았다. 그래서 우리는 알지 못한 채 성장했다.

명칭과 혼란으로 브론토사우루스는 괴롭힘을 당했다. 결국 그들의 이름은 무용지물이 되었다. 브론토사우루스와 유사하지만 먼저 발견된 작은 공룡인 아파토사우루스*Apatosaurus*(현혹하는 도마뱀)에 대한 의문이 제기되었다. 그것은 아파토사우루스가 어린 브론토사우루스처럼 보이기 시작했고, 생명체의 이름이 두 번 명명되면, 과학자들은 첫 번째 이름을 사용하므로 '브론토사우루스'가 '아파토사우루스'로 바뀌었다.

그런 다음 화석 표본을 재검토했다. 2015년에 이 둘은 처음 생각과 같이 혈연 관계는 있으나 다른 종임이 밝혀졌다. 한편 연구가 계속되어, 그들 둘 다 물속에 서 있거나 물 근처에서 살 필요가 없었던 것으로 알려졌다. 둘 다 다리가 나무처럼 크고 강했다. 그들이 너무 크고 강했기 때문에 그들을 괴롭히는 공룡이 거의 없었을 것이다. 포식자가 아무리 커도 이런 괴물과 싸울 만큼 용감했다면(목표가 된 거대한 희생자는 위험에 처하면) 공격자를 꼬리로 때리는 현대 이구아나의 방법으로 자신을 쉽게 방어할 수 있었을 것이다.

내 행동을 오해하고 선의의 실수를 저지른 작은 암놈 이구아나가 나의 다리를 때린 적이 있다. 그녀는 단순히 꼬리를 흔드는 것이 아니라 엉덩이를 꼬고 몸 전체를 둥글게 말아 아치로 만들었다. 타격은 엄청나 30분 동안 다리가 아팠다. 그동안 나는 브론토사우루스의 타격을 생각했다. 작은 이구아나보다 수천 배 더 큰 그녀는 다른 포식자를 산산조각 냈을 것이다. 고속도로에서 18륜차와 측면으로 충돌하는 것과도 같은 종류의 손상을 입었을 것 같아 대부분의 포식자는 브론토사우루스를 홀로 남겨두었다고 생각한다. 이 특성을 인간이 지구상에 살아온 것보다 420배 더 오래 살아온 생명체인 브론토사우루스가 가지고 있었던 것과 같이, 커다란 크기와 강한 힘이 그들의 가치를 반복적으로 증명했다. 우리는 결코 그렇게 하지 못할 것이다.

아직까지도 공룡에 대한 환상은 계속되고 있다. 대형 육식동물은 일반적으로 공격적인 자세로 묘사되고, 초식동물은 어설프고 정신없는 희생자로 묘사되는 것은 1억 4500만 년 동안의 세계를 공룡 전쟁이 벌어지고 있는 지역으로 보기 때문이다.

이것은 폭군 도마뱀왕인 티라노사우루스라는 이름으로 시작되었을까? 최근에 발견된 티라노사우루스의 두 타입은 테라토포네우스*Teratophoneus*(괴물 살인자)와 리트로낙스*Lythronax*(선혈의 왕)로 명명되었다.

이것이 우리가 공룡을 보는 방법이다. 우리는 티라노사우루스 렉스를 쥐라기의 세계를 처음 볼 때처럼 솜털 같고 불확실한 갓 부화한 유아로 상상하지 않는다. 그녀가 본 것은 그녀의 형제자매가 알 밖으로 나오려고 몸부림치는 것도 포함될 수 있고, 어린 유아가 많고 그들 중 일부가 돌아다니기 시작했기 때문에 불안하게 보고 있는 거대한 어머니도 포함될 수 있다. 그녀는 그들을 모두 보호할 수 있을까? 티라노사우루스가 최정점에 있는 거대한 포식자라서 그들에게 감정이 없었다고는 생각하지 않는다. 그래서 그들의 감정은 분노고 탐욕은 연민이라고 상상할 수 있다. 그것은 그들이 더 좋은 날씨에 대한 희망이나 아이들이 어디에 있는지를 아는 것에 대한 안도의 한숨이라고 가정하는 것보다는 훨씬 더 흥미로울 것이다.

나와 내 동생이 아이였을 때, 분노와 탐욕 이론은 과학자에 의해서는 아니지만 우리에게는 널리 용인되었다. 공룡에 매료된 우리는 우리가 쥐라기에 있고 우리가 생각하는 것이 전형적인 공룡이라고 상상하곤 했다.

오늘날까지 나는 티라노사우루스 렉스가 칠면조처럼 우리에게 걸어오는 모습을 보고, 우리가 그의 발목보다 작다고 생각한다. 그는 우리 위에 있을 거야. 우리는 입을 크게 벌린 어두운 동굴이 우리에게 다가오는 것을 보곤 했다. 이 시점에서 우리는 도망갈 방법을 생각했다. 그러나 이것은 너무나 비현실적이다.

우리의 환상이 좀 더 그럴듯하게 계속된다면 그의 엄청나고 날카로운 이빨이 우리의 양쪽에 있을 것이다. 끔찍하게도 그는 우리를 깨물 것이고, 그때 그는 아마도 관심이 없는 다른 무엇을(경쟁자가 멀리 있는 것을) 보고, 그가 보고 있는 것을 처리하기 위해 우리를 빨리 꿀꺽 삼켜서 아! 우리는 그의 위 속에 있을 것이다. 우리는 우리의 턱 밑에 무릎을 밀착시킨 채 심한 부상을 입을 것이며, 소화액이 우리를 덮칠 것이다.

그러나 우리의 환상은 결코 그렇게까지 나아가지 않았다. 그렇게 되었더라면, 우리는 보나마나 그의 총배설강에서, 우리의 옷에 붙어 있는 작은 천 조각이 조금 튀어나온 것처럼 된 채, 칠면조의 똥과 비슷하게 생겼으나 그보다 훨씬 더 큰 똥이 되어 밖으로 나가는 신세가 되었을 것이다. 우리는 그를 혼란스럽게 하면서 그를 압도하는 것을 좋아한다. 그리고 그는 어리석기 때문에, 아니 우리가 그렇게 믿었기 때문에 우리가 어디로 사라졌는지 모를 것이다. 그리고 우리의 승리를 흡족해할 것이다. 우리는 너보다 작지만 인간이므로 너보다 더 똑똑하다고 우리 자신에게 말했을 것이다.

공룡에 대한 이론은 많이 등장했다. 나는 그들의 후손인 새들이 명관으로 울고 그들의 사촌인 악어가 후두로 발성한다는 사실에 근거하여, 널리 지지를 받고 있지는 못하지만, 그들이 발성하지 못한다는 이론을 접했다. 명관과 후두는 다른 진화 경로를 가지고 형성된 매우 다른 기관이며, 그러한 기관은 화석이 되지 않기 때문에 공룡이 둘 중 어느 것이라도 가지고 있다는 증거는 없다. 그리고 그들이 그것을 가지고 있지 않았다는 증거 또한 없다. 우리가 아는 것은 그들이 말을 할 수 있었다는 것이다.

과학자들은 대부분 소리를 내지 못한다는 이론을 지지하지 않는다. 그들 중 한 명이 《익룡*Pterosaurs*》의 저자인 마크 위턴

Mark Witton이다. 그는 공룡이, "살아 있는 파충류가 그렇게 하기 때문에 거의 확실하게 소리 지르고, 쉿 하고 소리 내며 울부짖는다."라고 지적했다. "진짜 질문은 공룡이 언제 새와 같은 소리를 낼 수 있는 능력을 개발했느냐 하는 것이다. 언제 울거나, 불평을 하거나, 노래를 부르기 시작했는가 하는 것이다"* 그러면 어떤 기관을 사용하여 소리를 내는가? 명관인가 후두인가? 나는 마음 속으로 십중팔구 명관이라고 여겼고, 그것이 새들에게 전달되었으며, 새의 일부는 그렇게 하고 있다. 시간을 두고 생각해 보면, 어떤 종류의 공룡은 명관을 다른 종류의 공룡은 후두를 가졌을 수도 있다.

무엇 때문에 소리를 내는지를 생각해 보면, 그들이 발성을 했다는 가정이 더 이치에 맞는다. 예를 들어 비명을 생각해 보자. 대부분의 육상 척추동물은 비명을 지른다. 비명을 지르는 이유는 제각각이지만 가장 중요한 것은 놀랐을 때다. 아마 어떤 위험 때문에 놀랄 것이다. 계획을 세우고 비명을 지르려고 하지는 않는다. 단지 소리가 우리 입에서 나왔을 뿐이다.

포식자가 우리를 뒤에서 공격한다고 가정해 보자. 우리는 비명을 지를 것이다. 아마도 친구나 친척이 그 소리를 듣고, 우리가 곤경에 처했다고 생각해 우리를 도우려 달려올 것이다. 그리고 다른 포식자가 우리의 소리를 듣고 먹잇감이 있겠구나 생각

* 마크 위턴과의 개인적 의견 교환.

하여 서둘러 현장으로 달려올 것이다. 포식자는 새로 나타난 포식자로 인해 혼란스러울 것이며, 그들의 뒤이은 싸움으로 우리는 난관에서 벗어날 수 있을 것이다. 물론 항상 그런 것은 아니지만, 비명 소리는 보편적인 것이므로 해볼 만하다.

또한 모두 들을 수 있게 비명을 지르므로 비명 소리는 다른 종이어도 소리가 비슷하다. 어떤 종류의 동물이 소리를 질렀는지를 확실히 안다면, 당신의 반응은 선택적일 수 있다. 그것은 목적에 어긋나는 것이다. 그래서 아마도 일부 동물이 공통 음역 범위 내에서 비명을 지르기 위해 그들의 목소리를 조절할 것이다. 예를 들어, 초음파를 사용하는 박쥐는 비명을 지르기 위해 목소리를 낮추고, 초저음파를 사용하는 코끼리는 목소리를 높인다. 따라서 그들의 비명 소리는 가능한 한 가장 많은 대상이 들을 수 있다. 비명 소리가 모두의 관심을 끌기 때문에 더 많은 관심을 가질수록 도움의 기회는 커진다.

나는 비명 소리가 가이아의 가장 훌륭한 발명품 중 하나라고 생각하며, 1억 4500만 년 동안 공룡들이 지구를 지배했음에도 불구하고 그들은 비명을 질렀을 것이다.

그들은 또한 초저음파의 소리를 지른다.* 이 초저음파 소리는 사라지지 않고 멀리 퍼지며, 공룡을 포함한 많은 종류의 대형

* 인간의 청력 범위를 벗어난 소리다. 코끼리는 사람들이 전혀 들을 수 없는 소리를 낸다. 하마와 사자 등은 아직 밝혀지지 않았으나 초저음파로 소리를 지른다.

동물은 집단생활을 해왔고 지금도 하고 있으며, 아무리 멀리 떨어져 있어도 그들의 무리와 서로 연락하며 생활해 왔다.

이 난해한 이론은 공룡 과학에 비현실적인 사실을 제시한다. 하지만 많은 이론이 인터넷에 널리 소개되어 있다. 다른 하나는, 인터넷을 통해 알게 된 것으로 목이 길고 커다란 네 발로 다니는 브론토사우루스 같은 동물은 머리를 들 수 없어서 옆으로만 움직였다는 것이다. 아마도 이 이론에 도전해 보려고 이에 관심을 가진 사람이 기린도 머리를 위로 올릴 수 없다는 것을 컴퓨터를 이용하여 증명했다.

그러나 모든 이론이 특이한 것처럼 보이지는 않으며, 대부분 매력적인 주제를 다루고 있다. 예를 들어, 공룡이 부화하면 얼마나 크며, 그 알은 얼마나 큰가? 특히 큰 공룡의 알은 얼마나 큰가? 하는 것이다.

아니면 공룡이 체온을 조절할 수 있을까? 그들은 내부에서 체온을 높이거나(내온성) 파충류와 양서류처럼 햇볕에 의해 가열되는 것인가(외온성)?

세 번째 질문은 과학자들도 잘 모르는데, 공룡이 똑똑한가 하는 것이다. 생각은 화석이 되지 않으므로 대답하기가 곤란하지만 다른 생명체를 둘러보고 현명한 추측을 할 수 있다.

네 번째 질문은 (어떤 면에서 가장 중요한 것인데) 공룡이 무엇을 먹었는가 하는 것이다. 공룡의 이빨을 보면 그들의 식성이 식물성인지 육식성인지 알 수 있다. 그러나 거대한 초식공룡이 잎을 먹으면서 그렇게 무거운 몸무게를 유지할 수 있을까?

공룡의 알과 새끼에 관한 첫 번째 질문에 대해서는 "공룡 알은 공룡이 낳은 알이다."라는 명쾌한 느낌을 주는 말이 인터넷 사이트에 있다. 그것은 시작에 불과한데, 살타사우루스*Saltasaurus*(살타 지방의 뿔 모양의 도마뱀)가 둥지를 만든 지역을 발견한 루이 치아페Louis Chiappe, 로웰 딘거스Lowell Dingus, 로돌포 코리아Rodolfo Coria에게는 만족스럽지 않았다. (살타사우루스는 작은 머리, 긴 목, 긴 꼬리, 무거운 체구를 가진 브론토사우루스/아파토사우루스 타입이고 네 발로 다니는 초식동물이다.) 그 과학자들은 수백 마리의 살타사우루스 암컷이 한꺼번에 혹은 한 번에 몇 마리씩 모여서 지금의 파타고니아에 있는 둥지에 가서 뒷다리로 커다란 둥근 구멍을 팠다는 사실을 알아냈다. 그들은 그 구멍에 약 25개의 알을 낳고 낙엽과 흙으로 덮었다.

모든 공룡이나 새의 알처럼 그 알은 껍질이 단단했으며, 지름이 약 18cm의 원형이고, 용량이 약 3.8리터였다. 새끼는 부화할 때 몸무게가 약 4.5kg이었다. 따라서 우리 아기의 몸무게가 약 3.6kg인 것을 감안하면 그는 신생아보다 더 무겁다고 할 수는 없다. 그러나 나의 아기는 키가 46cm 미만이었는데 키가 152~183cm, 몸무게가 약 64kg인 어른으로 성장했고 반면에 살타사우루스 새끼는 키가 12m, 몸무게가 8톤으로 성장했다. 왜냐하면 공룡은 평생 성장하지만, 아기는 일정 연령에 도달하면 자라지 않기 때문이다. 그러나 자연세계에 사는 모든 것과 마찬가지로 공룡은 대부분 완전히 성숙할 때까지 살지 못하기 때문에 이것 또한 단정 짓기 어렵다. 이것은 화석에 의해 결정되는데, 조류와 포유류의 골격과 같이 완전히 성숙한 공룡의 골격은 "나는 성장을 멈췄다."는 것을 알려 주는 가장 외층에 광택이 나는 뼈 층을 가지고 있다. 공룡 화석에는 대부분 이것이 나타나 있지 않다. 다른 한편으로, 거북이와 악어를 포함한 많은 현대 동물은 평생 자라거나 내부 장기가 너무 커서 그들을 지지할 수 없을 때까지 자란다.

계속 성장한다는 생각은 어디에서 왔을까? 진화적 관점에서 보면 그것이 새로운 것일까? 아니면 성장을 멈추게 하는 것이 새로운 것일까? 둘 다 아직 실행되고 있으므로, 만약 서로 다른 생명체에 따른 것이라면, 두 가지 모두 진화론적으로 보면 성공한 것 같다. 그러나 어느 하나가 다른 것보다 더 좋은 방법일까? 아무도 모른다.

공룡과 열 조절에 관한 두 번째 질문에는 그 속에 또 다른 질문이 들어 있다. 왜냐하면 어떤 면에서 보면 온혈동물은 냉혈동물보다 우위에 있기 때문이다. 물론 다른 측면에서 보면 그렇지 않다. 조류와 포유류 같은 온혈동물은 파충류 같은 냉혈동물보다 더 자주 먹어야 한다. 그렇다 하더라도 페름기-트라이아스기 대멸종에서 살아남은 어떤 단궁류는 온혈동물이 되었거나 되고 있는 것으로 알려져 있다. 따라서 이것이 사실이라면, 만약 공룡

역시 자가 가온* 동물이 아니었다면 어떻게 공룡이 우리 조상인 단궁류를 압도했을까?

물론 공룡들은, 실제로는 단궁류를 압도하지 못했다(멸종했기 때문에 그렇게 되었다). 그러나 이점이 있다고 가정할 때, 어떤 이론은 공룡이 가지고 있는 돛을 예로 들었다. 공룡이 햇빛 아래에서 있으면 돛은 공룡을 따뜻하게 할 수 있다. 하지만 대부분의 공룡은 돛이 없었고, 게다가 선호되는 이론에 따르면 돛은 냉각을 위한 것이다. 그러나 공룡은 몸속에 공기 주머니가 있고 새처럼 속이 빈 뼈가 있다. 이것은 자가 가온과 관련이 있다. 새가 공기를 흡입하면 일부 산소가 새의 뼈와 공기 주머니로 들어갔다가 혈관을 따라 폐로 옮겨져 우리가 호흡을 할 때보다 산소를 더 많이 얻게 된다. 새의 호흡은 동물 호흡 중 가장 효율적인 형태며, 아마 공룡도 마찬가지였을 것이다. 이것은 자가 가온의 징후일 수 있는데, 태양 가온**보다 산소가 더 많이 필요하다.

티라노사우루스 렉스를 포함한 많은 공룡은 깃털이나 솜털이 있었는데, 솜털은 아마도 어릴 때에만 가지고 있었을지도 모르지만 이 역시 자가 가온의 징후다. 솜털, 깃털, 모피는 체내에 저장된 열을 유지하고 원하지 않는 열이 들어오는 것을 차단한다. 따라서 섬유로 덮인 신체는 노출된 피부보다 체온을 더 고르게 유지한다. 그러나 공룡 피부의 진화는 복잡하고 최근 이론에

* 자가 가온은 스스로 체온을 상승시킬 수 있는 능력을 말한다./옮긴이

** 햇볕을 쬐면 체온이 상승한다./옮긴이

따르면 티라노사우루스가 솜털이나 깃털이 사라지고 비늘로 대체되었다고 한다. 일부 공룡의 피부는 화석이 되었는데 이들은 하드로사우루스hadrosaurs(티라노사우루스 같은 것)와 케라톱시드 ceratopsid(트리케라톱스 같은 것)이고, 이들은 비늘이 있었다.

솜털 또는 깃털에 관해서는, 몸집이 작을수록 더 도움이 된다. 왜냐하면 베르그만Bergmann이 지적했듯이, 몸집이 작을수록 체구에 비례하여 체표면적이 커지기 때문이다. 그리고 체표면을 통해 열을 잃어버리기 때문에, 체구가 크면 감기에 덜 취약하다. 공룡은 어렸을 때는 솜털이나 깃털을 가지고 있으나 성장하면서 이것을 잃어버렸을 수 있다. 아마도 거대한 초식동물인 공룡은 솜털이나 깃털도 없었을 것이다. 이 괴물들은 성체가 되면 아주 오랫동안 열을 보유하고 있었을 것이고 심지어 털이 없는 경우에도 그 열을 식히기가 쉽지 않았을 것이다. 오늘날의 코끼리가 그러하다. 어른 코끼리는 체온을 낮추기 위해 털이 없는 피부와 포유류의 돛이라 할 수 있는 거대하고 얇은 귀를 가지고 있다.

비록 그 문제에 대해 결코 답할 수는 없으며 논쟁이 많이 벌어지지만, 많은 공룡이 자가 가온의 길을 가고 있었으며 일부는 어느 정도 그것을 달성했다고 생각된다. 그들은 악어와 조상을 공유하며, 이들은 초기에는 스스로 체온을 조절했지만 나중에는 햇볕을 쬐어야만 하는 태양 가온으로 되돌아왔는데 이는 자가 가온이 될 수도 상실할 수도 있다는 것을 말해 준다. 당시 생명체에 가장 잘 맞는 것은, 무엇이든 간에 자연도태되지 않았을 것이다.

그러고 나서 익룡pterosaurs이 생겨났다. 또 다른 조룡이다. 익룡은 우리에게 잘 알려지지 않았지만 공룡과 공존하는 전설적인 동물이고 자가 가온 동물이다. 이 경이로운 동물은 다음 장에서 설명할 것이다.

공룡은 총명했을까? 얼마 동안은 몸에 비례하여 뇌가 큰 우리와 달리 공룡의 뇌는 작았기 때문에 총명하지 않다고 여겨졌다. 짚신벌레가 배울 수 있다면 뇌의 크기는 더 이상 분석에 도움이 되지 않으므로 그런 개념은 큰 의미가 없다. 그럼에도 불구하고, 일반적인 가정은 공룡이 자동 조종 장치로 잘 달렸다는 것이다. 그러나 이것은 모든 동물에 해당되는 것으로 여겨졌다. 많은 반려동물을 기르는 사람들은 동의하지 않겠지만, 과학자들이 대학원에서 배운 것이 나중에 사실이 아니라고 밝혀지더라도 그들 중 일부는 배운 것을 그대로 사실이라고 믿고 있을 것이다.

동물의 마음을 연구하는 수의학 교수인 니콜라스 도드먼Nicholas Dodman은 "때로 일부 과학자는 조건반사를 하는 과학자처럼 보인다. (이 과학자들은) 그 반대되는 모든 증거인 그들의 잘못된 생각을 완강하게 주장한다."*라고 했다.

* Nicholas Dodman, BVMS, DACVB, *Pets on the Couch*(New York: Atria Books, 2016), p. 11.

우리는 지능을 측정하는 데 능숙하지 않다. 예를 들어, 다른 생명체를 측정할 때 우리 아이들과 비교한다. 나는 과학자가 텔레비전에서 문어가 "네 살짜리 아이의 지능을 가졌다."고 하는 말을 들었다. 많은 사람들은 비과학자들이 쉽게 이해할 수 있다고 믿으며 그러한 비교를 한다. 그러나 과학자가 아닌 사람들은 때로는 생각보다 더 똑똑하다. 심지어 측정도 유효하지 않은 것으로 보인다. 특정 연체동물(대합조개, 굴, 달팽이, 오징어, 갑오징어, 문어류)은 멘사 그룹을 난처하게 만드는 어려운 (사람이 만든) 퍼즐을 해결할 수 있다. 예를 들어, 높은 선반 위의 수조 안에 있는 문어 한 마리가 미로에서 길을 찾고 있는 문어를 지켜 보았다. 그의 차례가 왔을 때, 위에서 먼저 보았기 때문에 미로를 통과할 수 있었다. 나는 성인 인간도 그것을 할 수 있다고 생각하지는 않는다. 네 살짜리 아이들은 분명히 할 수 없다.

우리는 현명하게도 어린 동물의 기준에 따라 인간을 측정하지 않는다. 20m 달리기에서 우승한 남자는 새끼 고양이와 같을 수 있다. 우리가 말을 기준으로 토끼의 지능을 측정했다면 그것이 무엇을 증명해 줄 수 있는가?

지적인 공룡에 관해서는, 먼저 우리 주변에 무엇이 있는가부터 보아야 한다. 물고기에서 포유류에 이르기까지 지적 능력 목록은 환상적이다. 심지어 곤충조차 의식이 있다. 예를 들어, 곤충은 두려움을 느끼며 그들이 한 일을 기억한다. 키가 30m고 몸무게가 30톤인 공룡(아르겐티노사우루스*Argentinosaurus*, 아르헨티나 도마뱀)은 최소한 토마토박각시만큼 잘하지는 못할 것이다. 토마토박각시 중 한 마리는 자신이 어떤 냄새를 맡았을 때 전기충격을 받았고, 자신이 전혀 다른 몸과 전혀 다른 생존 전략을 가진 나방이 된 후에도 그 냄새를 계속 피했다.

어떤 물고기는 사람보다 더 빨리 배우는 것으로 나타났고, 어떤 물고기는 거울 속에서 스스로를 인식할 수 있다.*

보더콜리는 천 개의 물체** 이름을 기억하는 개인데 나는 어느 누구도 천 개의 물체 이름을 말할 수 있는 사람은 없다고 생각한다. 그리고 동물의 마음을 연구하는 과학자인 아이린 페퍼버그Irene Pepperberg는 '무無'의 개념을 이해했던 그녀의 유명한 앵무새 알렉스Alex에 대해 말한다.***

자연세계에서 '무'라는 것은 없기 때문에 당신이 그렇게 생각한다면 인상적인 것이다. 당신이 산딸기 열매를 따기 위해 숲을 찾았을 때 새들이 산딸기를 먹었다는 것을 알면, 당신은 아무것도 발견하지 못했다고 말할 것이다. 그 말은 당신이 원하는 것을 찾지 못했음을 의미한다. 그 숲은 여전히 그곳에 있으며, 태양,

* "Manta Rays Recognize Themselves in a Mirror," *New Scientist*, March 22, 2016.

** John W. Pilley Jr., *Chaser: Unlocking the Genius of the Dog Who Knows a Thousand Words*(Boston: Mariner Books, 2014)

*** Irene Pepperberg, *Alex and Me*(New York: Harper Collins, 2009); John Pickrell, "Parrot Prodigy May Grasp the Concept of Zero," *National Geographic*, July 15, 2005.

구름, 하늘은 말할 것도 없고 나무와 풀도 그 주위에 있다. 그럼에도 불구하고 앵무새는 완전히 인간적이며 부자연스러운 '무'의 개념을 마음속에 그릴 수 있었던 것이다.

알렉스는 두 사물 간에 차이가 없다는 것을 인식했기 때문에 그것이 가능했다. 그 차이점이 무엇인지 물었을 때 잠시 생각한 후 그는 "아무 차이도 없다."고 말했다. 알렉스가 말할 수 있는 문구인 "똑같다." 심지어 "다르지 않다."라고 하는 것과는 큰 차이가 있다. 그러나 우리에게는 쉽게 들리겠지만, 우리는 그런 일에 익숙했고 그런 생각을 가지고 자랐다. 그러나 그런 개념이 없던 사람에게는 엄청난 일이다.

공룡이 똑똑한 동물인가요? 앵무새는 공룡이고, 미로를 분석한 문어와 같이 똑똑한 연체동물 타입은 약 5억 년 동안 우리 주변에 있었으며 우리는 그들과 함께 살아왔다.

모든 문제, 특히 1억 4500만 년의 공룡시대 동안 확실하게 나타난 수많은 문제를 처리하는 직관은 없다. 생각과 기억이 훨씬 효과가 있다. 많은 공룡은 사회적 동물이고 서로를 이해해야 하는 거대한 다세대 집단으로 살고 있었다. 일부는 협력해서 사냥했고 신속하고 조정된 반응이 필요했다. 그들은 모두 어떤 음식을 먹고 그 음식을 어디에서 얻을지 알고 있었으며 일부 공룡은 먼 길을 이동했고 가는 길도 알았다. 새와 같이 이동하거나 별을 따라가는 것과, 불확실하고 불규칙적이고 매년 변하는 지형을 걸어서 몇 km를 가는 것은 별개의 일이다. 우리를 포함한 다른 동물에서 그러한 것들은 기억과 계획을 포함하여 어느 정도의 의식을 필요로 한다. 비조류 공룡은 다른 어떤 척추동물보다 지구에서 더 오래 살았고, 조류 공룡은 여전히 새로 살고 있다. 공룡이 의식을 가지고 있고 그것도 아주 많이 가지고 있다는 사실을 알면 놀랄 일은 없을 것이다. 유일한 놀라움과 아주 큰 놀라움은 그들이 의식을 가지지 않았다는 것을 알게 되는 것이다.

네 번째, 아마도 가장 중요한 질문은 공룡이 무엇을 먹는가라는 것이다. 아아, 티라노사우루스 렉스가 썩은 고기를 먹는 동물이라는 사실이다. 이 이론은 널리 알려졌지만 놀랍게도 단 한 명의 과학자가 한 말이다. 우리는 그를 사냥꾼으로 알고 있기 때문에 티라노사우루스 렉스 팬들에게는 충격적이었다. 먹잇감을 죽일 필요가 없다면 그는 왜 거대한 턱과 힘센 몸을 가지고 있었을까? 그리고 다른 누군가가 고통을 감수하면서 먹잇감을 잡는데, 그는 왜 가장 좋은 부분을 먹지 않을까? 그렇다. 많은 동물들이 썩은 음식을 먹는다는 것을 알고 있다. 그들은 미식가가 아니라 대식가다. 심지어 가장 열성적인 육식동물조차 그런 경우가 생기면 썩은 고기를 외면하지 않는다. 그러나 나는 나의 영웅 티라노사우루스 렉스가 썩은 고기를 먹었다는 견해는 나쁜 추측에 불과하기 때문에 믿지 않는다.

내가 진짜 궁금한 것은, 가장 큰 공룡이 식물을 먹었다는 것이다. 몸무게가 50톤이나 나가는 동물이 잎에서 충분한 에너지를 얻을 수 있었을까? 그들은 먹는데 모든 시간을 소비했을 것이며, 쥐라기 시대 동안 식물이 살아남았다면 그것은 기적일 것이다.

〈고사리와 겉씨식물 잎의 생체 내 소화율: 용각류龍脚類 동물의 먹이 생태와 사료 선택에 대한 시사점〉*이라는 매력적인 논문에 답이 있다. 험멜Hummel 등은 은행나무와 같은 수많은 식물에서 바로 그 영양소를 발견했는데, 그들은 공룡시대에도 살았지만 오늘날에도 살아 여전히 연구대상이다.

이 연구는 거대한 초식공룡이 선택적이어서 영양가가 낮은 먹이를 먹는 데 시간을 낭비하지 않는다는 답을 내놓았다. 그들은 많은 양분을 보유하고 있는 큰 구과毬果를 가진 우산소나무 *Pinus pinea*와 같은 나무를 좋아하는 것 같았다. 이 나무 중 일부는 크게 자라는데, 꼭대기에만 가지가 있고 나뭇가지에 구과가 달려 있으며 영양가 있는 바늘잎이 많이 달린 우산 모양의 돔을 형성한다. 아무 공룡이나 할 수 있는 것이 아니라 목이 긴 공룡만이 거기에 도달할 수 있다.

이것은 초식공룡이 식물학자처럼 식물을 알아보고 그들이 자란 곳을 기억할 수 있다는 것을 말해 준다. 그래서 이 초식동물이 작은 숲을 먹어치운 후 얼마 만에 다시 그곳에 가면 되는지도

* Jörgen Hummel, Carole T. Gee, Karl-Heinz Södekum, Martin P. Sander, Gunther Nogge, and Marcus Clauss, "*In Vitro* Digestibility of Fern and Gymnosperm Foliage: Implications for Sauropod Feeding Ecology and Diet Selection," *Proceedings of the Royal Society B* 275 (2008): pp. 1015~1021.

안다. 그러한 공룡은 수년 동안 살 수 있었고 많은 지식을 쌓을 수 있었다. 그들의 발자국은 그들이 섭취했던 나무 근처에서 발견되었고, 그 나무들은 강을 따라 작은 숲에서 자랐다.

나와 내 동생은 어렸을 때, 티라노사우루스에게 공격당하는 상상을 하곤 했다. 나이가 든 지금은 강 옆에 있는 나무숲을 상상한다. 이미지는 나의 발명품이다. 험멜과 그의 동료들은 자신의 논문이 그것을 먹는 동물의 상상 속 그림이 아니며, 다른 여러 종류의 식물의 영양학적 품질을 보고한 것이므로 (나의 상상에) 책임을 느낄 필요는 없다.

그것은 나와 같은 누군가를 위해 남아 있다. 그래서 나는 둑을 따라 거대한 양치류와 소철 숲으로 둘러싸인 강가에 있는 바위 위에 앉아 있다. 내 주위에는 이끼류와 양치류가 섞여서 덤불을 이루고 있고 그 뒤쪽에 높은 나무가 엉켜 있으며 높이는 약 18m인데 12m 정도까지는 가지가 없다. 처진 가지는 커다란 구과와 두꺼운 바늘잎으로 뭉쳐져 있으며 산들바람이 부드럽게 불고 있다.

강폭은 좁지만 강물이 매끄럽게 흘러가고 있다. 때는 오후 중간쯤이었고 나는 남쪽으로 향하는 동쪽에 있으며 숲속에서 곤충의 콧노래와 물의 부드러운 소리가 들리고 그곳에서 수영하는 물체를 본다. 그것은 색이 짙고 매우 빠른 속도로 V자 물결을 남기며 헤엄쳐 온다. 얼마 지나지 않아 둑으로 빠르게 오더니 사라진다. 굴속으로 들어갔다.

그다음 강 건너편의 구불구불한 땅 어딘가에서 깊게 요동치는 소리가 들린다. 부르는 소리가 계속해서 들리고 부르는 사람이 누군지는 모르나 폐활량이 큰 엄청난 폐를 가진 것 같다. 부르는 소리가 희미하여 나는 주의 깊게 들었다. 마침내 그 소리가 멈추었다. 나는 기다린다.

그다음 강을 가로질러 숲을 통하여 천천히 움직이는 소리를 들었다. 그 고동치는 소리는 남쪽에서 오지만 그 바삭바삭하는 소리는 서쪽에서 들린다. 거대한 무언가가 천천히 그러나 의도적으로 강을 향해 내려오면서, 소리를 내는 것이 무엇인지는 모르겠으나 마치 마음 속에 목표를 가진 것처럼 쉬지 않고 소리를 내고 있다. 마침내 나무 사이의 좁은 공간에 높게 서 있는, (두꺼운 회색 파이프의 꼭대기가 아래로 굽은 것 같은) 회색의 곡선 모양의 것이 어렴풋이 보인다. 그것은 움직이고 있다.

잠시 후, 나무 사이로 거대한 타원형의 머리가 나타나더니 방향을 내 쪽으로 틀었다. 나는 목을 보고 있었는데, 그것은 길었다. 머리 역시 길고 매끄러웠는데, 코는 없고 콧구멍만 있으며, 눈에 보이는 귀가 없고 양옆이 움푹 파였다. 피부는 콧구멍에서 눈 주위 그리고 머리끝에 걸쳐 검은 띠가 있는 회색이다. 눈은 평평해 보이고, 안와(눈구멍)에서 움직이지 않는 것처럼 보인다. 그들은 나를 가리키고 있었는데 그는 공룡이었다. 그는 분명히 앉아 있는 나를 보고 있었는데 신경 쓰는 것 같지는 않았다.

나는 놀랐다. 그런데 왜 내가 그들에게 관심을 가지는 것일까? 코끼리는 아무리 이상해도 쥐에게 관심을 기울이지 않고 대왕고래는 고등어를 거들떠 보지 않는다. 나는 아무것도 아니다.

강가에서, 거대한 동물은 큰 소리로 호흡하며 물을 마시려고 머리를 숙였다. 그런 다음 곰곰이 생각하며 강으로 들어갔다. 그는 너무 커서 앞발이 물에 있어도 뒷발은 여전히 숲 사이를 걷고 있었다. 그러나 곧 긴 꼬리가 들린 채로 숲에서 나왔다. 꼬리가 질질 끌릴 정도로 무거울 것이라고 생각할 수 있는데 아니었다. 그는 꼬리를 뻣뻣하게 유지하려고 해서 꼬리가 약간 굽었다.

다른 세 마리의 공룡이 그뒤를 따르고 있었다. 하나는 첫 번째와 크기가 비슷하고, 다른 두 마리는 더 작다. 나는 많은 종류의 초식동물 중에는 암놈 무리가 많고 수놈 무리는 흔하지 않다는 것을 기억해 냈다. 그래서 이 공룡들이 함께 있는 것으로 보아 암놈이라고 가정했다. 그들은 천천히 움직이는 것처럼 보이지만 빠르게 땅을 덮어 나갔다. 나는 그들이 둑에 올라와 내 쪽으로 올 때 부드러운 돌풍과 같은 그들의 호흡과 발자국 소리를 들을 수 있었다. 넷 모두 앞을 똑바로 보고 있었으며, 나나 서로를 쳐다보지는 않았다.

나는 다시 심장이 고동치는 소리, 즉 세계의 가장자리에서 들려오는 희미하고 먼 소리를 들었다. 공룡은 눈치 채지 못한 것 같았는데 같은 종류의 공룡이 내는 소리일까? 마침내 두 공룡은 계속 앞으로 나아갔으나 작은 공룡들은 걷는 것을 멈추고 마치 무엇을 듣는 것처럼 머리를 돌렸다. 누가 부르든 간에 관심이 없는 것 같았다.

포식자일까? 그렇다면, 나는 집에 가고 싶다. 그러나 이 공룡들은 신경 쓰지 않는 것 같다. 그들은 너무 커서 걱정하지 않았고, 누가 불러도 멀리 있었다. 그럼에도 불구하고 나는 공룡에 관해 아무것도 모르지만 포식자가 사냥할 때에는 조용하다는 것을 알고 있다. 그러나 부르는 자는 누구나 알려지기를 원한다.

멈춘 공룡들은 나를 본 것이 틀림없다. 그러나 나를 봤다고 하더라도 나는 그들의 관심을 끌지 못했다. 그들은 보통 속도로 둑 위쪽으로 걸어갔고, 거대한 다리는 젖어 있었으며 빛이 났다. 그들은 발자국을 남겨놓았다. 습한 지역에서는 발자국이 깊게 파였지만 땅이 촉촉하고 높은 곳에서는 얕았다. 작은 공룡들의 발자국은 서로 섞여 있었기 때문에 내가 그것들을 구별할 수는 없었지만 커다란 공룡은 그들만의 발자국을 만들었다. 나는 그녀의 뒷발의 커다란 발자국이 앞발의 발자국보다 아주 뒤에 있는 것을 보았다. 그녀의 뒷발은 편평하고 발가락이 3개 있지만, 거대한 배(과일) 조각 같은 앞발은 앞으로 뻗어 있으며 발가락은 하나밖에 없었다. 나는 그런 발자국을 전에 본 적이 없다. 나는 그녀의 발가락이 하나밖에 없다고는 상상할 수 없었다. 발가락이 하나였나? 나는 그녀의 발을 보고 싶었지만 지금은 할 수 없다. 그녀는 빽빽한 식생 한가운데에 있다.

이제 그들은 먹고 있다. 크고 목이 가장 긴 두 마리는 우산소

나무의 꼭대기에 있는 것을 먹을 수 있다. 우산소나무의 꼭대기부터 먹어서 구과를 물고 씹을 수 있다. 가장 작은 공룡은 뒷다리로 위로 올라가 구과에 다다른 다음 다람쥐처럼 꼬리를 감고 아래로 내려오면서 씹어 먹는다. 그녀가 삼킬 때 나는 그녀의 목구멍이 움직이는 것을 본다. 그녀는 다시 올라가 구과가 있는 가지를 물고, 이빨을 아래로 끌어내려 바늘잎을 벗겨낸다. 바늘잎이 거의 없는 나뭇가지가 뒤로 젖혀진다.

그녀는 어쩌면 바늘잎만으로도 만족할 것이다. 그렇더라도 왜 그녀가 다른 구과를 먹지 않는지 궁금하다. 그러나 그녀가 나무 위로 올라가자, 가장 큰 공룡이 그녀에게 다가가서 그녀를 다른 쪽으로 옮겨놓는다. 작은 공룡은 다른 소나무로 가서 가지를 물고 다시 바늘잎을 벗긴다. 아마도 가장 큰 공룡은 자기 혼자 구과를 먹고 싶어 하는 것 같다.

그들이 숲을 돌아다닐 때, 커다란 공룡이 내게 가까이 왔다. 나는 조금 무서웠다. 내가 별것이 아닌 것처럼 보인다면, 그녀는 나를 발로 밟을 수도 있다. 그러나 나는 일어서서 그녀의 관심을 끌기를 두려워한다. 그녀가 갑자기 머리를 숙였다. 그녀가 이 일을 하기 전에는 멀리 있는 것처럼 보였는데, 나를 향해 괴상한 머리를 흔들었을 때에는 나와 그녀의 코는 겨우 3m밖에 떨어져 있지 않았다. 그녀가 너무 커서 내 시야를 가려 그녀 너머를 볼 수 없었다. 폭풍우 같고, 따뜻하고 달콤한 냄새가 나는 바람이 그녀의 콧구멍으로부터 내게 불어왔다.

나는 당황한 나머지 옆길로 달리기 시작했다. 그러나 거대한 머리가 갑자기 뒤로 빠졌다. 나는 그녀의 턱 밑을 보았다. 그녀는 다시 머리를 숙이고는 옆으로 휘저었다. 그녀의 턱 밑은 저공비행하는 비행기 같았다. 그녀는 내 뒤쪽의 뭔가를 보고 있는 것이 틀림없다. 나는 아직도 그녀의 관심을 끌지 못했다. 나는 가능한 한 조심스럽게 옆으로 계속 움직였다. 내 마음은 마치 내가 먹을 수 있는지 알아보기 위해 곤충처럼 나를 데려갈 거라고 상상했기 때문에 내 심장이 엄청 뛰고 있었다. 그녀가 멀어질 때까지 멈추지 않고 움직였다.

이 일이 시작되었을 때 태양은 서쪽에 있었는데, 이제는 거의 지고 있다. 우리는 다시 희미하고 흔들리는 격렬한 외침을 듣는다. 멀리 있는 누군가가 듣고 싶어 하지만 아무도 대답하지 않는다. 태양은 수평선 아래로 천천히 움직이고 있다. 부르는 사람이 누구든 간에 낙심한 것이 틀림없다. 멀리서 들려오는 목소리가 멈췄다.

곧 어두워졌다. 하현달이 뜨겠지만 아직 뜨지 않았다. 그래서 별만 보인다. 그러나 그들은 제자리에 있지 않다! 오리온 자리는 어디 있지? 하늘에서 무슨 일이 일어났다. 나는 덤불이 무겁게 계속 흔들리고 가지가 부서지는 소리를 듣는다. 소리가 더 희미해진다. 공룡들이 멀어지고 있다.

나는 지금 내 집에 앉아 있지만 램프를 켜지 않는다. 나는 내 사촌 톰에게서 별이 움직이고 있으며 수천 년 동안 상당히 많이 이동했다는 말을 들은 적이 있다. 나는 그들을 오늘 여기서 보고 있고, 강가의 나무들을 통해 보았던 그 빛이 내 창문을 통해 들어오기 시작했다.

제 15 장

익룡

아마 지배파충류의 가장 매혹적인 산물은 익룡류pterosaurs*였을 것이다. 일부 익룡은 거대했고 모두 날 수 있었다. 그들은 공룡시대에 살았으며 처음에는 공룡이라고 여겼다. 그러나 그렇지 않다는 사실이 밝혀졌다. 그들은 독특한 형태의 파충류였고, 공룡보다 더 흥미로웠다.

그러나 만약 익룡에 대해 처음 알려진 것을 놓고 의견을 달리한다면, 그 사실을 깨닫지 못할 것이다. 이들은 프테로닥틸루스pterodactyls**로 알려져 있다.

* 날개 달린 도마뱀.

** 중생대 쥐라기 후기에 서식한 익룡으로 세계에서 가장 오래된 익룡으로 알려져 있다./옮긴이

나는 초등학교에서 공룡에 대해 배웠는데, 몇몇 유명한 책에 따르면, 프테로닥틸루스는 날아다니는 공룡이었다. 그들은 공룡으로 생각되었을 뿐만 아니라, 적어도 선생님들에게 그들은 서툴고 무능한 공룡이었다. 또는 그와 같은 이미지가 대중에게 알려졌다.

어렸을 때, 그들은 다리가 너무 약해서 새처럼 공중으로 튀어 올라갈 수 없다고 들었다. 프테로닥틸루스는 절벽에 보금자리를 만들어야 했고 거기에 박쥐와 같이 다리로 매달렸다고 들었다. 그들은 날고 싶을 때에도 걸어서 가야 했고, 날려다가 공중에서 떨어졌다. 나는 프테로닥틸루스가 부리가 있는 중간 크기의 생물체로 발로 절벽에 붙어 있고, 날 때는 몸은 그대로 놔둔 채 가죽 날개를 펼치며 절벽의 정면에서 내려오며, 그러고 난 후 복부로 땅 바닥을 밀고 가기 전에 포식자가 그를 보지 않기를 바라면서, 어색하게 펄떡거린다는 이미지를 가지고 있었다. 무기력한 프테로닥틸루스는 연못에 있는 과체중의 브론토사우루스보다 덜 유능해 보였다. 이 두 생물이 멸종된 것은 피할 수 없는 숙명 같았다.

수년에 걸쳐 고생물학자들이 그러한 무력한 동물을 상상했다는 것이 이상하게 들려 나는 어린 시절의 개념은 과학 이론에서 나온 것이 아니라고 생각한다. 그러나 절벽에 매달린 부분은 과학 이론에서 나왔을 것이다. 왜냐하면 프테로닥틸루스가 비행기를 발명하기 전인 1784년에 발견되었기 때문이다. 아마 이륙하여 날고 있는 프테로닥틸루스와 같은 것을 상상할 수 없었을 것이다. 그래서 나는 내 이미지가 그릇된 생각임을 알게 되어 기뻤다. 사람들이 브론토사우루스를 좋아하지 않듯이 프테로닥틸루스를 좋아하지 않는다고 생각하지만 실제로는 그 반대다.

더 많은 것이 그것도 아주 많이 밝혀졌다. 프테로닥틸루스는 의심의 여지없이 지구를 우아하게 할 수 있는 가장 매력적이고 능력 있는 동물을 생산한 익룡목Pterosauria에 속한다. 그들은 새나 날아다니는 도마뱀처럼 진화의 후손을 남기지 않아 그들과 같은 동물은 오늘날 존재하지 않는다. 그 종류들은 페름기-트라이아스기 대멸종 직후에 나타나서 다음의 대멸종기인 백악기-제3기(유성) 대멸종으로 사라졌다. 그들의 화석은 전 세계에서 발견되며, 우리는 그들에 대해 결코 알 수 없기 때문에 그들의 실종은 그들뿐만 아니라 우리에게도 세상에서 가장 큰 비극임에 틀림없다.

아마 익룡류에 관한 가장 인상적인 보고서는 고생물학자 마크 위턴의 것일 것이다.* 이 책을 쓰는 시점에 그는 영국 포츠머스 대학에 근무하고 있었으며, 그의 책 《익룡》은 매혹적이었다. 책임감 있고 신중하게 문서화된 과학으로 빛나지만(물론 혁신적인 작품에 보통 있는 일이지만 다른 의견을 가진, 아마 구식의 여러 명의

* Mark Witton, *Pterosaurs: Natural History, Evolution, Anatomy*(Princeton: Princeton University Press, 2013).

비판자가 있다), 어쨌든 익룡의 앞발을 '손'이라고 부를 때 자신이 무엇을 하고 있고 또 할 일이 무엇인가를 아는 자신감의 속내를 보여 준 것이다. 왜 이런 의인화는 대중의 비난을 받아야 하는가? 그것이 '손이었기' 때문에 그는 기꺼이 그렇게 말했다. 그는, 익룡의 손은 그의 다리와 같지 않아 동물은 손이 없고 앞발만 있다고 주장하는 의인화를 부정하는 하수인이 아니었다. 대신에 그들의 손은 매우 긴 손가락으로 뻗어 있는 날개의 굴곡점에 있었다.

"익룡의 앞다리에는, 비행하기 위해 그렇게 변형되어 있어서 당신이 비록 그것을 알아보지 못하더라도 용서받을 수는 있지만, 당신의 팔에 있는 뼈와 같은 뼈가 있다."라고 위턴*은 말한다. 그래서 나는 익룡을 좀 더 일찍 접했으면 좋았겠다고 생각하면서 좌절감으로 이를 갈았다. 나는 공룡에 매료된 어린아이로 그들에 대해 배우는 것을 얼마나 사랑했는지 모른다. 내 동생과 나는 큰 익룡의 등에 타고, 남아메리카에 가고 있다고 상상하곤 했다. 그러나 그들은 아직 몇몇을 제외하고는 모두에게 알려지지 않았다. 참으로 놀라운 계시였다! 그들은 우리와 달랐다. 동시에 우리와 매우 비슷했다! 나는 내 앞다리를 본다. 익룡의 뼈와 똑같지는 않지만, 같은 뼈다! 저 익룡들과 내가 연관되어 있다며 좋아했다. 가깝지는 않지만 관련이 있다. 조금만 생각해 보

* Witton, *Pterosaurs*, p. 32.

면, 3억 년 전에 부화하여 우리와 같은 혈통을 겨냥해 본 양막류의 알을 낳는 알려지지 않은 사지동물의 어머니를 공통 선조로 공유하기 때문에 아무리 광대하더라도 그들과 우리는 같은 계통 분기에 속한다.

세계가 아직 보지 못한 유일하고 인상적인 진화의 산물은 아마 인간이 아니라 프테로닥틸루스일 것이다. 초기 프테로닥틸루스는 작았고 모두 잘 날지는 못했지만, 결국 그들은 아즈다키드 azhdarchid*라는 날개 달린 생물인 프테로닥틸루스의 한 종류로 진화했다. 아즈다키드는 키가 기린과 거의 같고 기린처럼 목도 아주 길고, 다리도 매우 길며, 몸통은 상대적으로 얇고 강한 몸을 가진 동물이었다.

유명한 그림**이 있는데 인터넷에서 찾아볼 수 있다. 위턴이 프테로닥틸루스의 오른쪽에 서 있는 그림으로 과학자의 머리가 프테로닥틸루스의 팔꿈치보다 그리 높지 않다. 프테로닥틸루스의 왼쪽에는 마사이기린이 서 있는데, 기린의 머리가 프테로닥틸루스 바로 옆에 있다. 둘 다 키는 4.6m 정도며, 그들은 다리와 목이 길어서 비슷해 보인다. 그러나 프테로닥틸루스의 부리 모양의 턱은 적어도 기린의 목의 절반 이상이다. 그림에서 프테

* 아즈다키드는 용을 의미하기도 하지만 이란의 마을인 아즈다 마을에서 왔다는 뜻을 의미하기도 한다.

** Witton, *Pterosaurs*, p. 250.

로닥틸루스의 팔은 날개가 있지만 접혀 있고, 그의 손은 땅에 닿아 있으며 네 발 자세로 서 있다.

그림 속에서 프테로닥틸루스의 팔과 다리는 조금 구부러져 있지만 그의 팔과 다리는 길고 곧았다. 그리고 날개를 보라! 프테로닥틸루스는 날개를 펼치면 10m* 정도 될 것이다.

분명히 이 날개는 피부 조직이 아닌 근육 조직인데, 처음에 예상했던 대로 가죽처럼 보이지 않았고, 팔에서 허벅지까지 뻗어 있었다. 만약 우리에게 날개가 있다면, 날개는 팔 밑에서 정강이 옆쪽으로 뻗었을 것이고, 네 발로 서 있을 때에는 날개가 등을 따라 접힌 채 붙어 있었을 것이다.

난다는 것은 매우 편리한 것이다. 사실 너무 유용해서 우리가 왜 더 많이 날 수 없는지 궁금해한다. 예를 들어 왜 우리는 날다람쥐에서 진화하지 않았을까? 우리 역시 나무에 살았을 때는 작았다. 다람쥐처럼 가지에서 가지로 뛰어다녔다. 심지어 우리 조상 중 하나는 팔에서부터 허벅지까지의 피부가 날다람쥐 같았다고 한다. 그래서 진화가 심지어 절반 정도만이라도 공정했다면, 우리도 날개를 달았고 날 수 있었을 것이다.

우리가 너무 무겁다고 말하지 마라. 일부 날아다니는 익룡은 오늘날의 인간보다 다섯 배 정도 더 무거웠다. 비행기가 지연되

* Witton, *Pterosaurs*, p. 251.

는 동안 우리는 몇 시간 동안 공항에 앉아 있을 필요가 없다. 단지 몇 걸음만 뛰어가서 이륙하면 된다. 그러고 나서 하루의 대부분을, 가파르고 바위투성이인 협곡에서 미끄러져 내려와 먼 쪽으로 힘겹게 올라가는 데 소비하지 않고, 몇 초 만에 그곳으로 휙 달려갈 것이다. 우리가 헤엄쳐서 건너겠다는 대범함이 있다면, 우리는, (우리를 하류도 쓸어 버릴 만큼) 물살이 빠른 강과 폭포 위의 하늘을 떠다닐 것이다. 그리고 우리가 바람을 등지고 산을 등지고 다시 평지로 내려올 때까지, 단층지괴 위를 기어오를 때 항상 눈사태나 크레바스의 위험에 처하므로, 우리는 목숨을 걸어야 했다. 다음 날과 다음 주에 에너지를 소비하지 않는 것은 말할 필요도 없이, 첫 번째 야영지까지 오르는 데 상당한 에너지를 소비하지 않고 우리는 알프스나 안데스 산맥 심지어 히말라야처럼 큰 산 위로 날아오를 것이다.

이것이 무엇과 같은지 알기 위해 K2와 안나푸르나와 같은 히말라야의 첫 등정에 대한 끔찍한 사례로 이야기를 돌려보자. 산 정상까지는 아니지만 산 중턱까지는 올랐을 것이다. 그렇다 하더라도 우리의 손과 발이 얼고 너무 지치고 굶주렸으면 우리는 하늘을 부러워하고 익룡을 생각할 것이다. 그들은 의심할 여지 없이 상승 기류를 즐기며 산 위를 쉽게 날아다녔다. "이들에게 지리적 장벽은 아무런 의미가 없다."*라고 위턴은 말한다.

* Witton, *Pterosaurs*, p. 256.

고생물학자인 위턴과 마이클 하비브의 정교한 과학적 연구에 따르면아즈다키드는 457m 상공에서 시간당 113km로 1만 6,100km를 여행하고 한 번에 5~6일 동안 먹지도 않고 쉬지도 않고 비행할 수 있었다고 한다. 이것은 상당한 것이다. 어떤 휘발유 동력으로 작동하는 비행기도 재급유 없이 5일 동안 비행할 수 없다. 2015년에 태양열 비행기가 120시간 비행 기록을 세웠으나 그들은 태양으로부터 연료를 공급받았다. 수백만 년 전, 익룡은 아마도 정상적인 음식을 가지고 이륙하기 전에 '연료 보급'을 받으며 이보다 더 잘 비행했다. 큰 익룡의 몸무게가 227kg인 것을 고려하면, 그들은 어느 시대의 어떤 생명체보다 단연코 더 잘 날아다니는 가장 큰 생명체였을 것이다.

그런데 왜 그들은 이동했을까? 분명히 오늘날의 조류와 포유류가 식량을 찾으려 계절이동을 하는 것과 같은 이유였을 것이다. 물고기를 먹는 일부 익룡은 그것을 잡기 위해 겨울철에 얼음이 없는 물 위로 날아가야 했을 것이고, 도마뱀을 먹는 익룡은 따뜻한 기후에서는 사방에서 도마뱀을 볼 수 있지만 겨울에는 볼 수 없었다. 오늘날 많은 종류의 동물이 원치 않는 기후 조건을 피하고 먹을 수 있는 물이나 식량을 얻기 위하여 계절이동을 한다. 공룡도 그랬다. 익룡은 그렇게 하지 않았다면 굶어죽었겠지만, 큰 익룡은 지구의 한쪽 반구에서 다른 반구로 아주 멀리 이동할 수 있었기 때문에 승자가 되었을 것이다.

음식과 기후는, 몸이 깃털이나 모피가 아닌 솜털의 일종으로

(정확하게 말하면 깃털이나 모피가 아니라 과학적으로 말하면 밀도가 높은 섬유를 뜻하는 피크노파이버pycnofiber) 덮여 있다는 사실로 판단해 보면 자가 가온을 하는 익룡에 확실히 영향을 미쳤다.

정확히 말해 모피는 아니지만 분명히 모피처럼 보였고 과학자들에게 중요한 것을 알려주었다. 즉, 솜털이 자가 가온을 한다는 것을 암시할 뿐만 아니라 비행의 결과일 수도 있다는 것이다. 비행에 필요한 에너지는 많은 물질대사를 필요로 하며, 결국 열을 낸다. 따라서 물고기로 시작하는 일련의 조상으로부터 물려받은 상대적으로 얇은 피부를 감안할 때, 피부에 온기를 담는 일종의 덮개가 필요하다고 할 수 있다. 아니 위턴은 더 조심스럽게 "새와 박쥐의 동력비행의 진화는, 이전의 능동적인 생활양식과 상승한 대사의 발달을 뒤이은 것으로 보이므로 익룡에 대해서도 마찬가지일 수 있다."*고 했다. 그러므로 익룡은 온혈동물이었던 것 같다.

익룡의 비행은 물론 고무적이지만, 이 동물은 많이 걷기도 했다. 일부 익룡은 잠수도 하고 물고기를 잡아 먹었지만, 다른 익룡은 도보로 사냥을 한 것 같다. 황새도 도보로 사냥하는데 일부 익룡은 황새처럼 보여 황새에 비유되었다. 이것은 부리처럼 보이는 턱이 크고 얇은 아즈다키드에서 특히 그렇다. 그들의 턱

* Witton, *Pterosaurs*, p. 19.

은 약 2.4m로 길었다. 그것 이외에도, 그들은 황새와 똑같아 보였다.

위턴은 익룡이 부드러운 진흙* 속에 남겨진 화석이 된 발자국에 대해 설명한다. 이 익룡은 날아와서 발로 착륙했다. 의심의 여지가 없이, 탄력이 있었기 때문에, 그다음에 그는 깡충깡충 뛰었고 마치 균형을 잡듯이 손을 내려놓았다. 그는 틀림없이 날개를 접었을 것이다. 왜냐하면 그후 보행 형태를 보면, 땅 바닥에 손을 짚고 마치 우리처럼 규칙적으로 자신만만한 스텝을 밟으며 자연스럽게 네 발로 걸었기 때문이다.

익룡의 손은 날개가 굽은 곳에 있었다. 그의 손에는 손가락이 4개 있었지만 발자국에는 손가락이 3개 있었다. 그래서 4번째 (그의 날개를 펴는 아주 길고 강한) 손가락은 날개를 접기 위해 그의 옆구리를 따라 올라와 있던 것이 틀림없어서, 우리로 하여금 그가 해온 일을 다시 한번 짐작할 수 있도록 한다.

익룡의 생활에 대한 단 몇 초의 통찰력을 얻기 위해 발자국을 찾아서 해석하는 일은 얼마나 흥미로운 일인가! 발자국은 사진과 같이 적절한 시간의 순간 이미지며, 심지어 움직임을 포착하기 때문에 영화처럼 보인다.

다른 발자국들은 익룡이, 뒷발자국이 앞발자국 앞에 나타날 수 있기 때문에, 예를 들어 여우 등과 같은 많은 포유류와 걷는

* Witton, *Pterosaurs*, p. 63.

방식이 같다는 것을 말해 준다. 여우 발자국이 그렇게 보인다면 여우가 서둘렀다는 뜻이다. 서두르지 않았다면 뒷발자국이 앞발자국과 부분적으로 겹쳐야 한다. 여우는 급하면 달리지만 물론 익룡은 급하면 날 수 있다. 아직은 추측이지만, 익룡이 걷고 심지어 빨리 뛰었다고 상상할 수 있다. 어떤 경우에도 속도는 놀라운 일이 아니었을 것이다. 그들은 중형 크기의 파충류를 먹었으므로 익룡은 수풀을 돌아다니며 여기저기서 움직임을 살펴야만 했다. 오늘날의 도마뱀처럼 많은 파충류가 중형 크기였고 아마도 매우 빨랐을 것이며, 익룡도 도마뱀을 잡기 위하여 빠르고 날쌨을 것이다.

생물체가 상상력을 가지는 것은 매우 놀라운 일이며 그것은 많은 사람들에게 영감을 주어 자신들이 그들을 보았다고 주장하게 했다. 그들에 따르면 어떤 익룡은 멸종하지 않았고 과학자들이 발견할 수 없는 세계의 먼 곳에 숨어 있다고 한다. 의심할 여지 없이, 무시무시한 눈사람, 네스호 괴물, 아메리칸 빅풋, 비행접시를 타고 온 외계인들이 바로 그들이다.

그러나 익룡은 사실이었으면 좋겠다. 그것이 사실이라고 믿는 것은 매우 인간적이다. 내가 아는 한, 아무도 선사시대의 거미 또는 선사시대의 쥐를 봤다고 주장하는 사람은 없다. 크고, 믿기에 흥미진진한 생명체를 선택하는 것은 매우 인간적이다.

제16장

악어

우리는 석탄기와 백악기 사이의 시간을 생각하고 있다. 약 1억 5000만 년의 기간이다. 그 기간 동안 공룡과 익룡뿐 아니라 돛이 있거나 없는 다양한 크기의 광범위한 단궁류의 집합체인 우리 원시 포유류 조상들이 살았다. 지금까지 언급하지 않은 이 시대에 속하는 유일한 큰 동물은 악어 타입, 즉 앨리게이터, 가비알, 카이만을 포함하는 그룹이다.

악어는, 초기 지배파충류의 직계 자손이고 시간이 어느 정도 지남에 따라 변화했지만, 다른 동물만큼 변화하지는 않았다. 그들은 그때도 악어였고 지금도 악어므로 아마 (노래기와 마찬가지로) 성공적으로 시작하여 내내 성공적인 생활을 해왔을 것이다.

아주 일찍부터, 악어들은 공룡과는 별도로 지배파충류의 조상에게서 분리되어 나왔다. 처음에는 상당히 작고 종류가 많았다. 전부는 아니지만 대부분이 육지에 사는 동물이었고 일부는 악어와 도마뱀의 중간처럼 보였다. 일부는 돛을 가지고 있었고, 일부는 네 다리로 걷고, 또 어떤 악어는 공룡처럼 두 발로 걷고, 어떤 악어는 동물을 먹었고, 어떤 악어는 식물을 먹었고, 어떤 악어는 자가 가온 동물이었다. 약 2억 5000만 년 전에 살았던 오늘날의 악어의 조상인 실로우수쿠스*Xilousuchus**는 몸무게가 약 2kg이고 4개의 곧은 다리로 걸으면서 육지에 살았던 작은 육식동물로, 자가 가온 동물인 것 같다.

그러나 큰 포식자의 자손인, 오늘날 우리가 알고 있는 악어(만약 실제로 그들이 자손이라면)는 약 2억 년 전, 판게아가 천천히 부서지던 시기에 오늘날의 모습으로의 변화를 시작했다. 더 많은 해안선이 생겨나고 대지에 물이 들어오면서 내륙으로 이동하는 동안 대기층에도 습기가 있었다. 건조한 기후에서 아주 습한 기후로 바뀌고 있었다. 많은 생명체가 진화의 길을 다시 생각하게 되었고, 성공적으로 확대된 공룡 집단은 악어 타입을 물로 되돌아가게 했을 것이다.

그들 중 일부는 대형이 되었고 자가 가온을 포기했다(아마도 영양학적으로 보면 비효율적이었기 때문에). 그리고 오늘날까지도 그들은 다리를 곧게 할 수는 있지만 곧은 다리를 포기했다. 그러나

* 실로우강 근처에서 발견된 악어 유형.

빨리 움직일 때는 빠른 걸음으로 가고, 심지어 질주하기도 하지만 그런 경우와 장애물을 넘는 경우가 아닌 한, 우리가 발끝으로 서는 것처럼, 다리를 곧게 하지 않는다.

구부러진 다리는 여러 가지 방법으로 악어에 도움이 된다. 조금 더 빨리 달릴 수 있고, 자세가 더 안정적이며, 강둑을 오를 때에도 곧은 다리보다 용이하다. 구부러진 다리는 물속에서도 도움이 된다. 육지와 물에서 시간을 보내는 개구리, 말뚝망둥어, 심지어 하마 같은 동물의 눈처럼 악어의 눈이 머리 꼭대기 근처에 있으므로 굽은 다리가 도움이 된다. 얕은 물 속에 서 있을 때 악어는 다리를 곧게 펴고 주위를 재빨리 둘러보거나 휴식을 취한다. 그렇게 하면 눈에 잘 띄지 않으면서 어떤 일이 일어나는지 알 수 있다. 그가 휴식을 취하는 동안, 그의 눈과 머리 꼭대기는 물 위에 있을 수 있다. 그리고 그의 눈은 실제로 눈처럼 보이지 않는다. 마치 떠다니는 잔해처럼 아무 걱정할 것 없는 것처럼 보인다.

악어는 곧은 다리로 일종의 속보를 할 수 있다. 그러나 예를 들어, 강둑에서 햇볕을 쬐고 있는데 무서워져서 강가로 돌아와 숨어야 하는 경우처럼, 아주 바쁘면 무릎을 구부리고 팔꿈치를 내밀고 팔과 다리를 휘저으며 또 다른 추진력을 얻기 위해 꼬리를 치며 복부로 미끄러져 움직인다. 눈 깜짝 할 사이에 물이 튀고 그는 사라진다. 왜 그는 일어서서 뛰지 않을까? 아마 둑이 미끄럽기 때문일 수 있다. 당신이 그들을 덮치려고 한다면 넘어질 수 있다. 미끄러져서 가는 것이 더 안전하고 빠르다.

왜 작고 직선형의 다리를 가진 육상동물이 거대한 팔꿈치가 나와 있는 수생동물로 진화했는지는 잘 모르지만, 악어만 그런 것은 아니다. 수달, 오리너구리, 고래, 돌고래도 같은 결정을 내렸고, 그래서 매력이 있는 게 틀림없다. 그 결과 오늘날까지 악어 타입은 지배파충류의 후손보다는 오래전의 지배파충류인 초기의 조상과 더 닮았다. 그리고 여러 면에서 초기 악어의 조상 중 일부는 크기와 습관에도 불구하고 현대 악어와 매우 흡사하다. 악어 타입은 2억 5000만 년 전에 판게아에 있었고, 지금은 사라진 대륙에 있었다. 그들은 생존기간이 매우 길었고, 오늘날 그런 동물과 같은 것은 거의 없다. 그러나 만약 당신이 당시에 몇 달 동안 먹지 않고도 살 수 있고, 먹잇감이 당신이 보고 있다는 것을 알지 못하며, 물을 마시려고 오는 강에 숨을 수 있는 거대 동물이었다면, 당신은 강력한 생존 후보였을 것이다.

그러나 악어는 우리보다 더 오래 살지 못할지도 모른다. 우리는 그들의 환경을 파괴하고 그렇지 않으면 그들을 전멸시키고 있다. 우리는 그들을 싫어하고 두려워하여 우리가 그들을 보면 총을 쏘며, 우리는 그들의 가죽을 밍크 코트와 어울리는 멋진 신발과 지갑을 만드는 데 사용하기를 원한다. 그러나 우리나 우리의 제한된 우선 순위와 관련이 없다면(우리는 패션을 위해서라면 누가 멸종하든 신경 쓰지 않는다) 악어는 세계에서 가장 성공적인 동물 중 하나고 그 범주에서 최고일 것이다. 그들이 유행에 맞지 않는 가죽을 진화시킬 시간이 있다면, 그런 면에서 우리보다 훨씬 앞서 있을 것이다.

인간은 악어 진화와 아무 관련이 없다. 그러나 나와 내 딸(마비되어 휠체어를 사용하는데)이, 호주 북부의 이스트앨리게이터강에서 캠핑하면서 알게 된 것처럼, 그들의 다리가 진화하는 방식 때문에 때때로 이익을 얻는 것은 우리다. 당시 우리는 강 이름을 몰라서 침낭을 그냥 땅에 내려두었다.

밤에는, 우리는 큰 파도가 해안에 부서지는 것같이 물의 굉음을 들었다. 그런 파도를 만드는 것이라면 특히 밤에는 좋을 수 없다. 그러나 우리는, 지금은 아는 것을 당시에는 몰랐다. 그 강은 길이가 6m 이상이고, 몸무게가 908kg 이상이며, 매년 수십 명의 인명 피해와 관련이 있는 세계에서 가장 큰 육상 포식자인 인도악어의 고향이었다.

악어 한 마리가 강에서 나왔다. 나는 그가 우리가 거기에 있다는 것을 몰랐다고 생각한다. 그는 느리지만 사려 깊은 발걸음으로 움직였다. 그는 우리를 향해 걸어오는 것처럼 보였고, 무릎과 팔꿈치를 구부린 채 걷고 있었던 것이 틀림없다. 나의 기둥 같은 뒷다리와 빠른 휠체어를 움직이는 내 딸의 길고 곧은 앞다리의 힘 덕택에 우리는 매우 빠르게 이동하여 차로 돌아올 수 있었다. 그 일로 우리는 그런 악어와 공유하지 않는 조상, 강하고 곧은 유연한 팔다리를 가진 조상, 무릎을 굽히고 팔꿈치를 내밀고 걷지 않는 조상, 악어에게 잡히지 않는, 아니 그녀의 유전 정보가 전달되지 않는 한 잡히지 않는 조상을 가졌다는 것에 감사한다. 그리고 좋은 점도 있다. 잠시 동안 우리는 무언가 커다란 것이 (아마도 꼬리 같은데) 차 근처에 있는 자갈 위로 천천히 끌리는 소리를 들었다.

제17장

조류

6600만 년 전, 세계는 백악기-제3기 대멸종을 경험했다. 대멸종이 없었다면 지구가 어떻게 되었을지는 아무도 모른다. 한 가지 이론은 멸종 기간은 짧았지만 전 세계적으로 발생했으며 혹독했다는 것이다. 식물, 육상동물, 해양생물, 즉 곤충을 제외한 모든 생물체의 75%가 사라졌다.

이 재앙은 폭이 9~14km에 이르는 우주 암석이 지금의 멕시코만 근처를 강타하여 면적이 161km² 이상 되는 분화구를 남겨 놓은 것으로 보인다. 한 가지 이론은 이 충돌이 넓은 땅을 강타했기 때문에 수백 km²의 물질이 성층권 위로 타올랐다고 한다. 그것이 대기를 통해 내려오면서 다시 속도가 붙어서 아메리카의 일부가 갑자기 화염에 휩싸여 화재가 났다고 주장한다. 또한 그것은 쓰나미를 초래했으며, 부서진 바위에서 기후변화를 일으키는 가스를 방출하여 산성비와 지구 냉각을 유발했다.

어떤 물체가 불길에 휩싸였는지의 여부와 관계없이 대부분이 먼지 상태로 머물러 있었기 때문에 수년 동안 지구는 겨울이 되었고 햇빛을 충분히 받지 못한 식물의 죽음을 초래했다. 그리고 식물이 먹이사슬의 가장 아래에 있기 때문에, 실제로 화재가 있었다면 식물이 제공하는 식량의 손실은 그나마 살아남은 대부분의 것들도 죽게 했을 것이다.

수년간에 걸친 세계적인 겨울 동안, 종자식물은(부모 식물은 죽을 수도 있지만 분배된 종자는 종종 오랜 시간 동안 살 수 있고 유리한 기후조건을 필요로 하지 않으므로), 특히 땅에 묻힌 경우에는 상당히 잘 견뎌 냈을 것이다. 앞서 언급한 북극의 작은 꽃에서 발견되는 실레네 스테노필라*Silene stenophylla*의 종자를 보라. 그것은 1만 3000년 후에 싹을 틔웠다.

종자는 아마도 일이 잘 정리된 후에 싹이 텄거나 그 일이 발생할 때까지 식량을 제공하는 등 여러 가지 방법으로 살아남은 동물의 운명에 기여했을 것이다. 작은 동물은 음식을 많이 필요로 하지 않으므로 작은 초식동물은 주로 종자를 먹고 살 수 있었고, 결국 그들은 작은 육식동물의 식량이 되었을 것이다. 어떤 작은 동물은 다람쥐처럼 식량을 저장할 수 있었지만, 얼마나 오래 숨겨 놓았는지에 대해서는 논쟁의 여지가 있다. 달팽이, 벌레, 일부 곤충과 같은 동물은 썩어 가는 것을 먹고 생존할 수 있었고, 약간 큰 동물의 먹이가 되었다. 그래서 여러 종류의 동물이 살아남았다.

악어는 큰 동물이었지만 살아남았다. 그들은 물속에서도 살 수 있을 뿐 아니라 알을 파묻는 고대 파충류의 습관을 가지고 있다. 그들의 새끼들은 부화할 때 자급자족한다. 어미 악어는 부화한 새끼를 보호하지만, 중요한 포식자가 없는 상황이라면, 갓 부화한 새끼들을 보호할 필요가 없다. 그리고 악어는 음식을 먹지 않고도 몇 달 동안 살 수 있다. 이것은 온혈동물에게는 없는 큰 이점이며, 또한 악어는 썩은 고기도 잘 먹는다. 물론 다른 동물의 일부가 천천히 죽는다면 오랫동안 썩은 고기를 꾸준히 공급하는 데 도움이 되었을 것이다.

익룡, 중대형 크기의 공룡, 심지어 조류와 비슷한 작은 공룡은 지하 또는 물속에 살지 않았다. 그들은 성장하는 싱싱한 식물 또는 중형 동물 형태의 음식을 먹었고, 영원히 사라진 것은 바로 그들이었다.

이 멸종이 일어날 즈음에 조류는 이미 몇 종류 있었는데 많은 종류가 살아남았다. 재미있는 것은, 유성 충돌에서 일부 살아남은 새들에 대한 의문은 답을 찾지 못했다는 것이다. 당시에는 모든 새가 알을 묻어 버렸다는 의견이 제시되었지만, 특히 조류를 닮은 공룡의 알이 부화했다고 생각되기 때문에 확인되지 않은 사실이다. 닭과 칠면조 같은 조류는 알을 묻지만, 이는 최근에 시작되었다고 알려졌으며, 재앙이 발생했을 당시에는 그렇게 하지 않았을 수도 있다는 의견이 제시되었다.

익룡이 아닌 최초로 날아다닌 척추동물은 유명한 시조새 *Archaeopteryx*(고대의 날개)인데 그들은 긴 턱, 이빨, 길고 꼬리에 뼈가 있는 동물로 공룡 조상과 매우 흡사하다.

시조새는 약 1억 5000만 년 전 풍요한 쥐라기 시대에 나타났다. 조류로 분류되지만 그들 뒤에 생겨난 새들의 조상으로 보지는 않는다. 그러다 더 많은 새들이 생겨났고 2000만 년 후, 백악기 중반에, 그들은 진화하여 활동 범위가 서로 다른 환경으로 넓혀졌다. 다시 말하면, 유성 충돌이 있기 오래전에 그들의 종과 수가 확대되었다.

일부 백악기의 새들은 시조새와 비슷하지만 다른 새들은 이빨이 없고, 날 수 있는 강한 날개가 있으며, 뼈의 속은 빈, 오늘날의 새처럼 보이기 시작했다. 그들은 오늘날 조류가 하는 것처럼 산소 공급을 목적으로 사용했을지도 모르는 속이 빈 뼈를 공룡으로부터 얻었다. 그들이 공룡 조상들로부터 물려받은 속이 빈 뼈는 체중 감량에도 도움이 되었을 것이다. 새들은 뼈가 없는, 비행 중에는 몸을 지탱하고 걸을 때에는 균형을 잡아주는 여분의 꼬리깃으로 자라는 짧은 꼬리를 가지게 되었다.

새들은 물고기를 잡으려고 해안으로, 곤충이나 종자를 찾으려고 사바나와 삼림으로, 대형 포식자가 되어 현대의 매와 독수리를 따라 하늘로 올라가는 등 여러 방향으로 이동했다.

그러나 몇몇 같은 그룹 구성원들이 스스로를 뒤바꾸어 버린 것처럼, 예를 들어 기둥 모양의 다리와 자가 가온을 포기한 악어처럼, 일부 새들은 나는 것을 포기했다.

오늘날에는 타조와 같이 크지만 날지 못하는 새가 대세인 것 같으며, 지금은 멸종했지만 매우 성공적이었던 공포 조류terror bird와 같은 조류에서도 예전에 그런 현상이 있었다. 이들은 유성 충돌 이후에 나타났지만, 중형 크기의 비조류 공룡 모델이 다른 시기에 성공한 것처럼, 비조류 공룡과 매우 흡사했다. 첫 번째 생물체가 유성으로 인해 사라진다면 그들과 유사한 다른 생물체가 진화하여 그들의 자리를 대신하게 된다. 가이아는 멸종으로 인해 실패했지만 아이디어 자체가 좋으면, 그녀는 종종 다시 시도한다.

사람들은 어떤 공룡들이 공포 조류에 의해 복제되었는지 궁금해한다. 번성하는 생명체는 크기가 커지는데, 공포 조류는 키가 3m나 되고 한 시간에 64km를 달릴 수 있었다. 기록상 가장 빠른 사람이 한 시간에 45km를 달렸다. 그러나 우리 종족은 대부분 더 느리며, 우리가 남아메리카에 도착한 후에는 공포 조류와 공존했다. 그들은 우리보다 더 크고 빨랐다. 그들은 우리를 먹잇감으로 여겼을까?

그들은 확실히 우리를 붙잡을 수 있었다. 무거운 부리와 예리한 발톱으로 덤벼 먹잇감을 땅에 넘어뜨리고, 발로 세게 차서 죽이고, 망치처럼 쪼고, 발톱으로 먹잇감을 조각 냈다고 생각된다. 이 새들은 최상위 포식자가 되었다. 그들의 화석은 대부분 아메리카에서 발견된다.

그들의 쇠퇴는 화산이 파나마의 지협을 만들 만큼 용암을 충분히 분출한 후에 시작되었다. 육식성 포유류는 협곡을 건너 북아메리카로 와서 그곳에서 살고 있던 악어와 함께 공포 조류의 먹잇감에 대한 만만치 않은 경쟁자가 되었다. 우리 종의 아메리카 대륙 도래는 그들의 멸종을 야기했다고 한다. 그들은 우리를 죽였을지도 모른다. 그러나 우리가 할 수 있을 때, 특히 우리가 그들을 죽이지 않으면 그들은 우리를 땅바닥에 넘어뜨릴 수 있고, 세게 쪼아서 죽일 수 있고, 그들의 발톱이 우리를 조각 낼 수 있음을 알았을 때, 우리는 그들을 틀림없이 죽였을 것이다.

오늘날에는 모이통에서 횃대에 앉아 씨앗을 먹는 오색방울새를 보며 공룡에 대해 생각하지 않는다. 오색방울새는 그런 이미지와 맞지 않는다. 따라서 육식성 공룡과의 관계는 맹금류에서 가장 잘 볼 수 있다. 내 마음 속에는 공룡을 연상시키는 매에 관한 특별한 것이 있다. 매는 포유류에서는 거의 볼 수 없는 일종의 끊임없는 외곬수의 집중력과 결단력을 가지고 있다. 그래서 만약 당신이 포식성 공룡이 어떤 모습인가를 가까이서 보고 싶다면, 매를 사냥해 보면 알 수 있을 것이다. 잔인하기는 하지만 흥미진진하다.

그런 새를 만나고 싶다면 왼손과 팔에 착용하는 장갑을 빌려주는 매사냥꾼을 찾으면 된다. 당신이 팔에 장갑을 끼고 있으면 조류 공룡인 날아다니는 포식자가 그곳에 착륙할 것이다. 그러나 먼저 조심스럽게 준비해야 할 것이 있다. 손에 죽은 새끼닭과 같은 미끼가 있어야 한다. 당신이 미끼를 준비하는 동안 매는 나무에 앉아 있다. 의심할 여지없이 그녀는 당신이 그녀를 위해 준비하고 있음을 안다. 그다음에 당신은 등을 돌리고 장갑을 낀 팔을 쭉 뻗는다. 그녀는 조금 흥분한다. 그녀는 내려와서 그곳에 착륙할 것이다. 그러나 예기치 않은 일을 할 경우에 대비하여 그녀가 접근하는 것을 지켜봐야 한다. 가능한 한 그녀의 발톱과 눈이 멀리 떨어져 있어야 하므로 등을 돌리고 눈알만 움직여서 보아야 한다.

잘 알려진 뉴햄프셔 매사냥꾼인 낸시 코언Nancy Cowan은 그 이유를 이렇게 설명했다. "많은 매들이 먹잇감을 죽이는 방법인데,"라며 "안와眼窩를 지나 두개골을 통해 뇌 속으로 발톱을 집어넣는다. 먹이가 사라질 것 같다는 생각이 들면, 그들은 당신의 얼굴로 날아와서 당신의 눈을 향해 갈 것이다."*라고 설명했다.

이 같은 언급은 사람들의 관심을 끈다. 몽골의 한 독수리가 이 방법으로 주인의 손자를 죽였다. 그에 대한 복수로 주인은 독수리의 발을 자른 다음에 풀어 주었는데, 맹금류가 이 방법을 사

* Sy Montgomery, *Birdology*(New York: Free Press, 2010), p. 129.

용하여 인간과 가까운 조상의 아이를 죽였다는 것을 증명하는 화석도 있다.

그럼에도 불구하고 나는 낸시 코언을 찾아가서 해리스말똥가리인 파이어fire를 날리는 아주 큰 기쁨을 누렸다. 파이어는 높은 나무의 나뭇가지에 서서 나를 보고 있었다. 나는 내 얼굴을 보여주지 않으려고 등을 돌린 채 내 어깨 너머로 매를 보고, 장갑을 낀 팔을 내밀라는 낸시의 지시를 따랐다.

파이어는 날개를 움직이지 않고 하늘을 미끄러져 갔다. 어머나, 하지만 그녀는 정말 컸다. 그녀의 날개 길이는 내가 팔을 쭉 뻗은 것보다 더 길었다. 그녀는 갑자기 다리를 앞으로 내던지기 위해 날개를 위로 접었고 장갑에 꽝하고 세게 내려앉았다. 그녀는 발톱으로 내 팔을 꽉 쥐고 있었고 아귀 힘이 정말 셌다. 그녀는 강했다. 그리고 무거웠다. 크고 검은 매가 내 팔에 서 있어서 나는 스릴을 느꼈다.

그녀는 닭을 가져갔다. 나는 그녀에게로 몸을 돌렸다. 그녀가 닭을 꿀꺽 삼키고 있었다. 그러고는 깃털을 정리하고 내 얼굴을 바라보았다. 그녀의 시선이 나를 똑바로 주시하고 있었다. 그녀의 눈동자는 우리가 무엇을 조사할 때와 같이 움직이지 않았다. 이상하게 보였지만 새의 눈은 우리 눈보다 좋고 맹금류는 최고의 시력을 가지고 있다. 나의 안구는 작았지만 파이어의 안구는 컸기 때문에 그녀의 시야는 넓다. 그녀는 눈을 반짝일 필요가 없었다. 그녀는 눈을 뜬 채 사진을 찍고 있었다.

하지만 우리가 의사소통을 할 수 있을까? 내 얼굴에는 내가 얼마나 행복했는지 쓰여 있는 것이 틀림없다. 그러나 새의 얼굴에는 근육이 없기 때문에 새는(새들에게는 포유류 얼굴의 모든 움직임을 조금이라도 알려주는 것이 없다) 그것을 깨닫지 못할 수도 있다. 포유류와 공룡의 교차 시선으로 내가 그녀를 쳐다보고 파이어가 나를 보고 있을 때, 나는 그녀가 단지 응시하고 있다는 사실을 알고는 놀랐다. 어쩌면 그녀는 내 얼굴을 읽을 수 있었고 그녀가 나와 같은 사람과 의사소통하는 것이 가치가 있다고 생각하면서 대화를 하는 중이라고 상상할 수 있었다. 하지만 나는 그녀의 얼굴을 읽을 수 없어서 그런 상상을 하지 못했다.

포유류는 서로 쳐다보는 것을 싫어한다. 그들은 그것을 불만이나 위협으로 받아들인다. 파이어는 포유류가 아니었지만 나는 포유류여서 시선을 돌렸다. 그럼에도 불구하고, 나는 이 매에 매료되어 방금 일어난 일을 반복하기를 원했다. 그래서 내 팔을 다시 들어올렸다. 그녀는 날개를 펴고 다른 나무의 가지로 날아갔다.

그녀는 야생에서 이런 식으로 행동했을 것이다. 아마도 다른 선택이 거의 없었을 것이다. 장갑을 끼고 기다리는 사람이 아무도 없으면 그녀는 다른 나무의 가지로 날아갔을 것이고, 그녀가 관심을 가질 만한 것이 보이지 않으면 하늘로 날아갔을 것이다. 물론 그녀는 주위를 둘러볼 것이고, 다람쥐가 아직도 1.6km쯤 떨어진 곳의 나뭇잎에 있다면 그녀는 그를 볼 수 있을것이다. 매의 눈은 뇌보다 더 크며 어떤 면에서는 더 중요하다.

나는 죽은 닭을 하나 더 꺼내려고 주머니에 손을 넣었다. 내가 다시 팔을 들어올리자, 파이어는 되돌아 날아와서 그곳에 내려왔다. 그녀에게는 고기를 삼키는 순간이 매우 중요한 순간이다.

내게 중요한 순간은 그녀의 눈을 보는 순간이다. 그녀의 눈을 생각만 해도 소름이 돋는다. 이것은 내 몸이 나를 더 크게 보이기를 원한다는 것을 의미하는데 왜 그럴까? 나는 움찔하는 것처럼 보일 필요가 없었고, 그녀는 내 팔에 서 있는 것을 싫어하지 않았다.

그럼에도 불구하고, 내 마음 속 깊은 곳에는, 두려움이 아닌 작은 불꽃이 있었고, 더 작은 언제나 타오르는 봉헌 촛불 같았다. 나는 위험에 처하지 않았는데도 작은 촛불이 똑같이 깜빡거렸다. 우리 중 가장 작은 자를 죽였을 때 조상의 과거를 회상하고 있었을까? 아니면 동상의 얼굴처럼 가만히 있는 얼굴, 즉 움직이지 않는 얼굴이었을까? 아주 오랜 순간 동안 그녀는 마치 동상처럼 보였다. 하지만 아니다. 그녀는 크고 노란 부리를 가지고 있고, 작은 콧구멍이 2개 있고, 몇 km 떨어진 것을 볼 수 있고 아무것도 놓치지 않는 크고 둥근 공룡의 눈을 가진 살아 숨쉬는 매였다. 그러나 그녀는 어떻게 느꼈을까? 그녀는 나를 좋아할까? 그녀가 나를 다시 본다면 나를 알아볼까?

“제발, 가이아. 나는 포유류일 뿐이야. 다른 얼굴을 보아야만 알 수 있어. 하지만 여기 내게 아무것도 알려주지 않는 얼굴을 가진 매가 있어. 어떻게 내가 그녀를 이해할 수 있지?"라고 말하고 싶었다. 그리고 "당신과 같은 사람이 어디에도 없던 오래전에 그 얼굴을 만들었어. 그녀를 이해하지 못하는 것을 왜 내가 신경 써야 하지?"라고 가이아는 말했다.

그래서 나는 팔을 들어올렸고, 파이어는 나무로 날아갔다. 나는 등을 돌렸고, 또 다른 죽은 닭을 보고는 내 팔을 다시 들어올렸다. 크고 검은 매가 내 장갑에 발톱을 내려놓으며 그 일을 위해 죽은 병아리를 꿀꺽 삼켰다. 그러나 매는 매였고, 작은 불꽃을 느낀 나는 크게 흥분했다. 이것으로 충분하지 않을까? 내가 그녀를 이해해야 했을까?

제18장

포유류

'포유류mammal'는 유방을 뜻하는 라틴어 'mamma'에서 유래했다. 오늘날 'ma'는 종종 아기가 말하는 첫 단어여서, 'ma'와 'mamma'의 다양한 형태는 여러 나라의 언어로 '어머니'와 동의어로 표시된다. 결국 만일 당신이 소리를 내려고 입을 열면 나오는 말이 'ma'이다. 아기가 이런 행동을 하면 우리는 엄마를 찾는 것이라고 생각한다. 로마인들은 아기가 젖을 찾고 있다고 생각했을 것이다.

적어도 영어에서는 아기의 말을 로마어로 번역하는 것이 우세했고, 오늘날 '포유류'라는 단어는 동물의 유방에 있는 젖을 분비하는 분비샘을 의미한다. 그러나 유방이 없는 오리너구리와 같은 동물의 경우, 이 분비샘은 피부 밑에 있는 반점인데, 이것은 우리 조상들이 단궁류로부터 받은 선물이다. 그리고 이 분비샘들이 처음에는 조상들의 땀일 수도 있는 수분을 분비했다면, 현대의 오리너구리가 분비샘을 얻었을 무렵에는 젖을 분비했다.

유성에 의해 대멸종이 일어나기 훨씬 전에, 우리 중 젖샘을 가진 동물은(다른 말로 표현하면 포유류) 다른 방향으로 발전하고 있었다. 가장 원시적인 것으로 여겨지는 초기 그룹은 오리너구리와 가시두더지다. 다른 설명을 하기 전에, 나는 먼저 이들이 어떻게 생긴 동물인지 설명하겠다.

나는 호주에서 오리너구리를 본 적이 있다. 아니 보았다고 생각한다. 멋진 모험이라고 하고 싶지만, 내가 몇 초 동안 본 것은 빽빽하게 들어선 초목 아래 흐르는 좁은 개울에서 미끄러져 나오는 작은 유선형 같은 것이었다. '저게 무엇일까?' 나는 물가의 둑에 있는 굴속에서 잠을 자면서, 유성과 부딪쳤을 때 멀리 떨어져 있던 창조물을 연상시키는 초기 형태의 포유류를 보고 있는지도 모르고 의아해했다.

그 오리너구리는 모든 것이 불타고 있는 동안 화가 났을 것이고 며칠 동안 자신의 굴에 숨어 있었을 것이다. 오리너구리는 영양가가 높은 게를 먹기 때문에 오랫동안 먹지 않고 기다릴 수 있다. 게는 유성에 의한 대멸종에서도 살아남았다. 때가 되자 그녀는 게를 사냥하기 위해 밖으로 조심스레 나왔다. 게들은 물속에 있지 않을 때는 젖은 나뭇잎에 숨어 있는데, 이 시나리오에서는 게는 죽었고, 오리너구리는 자신의 굴속으로 돌아가 숨어 지낸다.

오리너구리 혈통이 후에 가시두더지가 되었고, 가시두더지는 캥거루와 다른 유대목 동물처럼 주머니를 가지고 있다. 이 둥글고 작은 생명체는 다섯 종이 있으며, 모두 관목 같은 환경에서 살고 있다. 짧은코가시두더지는 털에 가시가 박혀 있어 가시가 있는 축구공처럼 보인다. 짧은코가시두더지는 작은 눈 아래에 얇은 주둥이가 있는데, 흰개미 집을 수색하는 데 적합한 주둥이를 이용해 흰개미, 개미, 벌레, 다양한 종류의 곤충 애벌레를 잡아 먹는다.

오리너구리와 가시두더지는 둘 다 짝짓기를 1년에 한 번 하고, 1년에 한 번 알을 낳는다. 보통 오리너구리는 알을 2개 낳고, 가시두더지는 알을 한 개 낳는데, 가시두더지는 알을 주머니 안에 넣고 다닌다. 오리너구리는 꼬리가 유연해 그 꼬리로 알을 품는다. 알은 상당히 빠르게 부화하고, 엄마가 먹은 게는 영양이 풍부해 알이 부화할 때까지 굶어 죽지 않는다.

오리너구리와 가시두더지 둘 다 유방이 없지만, 젖샘을 가지고 있어서 포유류로 분류한다. 오리너구리의 젖샘은 그녀의 아랫배 주름에서 젖을 분비하고, 아기 오리너구리는 거기에서 그것을 핥는다. 가시두더지의 젖샘은 주머니 속에 있어서 부화할 때까지 빨아 먹을 수 있다.

가시두더지와 오리너구리는 단공류 동물로 알려져 있는데, 단공이란 그리스어에서 온 단어로 '하나의 구멍'을 의미하고 총배설강을 뜻한다. 그들은 대변이나 소변 그리고 분만을 위한 배출구가 따로 있는 우리와는 달리, 새나 파충류처럼 배출구가 하나다. 따라서 그들은 다른 포유류보다 조류나 파충류와 더 비슷하다.

화석 증거는 불충분하지만, 단공류 동물이 나타난 지 약 100만 년이 지난 후, 같은 계보의 동물(같은 부류는 아니지만)은 캥거루, 코알라, 태즈메이니아데빌과 같은 유대목('주머니' 또는 '주머니와 비슷한') 동물을 낳았고, 우리와 같은 태반 포유류도 낳았다. 우리와 같은 유형의 포유류는 단공류 동물과 무엇이 다를까? 많은 사람들이, 개인적인 경험을 통해 알 듯이, 우리 포유류는 분만할 때 알 대신 아기를 낳는다.

태반 포유류는 유대류와 다른 전략을 가지고 있다. 태반 포유류의 태반은 유대류보다 새끼를 더 오랫동안 자궁 안에 머물게 한다. 아직 태어나지 않은 포유류는 마치 어미 몸의 일부분인 것처럼 어미의 혈액으로 영양분을 공급받는다. 유대류의 새끼는 때가 되면 다 먹어 버리는 일종의 난황 물질에 의해 먹이를 공급받는다. 아마도 이런 이유로 새로 태어난 유대류는 우리에게 여전히 미성숙한 태아처럼 보인다.

이 책에서 나는 동물들이 사전 프로그래밍에 의해 계획되어 있다는 개념을 무시했는데 지금은 아니다. 내가 아는 사전 프로그래밍의 가장 좋은 예는 아기 캥거루다. 아기 캥거루는 어미에게서 나올 때를 알고 (약간 의심스러우나) 거의 그 자신이 그렇게 하는 것처럼 보인다. 어쩌면 난황 공급이 끊어져 배고파졌거나 어미가 그를 조금 쥐어 짰기 때문일 것이다. 그러나 말하자면 태어나는 순간부터 그는 이동할 준비가 되어 있어서 조숙한 태아처럼 보이더라도 육아낭을 찾을 때까지 기어올라간다. 새끼는 육아낭 안으로 들어가서 젖꼭지를 찾는다. 어미 캥거루에게 젖꼭지가 4개 있다. 새끼는 자신이 성숙해지면 다른 젖꼭지로 이동한다.

새끼는 조금 더 크면 육아낭 꼭대기에서 세상을 바라보기도 하고, 밖으로 나갔다가 의심스러운 일이 생기거나 배가 고파지면 돌아온다. 그는 어미와 함께 돌아다니면서, 무엇을 먹어야 하고 무엇을 먹지 말아야 하는지, 무엇을 두려워해야 하는지, 무엇에 도전해야 하는지를 발견하면서 세상에 대해 알게 되는 것일까? 그때까지는 자신의 사전 프로그래밍 이상으로 성장하고 있기 때문에 어미 곁을 떠날 때까지 새끼는 바깥세상으로 나갈 준비를 한다.

유대류 화석은 전 세계에서 발견되었지만 판게아 이후의 다양한 생태계로 인해 서로 다른 역사와 서로 다른 분포를 보인다. 특정 생태계에서 태반 포유류는 두 종류의 포유류가 공존하는 곳에서 유대류 동물을 능가한 것으로 생각된다. 예를 들어, 아메리카 대륙에는 몇 개 종을 가진 유대류가 한 종류(여러 종을 가진 주머니쥐) 밖에 없으나, 호주에는 수백 종을 가진 유대류가 수십 종류 있다.

유대류는 태반 포유류보다 건조한 기후에서 더 잘 산다고 하는데 호주는 대부분 건조하다. 사실 박쥐를 제외한 단공류와 유대류는 사람들이 도착하기 시작할 때까지 호주에 사는 유일한 포유류였으며, 딩고, 토끼, 사슴, 여우, 개, 고양이와 같은 태반 포유류를 더 많이 데려왔다. 여기에서 인간은 일종의 화산이나 빙하 역할을 했는데, 한 지역의 동물이 다른 지역으로 접근할 수 있게 두 지역의 육지를 연결하는 다리 역할을 했다. 새로 이주해 온 동물들은 성공의 정도는 다르겠지만 토착 동물과 경쟁했을 것이다. 새로 들어온 태반 포유류, 특히 토끼와 야생 고양이 같은 동물은 오늘날 호주 유대류에 심각한 문제를 야기했다. 그리고 딩고는 태즈메이니아늑대보다 우세하여 그들을 멸종시켰다고 생각된다. 이 같은 일이 이전에도 일어났었다. 과거, 화산활동으로 파나마 지협이 생성된 이후에, 북아메리카의 태반 포유류는 남아메리카로 이동했고, 남아메리카 유대류와의 경쟁에서 우세하여 주머니쥐만 살아남은 것으로 추정되고 있다.

오늘날에는 유대류가 150종류 이상 있다. 그들은 아메리카 지역은 물론 호주, 태즈메이니아, 파푸아뉴기니에서 볼 수 있으며, 형태와 크기가 다양하다. 호주 북부에서 온 유대목 동물인 긴꼬리플레니게일은 지금까지 발견된 포유류 중 두 번째로 작은 동물이다. 그는 길이가 5cm도 안 되며, 머리가 납작한 쥐같다. 또한 다람쥐처럼 앉고, 낮에는 풀이 많은 장소에 숨어 지내며, 밤에는 밖으로 나와 곤충과 애벌레를 잡아먹는다(이제까지 발견된 가장 작은 포유류는 태국의 뒤영벌박쥐 태반 포유류며 그 크기는 뒤영벌만 하고, 몸무게는 14g도 안 된다).

오늘날 가장 큰 유대류는 캥거루다. 보통 사람들이 좋아하는 유대류는, 아마 코알라일 것이다. 왜냐하면 그들은 귀엽기 때문이다. 그리고 태즈메이니아데빌도, 그들은 당신이 그들을 괴롭히지만 않으면 훌륭한 애완동물이 될 수 있다. 예전에 위험한 유대류는 틸라콜레오 카르니펙스*Thylacoleo carnifex*(주머니 달린 사자의 처형자)였을 것이다. 틸라콜레오 카르니펙스는 무시무시한 고양이 유형의 육식동물로 몸무게가 136kg이고, 단검 모양의 이빨을 가지고 있으며, 앞다리는 사람의 팔과 매우 비슷하고, 손가락에는 수축이 가능한 발톱이 있었다. 하지만 그들은 인간과 같이 살았던 것으로 보인다. 원주민 암벽화에서 발톱과 촘촘한 꼬리를 가지고 있는 사자 모양의 생물체를 볼 수 있다.* 이 놀라운 동물들은 아마도 4만 년 전에 멸종되었다고 생각된다. 그러나 일부 사람들은 빅풋과 네스호 괴물을 익룡의 땅에서 보았다고 주장한다.

그러나 이 유대류를 상상하는 것만으로도 재미있었다는 것은 놀라운 일이 아니다. 크고 사나운 사자 타입은 볼 만한 것이었다. 특히 작은 사나운 사자가 어미의 육아낭에서 밖을 훔쳐본다고 생각하면 더욱 그렇다. 그리고 자유자재로 움직이는 발톱을

* Peter Murray and George Chaloupka, *The Dreamtime Animals: Extinct Megafauna in Arnhem Land Rock Art*(Sydney: Oceania Publications, 2017).

상상해 보라! 지구상에 있는 수백만 마리의 동물 중 고양이와 몇몇 유형의 족제비만이 그런 발톱을 가지고 있다. 이것은 어딘가에서 유대류가 그 발톱을 독자적으로 진화시켰음을 의미한다. 수렴진화라고 하면 어떨까?

호주에 가지 않으면, 북아메리카 사람들이 볼 수 있는 유일한 유대류는 주머니쥐다. 태반 포유류는 그들이 함께 생겨난 지역에서 대부분의 모든 유대류를 압도했다. 그러나 아무도 주머니쥐를 이기거나 잡아먹는 데 크게 성공하지 못했다.

주머니쥐는 빨리 달리지 못한다. 그들은 위험한 것과 만났을 때 나무에 안전하게 있을 수 없으면 죽은 시늉을 한다. 그들은입술이 약간 젖혀져 있고, 눈꺼풀이 완전히 닫히지 않아 입술과 눈꺼풀이 죽은 것처럼 보인다. 그들은 이빨 사이에서 거품이 나오고, 항문 땀샘에서 썩은 냄새가 난다. 만약 누군가가 그들을 잡으면, 그들은 단지 매달릴 뿐이다. 실신한 상태 같다고 말할 수 있겠지만 그보다 더 나빠 보여서, 매우 설득력이 있다. 이런 행동은 포식자에게는 효과가 있지만, 오늘날 주머니쥐의 주요 약탈자인 달려오는 자동차에게는 효과가 없다.

버지니아의 한 길가에서, 내 딸과 나는 자동차에 치어 죽은 어미 주머니쥐의 시체를 본 적이 있다. 태아처럼 보이는 일곱 마리의 새끼가 모피에 달라붙어 있었다. 다섯 마리는 아직 살아 있어서 새끼들을 집에 데리고 와 모직 양말 안에 면 양말로 주머니를 만들어 넣고 밤낮으로 한 시간씩 새끼들을 꺼내 인공 고양이 우유를 점안기로 먹였다. 이런 식으로, 우리는 새끼들을 돌봤고, 처음에는 털이 없는 작은 새끼였는데, 작지만 제법 어른처럼 보이는 털이 생긴 어린 주머니쥐로 성장했다.

우리는 그들을 야생으로 돌려보내려고 했기 때문에 바깥세상에 대해 가르쳐 주려고 했다. 그러나 우리는 시범을 보여 주는 것 외에는 어미 주머니쥐가 무엇을 가르쳐 주는지 잘 몰랐고, 우리가 해 줄 수 있는 것이 아니었다. 새끼들은 위협을 느끼면 장작더미에 숨는 법을 배웠다. 그래서 우리는 잠시 동안 그들 곁을 떠나도 괜찮다고 생각했다. 그러나 우리는 여러 번 시도했지만 나무에 올라갈 수 있는 방법을 가르쳐 주지 못했다. 어느 날 개들이 그들을 발견하고는 죽여서 새끼들이 누워 있는 곳에 먹지 않은 시체로 놔두었다. 어쩌면 개가 공격하는 동안 죽은 시늉을 하려한 것 같았다. 그렇다 하더라도 어쨌든 개는 새끼들을 죽였다. 그게 아니라면 그들은 나무에 올라가면 살 수 있다는 사실을 알지 못해서 무기력하게 개를 보고만 있었던 것이 틀림없다.

우리는 그 일이 일어나는 것을 보지 못했고 개를 비난하지도 않았다. 그 개는 우리 개가 아니었고 작은 주머니쥐를 본 적도 없었다. 그는 그저 개가 하는 일을 그냥 했을 뿐이었다. 나는 새끼들을 홀로 남겨 둔 것을 자책하고 그 이후 죄책감 때문에 좌절했다. 내가 과거를 돌이켜보고 다시 생각해 봐도, 나는 똑같이 그럴 수밖에 없을 것이다.

태반 포유류에 관해서는 태반 조상과 밀접한 관련이 있는 화석이 많지만, 국제적인 과학자 연구팀은 그들의 실제 조상을 복제하기 위해 유전학, 분자 데이터, 물리적 특성에 대한 복잡한 연구를 한 끝에, 곤충을 먹으며 나무에 살고 있는 아마 땃쥐와 닮았고 그들처럼 행동하는, 꼬리가 긴 쥐 크기의 모형을 만들게 되었다. 아주 최근에 중국에서 1억 2500만 년 전의 실제 화석이 발견되었다. 그것은 땃쥐처럼 보였고, 곤충을 먹을 것 같은 이빨을 가지고 있어서 복제품은 성공적이라 할 수 있다.

대륙이 지각변동을 하면서 초기 태반 포유류는 다양해졌다. 그들은 처음에는 작았지만 더 커졌고, 오늘날에는 세계에서 가장 작은 포유류인 태국의 14g의 뒤영벌박쥐에서부터 200톤의 대왕고래에 이르기까지 4,000종 이상의 종이 존재한다. 코끼리 타입, 말 타입, 설치류 타입, 여우원숭이 타입, 물소와 소 타입, 사슴 및 영양 타입, 나무늘보 타입, 다이어울프, 검치호랑이를 포함한 많은 동물이 멸종했다. 그리고 이 모두는 당시 우리의 땃쥐 조상보다 훨씬 더 중요했다.

일부 땃쥐 타입은 지상으로 내려와 설치류와 토끼가 되었고, 나무에 머문 다른 동물은 여우원숭이, 안경원숭이, 갈라고가 되었다. 모호하기는 하지만 우리가 갈라고와 함께 또는 그들로부터 진화했다는 학설도 있다. 비록 그 이론이 매우 불확실하고 결코 확인되지는 않았지만, 나는 그들을 '원숭이 이전'을 의미하는 원원류原猿類라 불리기 때문에 믿기 어렵지만 믿는다. 그리고 어떤 면에서, 옛 원원류와 오늘날 원원류는 모두 중앙아프리카 전역의 삼림을 선호하므로 오늘날의 원원류는 옛 원원류를 닮았다. 조상으로 여겨지는 동물을 보면, 그들은 야행성이었고 현재도 야행성이며, 조류의 알과 과일을 첨가한 곤충 사료를 먹었을 것이다.

갈라고의 지류가 우리의 진화 선상에 있다고 말하는 것은 꽤 과장된 것이지만 나는 그보다 더 매력적인 동물이 없기 때문에 그들이 그 선상에 있다고 상상하고 싶다. 나는 갈라고가 근처의 나무에 살았던 북부 우간다에서 반 년 동안 야영을 한 적이 있다. 그들은 사람의 아기처럼 큰 눈을 가졌으며, 곤충, 과일, 산딸기 열매를 먹는다고 나는 배웠다. 그리고 종종 그중 한 원숭이가 말을 하곤 했다. 그 원숭이는 다른 갈라고에게 말을 했으며 근처에 있는 사람들은 누구나 원숭이의 말을 들을 수 있었다. 그것은 갈라고에게는 아주 좋은 일이다. 그들은 20가지 종류의 '의미 있는 발성(과학적 용어는 '단어'다)'을 인식한다. 보통 한 번에 하나씩 말하기 때문에 긴 문장보다는 논평처럼 들린다.

그들 중 하나가 다른 원숭이에게 대답하면, 그들의 목소리가 (우리와 같지 않다는 것을 제외하고는) 마치 두 사람이 말하는 것처럼 들린다. 두 번째로 말하는 원숭이는 대개 대답하기 전에 잠시 기다린다. 그래서 나는 갈라고가 인간처럼 무심결에 말을 하지 않고, 먼저 신중히 생각한다고 느꼈다. 내 견해로는, 그리고 내가 갈라고를 너무 좋아하기 때문에, 다른 증거나 이론이 없어도 그들이 우리 조상임을 확신한다.

우리 조상들은 징징대고 투덜대었다고 상상되지만, 그들은 그보다 더 잘했다고 확신할 수 있다. 우리는 호모 사피엔스 이외의 동물이 말할 수 있다는 것을 생각하는 것조차 싫어하지만, 돌고래에서 닭에 이르기까지 모든 동물은 이름과 같이 자신과 타인을 지칭하는 소리를 포함해서, 특정한 의미를 갖는 소리를 낸다는 것이 입증되었다. 그럼에도 불구하고 사람이 말을 할 때는 많은 동물이 갖고 있지 않은 특별한 발성 기관이 필요하다. 예를 들어, 일부 동물에게는 입술이 없다. 그러나 의미 있는 발성을 할 때 어떤 동물은 (원숭이가 그렇게 하는데) 입술을 움직인다. 이는 우리 조상도 똑같은 행동을 했음을 의미한다. 그러나 어디서 시작되었는지는 불확실하다.

말을 할 수 있는 능력을 가진 최초의 동물이 인간은 아니다. 단지 많은 단어를 처음 발명한 것뿐이다. 우리는 대부분 비교적 적은 어휘를 사용하지만 영어는 백만 단어가 넘는다. 그러나 우리가 알고 있거나 사용하는 단어가 아무리 많아도, 우리는 지금까지 의미 있는 단어를 자주 그리고 아주 많이 사용하는 유일한 동물이다. 우리 중 많은 사람들은 단어로 생각하며, 확실한 증거는 없지만 동물은 이미지로 생각하는 것 같다고 추정하는 것이 합리적이다. 하지만 아무도 모른다. 동물들은 항상 생각한다. 그러나 우리가 반려견과 반려묘와 아무리 가까워도, 그들이 무슨 생각을 하는지 전혀 모른다. 그러나 확실한 것은 동물이 의사소통을 단어로 하는 것은 아니라는 점이다.

이 논의에 영감을 불어넣은 원원류에 관해서 말하자면, 초기 원원류는 여러 동물로 분화되었다. 일부는 여우원숭이나 그와 같은 것이 되었고, 다른 일부는 원숭이가 되었다.

제19장

원숭이에서 미싱 링크까지

독자들은 작가가 그녀 타입으로 방향을 바꾸고 있음을 알아챘을 것이다. 그녀는 자기 도취적이고, 맘에 들지 않는 것처럼 보이며, 나쁜 것이라고 말할 만한 것을 찾을 수 없다. 그러나 결국 그녀도 그들 중 하나다. 또한 그녀는 영장류며 그녀의 조상을, 특히 원숭이를 존경한다. 그들은 남아시아에서 시작되어 유럽을 통해 아프리카로 이주했다. 그곳에서 몇몇은 바다를 건너 아메리카 대륙으로 갔는데, 나는 이것이 자연사에서 가장 놀라운 사건 중 하나라고 생각한다. 작가는 대서양을 서쪽에서 동쪽으로 건너갔지만 그녀는 배 안에 있었고, 오늘날 지구상에 있는 어느 누구도 이 원숭이들과 같은 경험을 하지 못했기 때문에 우리 이야기는 이 원숭이로부터 시작해야 한다.

세계의 많은 물이 얼음으로 변해 있을 때 대서양의 얕은 부분에 육지가 나타났다고 주장하는 학설이 있다. 하지만 다른 사람들은 육지가 존재하지 않았다고 말한다. 그래서 4000만 년 전쯤에 일부 원숭이들이 떠다니는 잔해 더미를 타고 바다를 건넜다는 호의적인 이론이 있다. 그 잔해는 아프리카 강 중 한 곳으로 내려가는 삼림의 것이었고, 잔해들이 쌓여 댐을 만들었다. 더 많은 잔해가 떠 내려와 매년 더 커졌고, 작은 설치류와 곤충이 그 안에서 집을 발견했을 수도 있다. 만일 그렇다면, 폭우가 내려 서서히 움직이는 강이 격류로 바뀌자 그들은 거주자들과 함께 그 잔해더미에 휩쓸려 바다로 흘러갔을 것이다. 몇몇 원숭이는 그때 그 더미에 있었다. 아마도 쓰러진 초목에서 열매와 씨앗을 찾고 있었을 것이다.

당시에도 해류는 지금처럼 동쪽에서 서쪽으로, 오른쪽 방향으로 이동했는데, 대서양은 오늘날처럼 크지 않았다. 그렇다고 하더라도 긴 여정이었을 것이다. 원숭이들이 어떻게 물을 찾아냈는지 궁금해하는 사람도 있다. 그들은 삼림에서 씨앗과 곤충을 발견할 수는 있었지만 해수를 마실 수는 없었다. 다행히 비가 내렸을 것이다. 신세계에 들어서자 그들은 네 종류의 신세계원숭이(광비원류)로 분리되었고 그 이후에 100종 이상의 종으로 분리되었다.

한편 아프리카나 동남아시아에서는 긴팔원숭이가 출현하여 꼬리가 없는 최초의 원숭이 유형인 원숭이 계보가 시작되었다.

그들의 두개골과 치아는 유인원의 두개골과 비슷하며, 목소리는 아주 커서 문자 그대로 약 1.6km 떨어진 곳에서도 들을 수 있었다.

그들 목소리의 특별한 힘을 제외한 모든 것이 유인원에게 전해졌다. 그중 첫 번째는 약 1400만 년 전에 아시아에 나타난 오랑우탄이다. 그다음으로 분리된 것은 고릴라였는데, 고릴라는 아프리카에 출현한 지 약 600만 년이 지난 후에 그들과 분리되어 침팬지가 되었다.

침팬지와 보노보는 혈연관계가 매우 깊어 콩고강 양쪽에 100만~200만 년 간격으로 생성된 2개의 아종이라 할 수 있다. 그 무리와는 멀어진 우리 조상은 보노보처럼 보였지만 다리와 어깨는 지금의 우리와 비슷했다. 그리고 그의 발에는 몸무게를 지탱하는 넓은 발뒤꿈치가 있었다. 이것은 그가 자주 똑바로 서 있었음을 의미한다. 그러나 완전히 뒷다리로 걷는 동물은 아니었다. 그의 큰 발가락은 나무를 오를 때 나뭇가지를 잡는 엄지손가락과 같았다.

왜 그는 서서 걸었을까? 그는 먹이를 땅에서 발견했음이 틀림없다. 또한 아마도 네 발로 내려갔을 때보다 서 있었을 때가 경쟁자보다 더 커 보이고, 따라서 더 무서워 보였기 때문일 것이다. 또한 서 있을 때 더 멀리 볼 수 있었다. 하지만 그는 여전히 나무 위에 사는 것에 능숙했고, 포식자, 특히 그들과 같이 살던 대형 사자와 다른 거대한 고양잇과 동물들로부터 보호하기 위해 나무에서 잠을 잤을 것이다.

왜 이 방법이 큰 고양잇과 동물도 작은 고양잇과 동물처럼 나무를 오르는 데 도움이 되었을까? 고양이가 나무를 기어오르는 것을 보면 앞발 하나만 자유롭게 무언가를 당길 수 있고, 다른 발은 나무에 달라붙어 있다. 땅바닥에서 사냥을 하고, 뒤에서 덮치고, 먹잇감에게 뛰어오르고, 목을 물기에 더 좋다.

다음은 다음에 일어난 일에 대한 미완성의 간략한 설명으로 아직 연구가 진행 중이다. 새로운 것이 발견되면 자료가 수정되고 화석이 재검토되기 때문에 그림도 가끔 바뀐다. 또한 많은 화석들은 마치 모두가 다른 종인 것처럼 명명되었는데, 여러 곳에서 발견되어 여러 형태의 모양과 크기로 나타나는 현대인을 고려하면 혼란스러울 수 있다. 내 화석이 한때 뉴햄프셔였던 곳에서 발견된다면, 에어즈록 근처에서 발견된 호주 축구 영웅의 화석과 같은 이름을 얻지 못할 수도 있다는 것이다. 나는 호모 노팅무쿠스*Homo nothingmuchus*가 될 수도 있고, 그는 호모 파불로피티쿠스*Homo fabulopithicus*가 될 수도 있다.*

흥미롭게도 다른 유인원 계보의 화석은 다소 변했지만 우리만큼 변하지는 않았다. 이것은 설명하기 어려운 일인 듯하다. 우

* 인류의 조상인 사람속(*Homo*)에 속하는 원시인은 그들의 활동 시기나 장소에 따라 다르게 명명되는데 이책의 저자는 그 점을 설명하기 위해 공식 용어가 아닌 '호모 노팅무쿠스'나 '호모 파불로피티쿠스'라는 용어를 사용한다.

리 조상들은 왜 땅에서 살기 위해 평생 동안 스스로 변화를 꾀했을까? 털이 없는 피부는 모기와 햇볕에 노출되고, 두 다리로는 네 다리보다 더 빨리 달릴 수 없으므로 포식자에게 자신을 노출시킬 수 있다.

여러 이론이 있지만 나는 이 질문에 대한 답을 모른다. 예를 들어, 빙하시대에는 세계의 많은 물이 얼음이 되었고 비가 부족했으며 나무는 말라죽었다. 나무 사이에 공간이 엄청 커져서 우리는 나무 사이를 이동하지 못하고 땅에서 살아야 했다. 하지만 개코원숭이들도 우리처럼 나무를 떠나 사바나를 향해 갔다. 그것이 이유라면, 기후변화가 그들에게도 적용되었지만 그들은 털과 체형을 유지했다.

엄지손가락을 다리에 올려놓을 수 있는 최초의 원시인은 그때쯤이면 뒷다리로 걸을 수 있는 진화적 후손을 가졌을 수도 있다. 그가 750만 년 전의 그의 화석은 사헬이라고 알려진 사막 같은 지역인 차드 공화국에서 발견되었다. 그래서 사헬란트로푸스 차덴시스*Sahelanthropus tchadensis*(사헬 지역의 차드 호수에서 온 사람)라는 이름이 붙었다. 다른 화석들은 그와 아주 비슷하지만 100만 년 이상 지난 이후부터 케냐의 숲이 우거진 투겐 힐즈Tugen Hills에서 발견되었다. 100만 년 동안 화석이 된 사람들은 사헬란트로푸스 차덴시스에서 진화한 것이 틀림없지만, 그들의 새로운 분류학적 이름은 오로린 투게넨시스*Orrorin tugenensis*(투겐 출신의 토착민)이며 그들을 밀레니엄 맨Millennium Man이라고 한다.

'원시인caveman'과 '호모 사피엔스'에서와 같이 모든 조상은 '남자man' 또는 '호모'라는 이름을 가지고 있다. 왜냐하면 많은 사람들의 눈에는 가사일을 제외한 모든 주요한 일을 남성이 했기 때문이다. 그러나 첫 번째 '남자' 화석인 '밀레니엄 맨'은 아주 공정한 명칭이다.

오로린 투게넨시스는 키가 약 91cm고 몸무게가 약 18kg이었는데, 이는 대략 보노보 크기지만 체형은 땅에서 사는 데에 적합했다. 머리 화석을 보면 네 발로 걷는 사람들의 머리보다 목 위에 더 똑바로 있다. 이 원시 인간은 숲에서뿐만 아니라 그 지역의 넓은 초원에 살았으며, 이는 그들이 조상만큼 나무에 의존하지 않았음을 알려준다.

지금까지 고양잇과 동물들은, 오늘날의 사자보다 더 크고 우리 종족을 잡아먹는 사자 타입을 생산하면서 진화해 왔다. 그들과 우리의 관계는 얼룩다람쥐와 캐나다스라소니의 관계와 같았을 것이다. 그렇기에 우리 조상은 대부분 땅에서 잠을 자지는 않았을 것이다. 따라서 나는 초원에 사는 우리 조상이 어떻게 잘 지냈는지 궁금하다.

개코원숭이는 잘 살아왔다. 그들은 사바나 환경을 좋아하고, 나무가 있는 지역을 찾지 못하면 포식자가 그들을 잡기 위해 올라와야 하는 절벽이나 높은 바위가 많은 곳을 찾았다. 우리 조상들도 똑같이 했을까?

고양잇과 동물이 작은 산이나 암벽을 올라가는 데에는 우리보다 시간이 더 걸린다. 고양잇과 동물들은 등반할 때 뛰지도 못하고, 다른 동물의 눈에 띄기도 한다. 당신 일행의 누군가가 그를 볼 것이다. 모두 소리 지르고 돌을 던지고 위협할 수도 있다. 아니면, 사방팔방으로 흩어져 도망 칠 수도 있다. 그가 그 일원 중 누군가를 붙잡더라도, 나머지는 도망갈 것이다.

밀레니엄 맨은 약 580만 년 전에 사라졌는데, 이는 그 종류의 사람이 200만 년 동안(즉, 우리 종족이 이곳에서 살아온 것보다 80% 더 오래 살았다) 살아남았음을 의미한다. 그 기간 동안 그들은 멸실환, 즉 '미싱 링크'로 인간과 유인원 사이로 보이는 오스트랄로피테쿠스*Australopithecus*로 변형되었다.

제20장

호모 사피엔스와의 경계선

학술적 우월의식 때문에, 오스트랄로피테쿠스는 세상에 알려지지 않았을 수도 있었다. 이 계보의 첫 번째 구성원은 1924년에 남아프리카 타웅Taung 마을에서 발견되었으며, 레이먼드 다트Raymond Dart라는 호주 과학자는 그 중요성을 인식했다. 이 화석은 성별이 알려지지 않았지만 여성으로 추정되는 세 살짜리 아이의 화석이었다. 인터넷 기사를 보면 나중에 언급될 유명한 루시와 이 여자 아이를 혼란스럽게 만든다. 이 오스트랄로피테신류australopithecine의 성인 여성은 오늘날 탄자니아에서 커다란 고양잇과 동물에게 분명히 살해당했다. 타웅 아이는 독수리에게 살해당했고, '아프리카에서 온 남부 유인원'이라는 뜻의 오스트랄로피테쿠스 아파렌시스*Australopithecus afarensis*라고 명명되었다.

다트는 고고학을 연구하던 동료에게서 받은 다른 화석을 담은 상자에서 화석이 된 두개골을 발견했다. 다트가 두개골을 검사했을 때, 그는 다른 영장류의 뇌보다 이 화석의 뇌가 더 커서 두개골이 거의 인간임을 깨달았다. 이 화석은 최초로 발견된 인간 화석이었고, 그는 그 사실을 과학계에 발표했다.

당시 그는 남아프리카에 있는 요하네스버그 위트 워터스란드 대학에서 해부학을 가르치고 있었고 고생물학 박사학위를 가진 호주인이었다. 영국의 학자들은 그가 미싱 링크만큼 중요한 것을 찾기에는 너무 하찮은 존재라고 생각하여 누군가가 그의 발표를 진지하게 받아들이기까지 20년이나 걸렸다.

하지만 마침내 그의 발견은 인정받았고, 나는 그 직후에 그를 만났다. 그는 우리 부모님의 친구였고, 나는 그가 훌륭하고 유별나게 좋은 분이라고 생각했다. 그래서 그의 발견이 인정받지 못했다는 사실에 분개했고, 그를 경멸한 영국 학자들에 대한 복수심에 찬 분석을 반복할 수밖에 없었다.

나는 "그들이 가지고 있는 허영심과 같은 것은 뇌의 반응 영역에 존재하는 시냅스를 손상시켜 뇌의 반응 속도를 상당히 늦추는데, 이는 오직 자연도태에 의해서만 변화될 수 있다."고 들었다.

우리는 영국의 학자들이 자연도태를 통해 변화되기를 간절히 바랄 뿐이다.

마침내 다트의 발견이 인정받았을 때, 그것은 매우 중요한 것으로 인식되었다. 우선 당시에는 우리 종족이 아시아에서 시작되었다고 생각하고 있었다. 타웅 아이는 남아프리카의 칼라하리 사막 가장자리 근처에서 발견되었으며, 그곳에서 그녀는 280만 년 전에 살해당했다. 그후 다른 오스트랄로피테신류의 화석이 발견되었는데, 그들은 아마 400만 년 전에 나타난 것으로 보이며, 아프리카의 동쪽을 가로질러 퍼져 6개의 다른 종(또는 아종)으로 갈라진 것 같다. 그들은 해안 지역에서부터 대륙 중앙선까지 도달한 듯하며, 홍해에서 희망봉까지 퍼져 나간 것으로 보인다.

대략 370만 년 전에, 오스트랄로피테신류인 것으로 생각된 이 사람족hominin 중 둘은 현재 탄자니아에 흔적을 남겼다. 그들은 유명한 고인류학자 루이스 리키Louis Leakey의 아내 매리 루키Mary Leakey가 발견했다. 그들의 복제품은 그것을 만든 사람들이 걸어 다니던 곳 근처에 있는 탄자니아의 래톨리Laetoli 박물관에 있다. 실제 발자국은 안전을 위해 비밀 장소에 묻혀 있다고 그 박물관을 방문했을 때 들었다.

그러나 그 복제품 역시 흥미롭다. 두 개의 긴 선, 즉 하나는 큰 발로 만들어졌고 다른 하나는 더 작은 발로 만들어졌으며, 두 사람이 '서로 팔짱을 끼고 있는' 것처럼 매우 가깝게 긴 발자국을 만들었다. 내가 보기에는 발이 작은 사람이 약간 뒤쪽에서, 약간 왼쪽으로 따라갔을 가능성이 높아 보인다. 미접촉 수렵채집인의 경험을 통해, (나중에 이야기하겠지만) 나는 그들이 항상 한 줄로 걷고 박물관에 있는 것과 같은 발자국을 남기며 그들은 두 팔로 서로 끌어안는 일이 없었다는 것을, 이유는 모르겠지만 알아챘다. 직접 해보면 알겠지만, 아마 길 위에 서 있으면 할 수 있겠지만, 고르지 않은 땅에서 한다면 반드시 넘어질 것이다. 그럼에도 불구하고, 걷는 동안 다른 사람을 팔로 감는 것은 현대식 같아 보이며, 인도人道에서만 안전하게 할 수 있다. 그렇다고 해서 과거에 그런 일이 일어나지 않았다는 뜻은 아니다.

유명한 루시는 오스트랄로피테신류다. 그녀는 발자국을 만든 두 사람이 죽은 지 약 3,000년 후 사망했으며, 키가 약 122cm고 몸무게가 약 27kg인 근면한 여성이었다. 그녀는 아이가 있으면 자신과 아이들을 위해 음식을 찾는 데 며칠을 보냈고, 그녀가 아이가 없으면 공동 아내의 아이를 위한 음식을 찾는 데 시간을 보냈다. 오스트랄로피테신류는 고릴라 체제하에서 살았다는 이론도 있다. 따라서 여러 여성 고릴라와 그들의 아이들이 가장 격인 남성 고릴라와 함께 살았다고 할 수 있다.

루시는 사자와 비슷한 커다란 고양이, 아마도 디노펠리스 *Dinofelis*(무시무시한 고양이)라고 알려진 끔찍한 거인 고양이에게 살해당했다. 아마도 그녀가 쪼그려 앉아, 식용 덩이줄기를 파내려고 애쓰고 있는 동안 그녀를 뒤에서 잡아챘을 것이다. 그녀는 쪼그리고 앉으면 위험하다는 것을 알고 있었지만 덩이줄기가 필요하면 선택의 여지가 없었을 것이다. 뼈에 흩어져 있는 이빨 자국으로 보아 사자 타입의 긴 이빨은 그녀의 골반을 관통한 것 같다. 나는 그런 일이 벌어지기 전에 그녀가 죽었길 바란다.

사람상과hominid(우리를 포함한 유인원)와 사람족(인간 형태의 우리 조상의 한 부류)이 널리 흩어져 자신의 환경에 맞는 다양한 방식으로 변모한다는 사실을 기억해야 한다. 우리는 조상들을 한 번에 하나씩 등장하는 것처럼 묘사하는 경향이 있다. 왜냐하면 우리는 다른 유인원과는 (우리가 보면) 분명히 다른 점이 있다고 생각하기 때문이다. 그러나 실제로는 여러 종류의 원시 인간이 함께 존재했을 것이다. 그래서 초기 인간형을 생각할 때에는 여러 종류의 동물이 있었고, 각각의 동물은 서로 다른 종을 가지고 있었고, 그중 많은 동물은 같은 장소에서 같은 시기에 살았다는 것을 생각하면 도움이 된다. 예를 들어, 퓨마, 스라소니, 살쾡이는 항상 동일한 생태계가 아니더라도 같은 지역에 산다. 여우와 코요테는 같은 삼림에 살고, 자칼과 아프리카들개는 같은 사바나에 산다. 모든 종류의 동물이 그렇게 살았으며, 우리 종족도 그랬다.

200만 년 전, 루시 유형의 사람이 사라지고 있을 때, 호모 하빌리스*Homo habilis*(손재주가 있는 사람)가 현재 탄자니아인 올두바이 조지Olduvai Gorge 지역에 등장했는데, 이는 사람속 중 첫 번째 중 하나다. 잘 알려지지 않은 사람족인 호모 루돌펜시스*Homo rudolfensis*(루돌프 호수에서 온 사람)가 얼마 후에 지금의 탄자니아에 나타났다. 그의 이빨이 호모 하빌리스의 이빨과는 다른 것으로 보아 서로 다른 음식을 먹었고, 다른 종류의 생태계에서 살았던 것 같지만 아마도 서로 알고 있었을 것이다.

호모 하빌리스의 조상은 또한 호모 에렉투스*Homo erectus*(직립원인)가 되었다. 인간의 관점에서 보면 이 사람족은 상당한 능력이 있었다. 호모 하빌리스는 석기石器를 만들었다. 올두바이 조지에서 수천 개의 석기가 발견되었는데, 아마도 그의 최근 조상이 이미 그중 몇 가지를 만들지 않은 한, 인류의 조상이 만든 첫 번째 도구일 것이다. 많은 석기가 발견되어서 원인들이 사업을 한 것처럼 보였다. 그럼에도 불구하고, 호모 에렉투스는 첫 번째 돌 손도끼를 만든 것으로 인정받고 있으며, 또한 불을 처음으로 사용했다고 알려져 있다. 그들의 후손인 우리가 계속 사용하고 있지만 이미 우리 조상은 불을 발명했다. 우리가 도구를 사용하는 유일한 동물은 아니다. 그러나 유용한 물체를 찾는 대신 도구를 만들었다(어떤 동물은 찾아낸 물체를 변형하지만). 그리고 우리는 불을 사용하는 유일한 동물이다.

호모 에렉투스는 우리의 눈에 띄는 조상으로 간주될 수 있다. 오스트랄로피테쿠스와 호모 하빌리스처럼 그의 종족은 동아프리카에서 처음 등장했고, 아주 성공적이어서 1만 세기 동안(우리보다 9배나 더 오래 존재) 아프리카를 넘어 유라시아로 흩어지면서 바뀌었다. 아마도 과거 이 기간을 진화론적으로 살펴보는 가장 좋은 방법은 나중에 바뀐 일부 종을 다른 종으로 보지 않고,

항상 진화하는 호모 에렉투스의 형태로 보는 것이다. (일부 분류학적 이름에서는 그것을 암시하는데) 결국, 이 사람족은 우리와 직결된다.

호모 에렉투스는 똑바로 설 수 있었다. 그렇지 않았다면 그들은 다른 이름으로 불렸을 것이다. 호모 에렉투스 남자들은 키가 컸고, 그중 몇 명은 약 183cm였다. 그러나 여성들은 더 작았다. 아마도 키가 약 152cm였을 것이다. 남자가 키가 크고 여자는 중간 정도인 것은 그들의 분파인 우리를 포함하여 유인원에게는 아주 정상이다.

한 이론에 따르면, 호모 에렉투스의 화석과 관련된 특정 동물 화석이 있다는 것은 그 남자들이 영양을 쓰러뜨렸다는 것을 말해 준다고 한다. 당신은 폐가 깊고 보폭이 길기 때문에 당신이 크면 클수록 이것을 더 잘할 수 있다. 그러나 그들을 도운 것은 크기가 아니라 결단력이었다. 호모 에렉투스의 일부 자손이 그것을 계속 실천했다면 문제의 후손은 우리 인간 중 첫 번째 인간으로 영양을 쓰러뜨리는 산족San, 즉 칼라하리의 부시먼이었을 것이다. 산족 남성은 키가 152cm도 안 되고 여성보다 조금 더 크기 때문에, 이 일을 하기 위해 꼭 필요한 것은 지구력이었다.

여러 유형의 인간이, 즉 호모 에렉투스나 호모 하빌리스 그리고 다른 유형이 존재했고, (어느 시점에서 아마 10만 년 전이나 그보다 훨씬 더 이전으로 생각되는데) 일부 호모 하빌리스 유형이 바다를 건너 인도네시아 연안의 화산섬 플로레스로 가게 되었을 것이다. 그들이 어떻게 바다를 건너갔는지는 알려지지 않았으며(떠다니는 잔해 이론을 생각하면 된다), 일단 거기에 가면 다른 인간 타입처럼 체격이 커지지 않았고 섬사람이 그렇듯이 작아질 수 있다. 그들의 후손인 호모 플로레시엔시스*Homo floresiensis*(플로레스에서 온 남자)는 키가 91~121cm 정도였고 몸무게는 23kg 정도였다. 밀레니엄 맨보다 약간 컸고 호모 하빌리스보다는 조금 작았다.

멸종된 코끼리 종인 스테고돈stegodon도 플로레스섬에 살았으며 적어도 코끼리로서는 작았다. 그리고 이것이 진화의 흥미로운 장난이지만, 섬에 사는 종은 작아지는 경향이 있으므로 독특한 것이 아니다. 그 이유는 명백하지는 않지만 음식이 많지 않고 포식자도 적었기 때문일 수 있다. 주변 환경이 작을수록 얻을 수 있는 식량이 적고, 몸이 작을수록 필요한 음식의 양도 적어진다. 우리 중에서 아주 적은 양의 음식을 먹고도 더 커질 수 있는 사람이 있지 않은 한 우리는 작을 수밖에 없다. 그것은 동물계에서 흔히 있는 '내성 왜소증'으로 알려져 있다.

이 작은 사람들은 5만 년 동안 평온하게 잘 살았다. 그러고 나서 화산이 분출했기 때문일 수도 있고(한 가지 이론이다), 우리 종족이 플로레스섬에 도착해서 그들을 제거했기 때문일 수도 있는데(또 다른 이론이다), 그들은 사라졌다. 이런 일이 일어나지 않았다면, 사람속은 지금 두 종이 되고 우리가 그들을 알았을지도 모른다. 하지만 오늘날 그 작은 사람들이 여기에 있었다면 우리는 다른 영장류의 친척들과 마찬가지로 그들에게 두려운 존재일 수 있다. 우리는 다른 모든 것을 먹는다. (유인원은 특정 고급 아프리카 레스토랑에서 제공되는, 선호하는 야생동물고기의 형태므로) 아마도 우리는 그들을 먹었을지도 모른다. 우리가 그렇게 하지 않았더라도, 우리는 이미 그들을 '난장이'라고 부르며, 그들을 우리에 넣어 동물원에 가두어 두고 그들을 조롱하고 그들에게 땅콩을 던지며 재미삼아 보았을 것이다. 우리는 분명히 그들의 섬을 빼앗았을 것이다. 확실히 우리가 원하는 뭔가가 있을 것이다.

본토에 있는 호모 에렉투스에 관해서, 사람들은 그들의 사회적 구성에 대해 궁금해한다. 그들은 침팬지 같은 대규모 그룹이나 보노보 같은 중간 규모 그룹 또는 고릴라 같은 소규모 그룹으로 거주했을까? 오랑우탄같이 무리를 이루지 않은 채 독립적으로 살지는 않았을 것이다. 그들은 사회적 동물이었고 나이 든 사람이나 병이 들거나 약한 사람을 돌보아야 한다고 생각했다. 그들은 또한 '표현력이 풍부한 발성'을 했다고 여겨진다. 다시 말해, 그들은 대화를 했을 것이다. 물론 그랬다. 많은 동물들이 말을 하는데, 그들이 말을 하지 못했을 리 없지 않겠는가?

우리는 그들이 석기를 만들고 불을 이해했다는 것을 알고 있다. 적어도 100만 년 전에 호모 에렉투스가 번개로 들불이 일면 마른 나뭇가지에 불을 붙이고 다른 곳으로 그 불을 가지고 가서 다른 것에 불을 붙일 수 있음을 깨달았을 때 사용되었을 것이다.

불은 땅에 살았던 사람들에게 특히 유용했으며 종종 포식자를 낙담시켰다. 이 이론은 아마도 건물에 살고, 당시의 포식자가 지금 포식자와 비슷했다면 그들 또한 불을 이해했을 것이며, 특히 캠프파이어와 같은 작고 담긴 불은 그들이 그것을 피할 수 있음을 알았기 때문에 무관심했을 것이라는 사실을 모르는 사람들에 의해 형성되었을 것이다. 그렇더라도 당신이 포식자에게 불타는 가지를 흔든다면, 그들은 뒤로 물러설 것이다.

호모 에렉투스 조상들은 불을 피우는 방법을 알기 훨씬 전부터 번개와 들불에 의존하여 불을 피우고 불을 사용했다. 불을 피우는 것은 일단 방법을 알면 비교적 쉬운데, 사람들은 왜 그렇게 오래 걸렸을까? 그러나 불을 계속 타게 할 수 있다면 불을 피울 필요가 없었을 것이다.

나중에 산족은 불을 피우는 데 아무런 문제가 없었음에도 불구하고 불타는 가지를 사용하여 다른 불을 지피기 시작했다. 하지만 불이 붙기까지 5~6분 정도 걸릴 수 있다. 불타는 석탄을 가까이 두면 더 쉽게 할 수 있다. 산족 가운데에는 몇 달이 지나서야 새로운 불을 지피기 시작했는데(사람들이 여행을 하거나 새로운 야영지로 이동할 때만), 그 불은 안에 부싯깃 뭉치를 넣고, 다리로 누르면서 고정된 암 막대기 구멍에 수 막대기를 꽂고 빙빙 돌려서 피우는 것이다. 두 사람이 빙빙 돌리면 더 빨리 피울 수 있는데, 항상 시간이 오래 걸렸다.

아마도 불을 다룰 수 있는 것은 인류가 만든 가장 중요한 발견이었을 것이다. 우리는 그러한 기술적 발전을 실험실에서 과학자들이 연구한 작품이라고 생각하지만, 이건 나무 밑에서 남자가 쭈그려 앉아서 만든 것이다. 어쩌면 돌이 떨어져 다른 돌과 부딪힐 때 불꽃이 나는 것을 보고는 그 가능성을 생각했을지도 모른다. 어쩌면 그는 아무 생각 없이 다른 막대기에 대고 막대기를 빙빙 돌리면 연기가 나는 것을 보았을 것이다. 우리는 그러한 발견이 남성에 의해 이루어졌다고 추측하지만, 그것을 뒷받침해 주는 것은 없다. 여성이 발견했을 수도 있다.

아프리카 종들을 시작으로 호모 에렉투스는 대부분 아프리카에 머물렀다. 하지만 그들 중 일부는(확실히 북아프리카의 사람들은) 중동으로, 그러고 나서 유라시아를 가로질러 이동했다. 그들의 화석은 유럽에서 인도와 중국까지 전 지역에서 발견된다. 유명한 베이징원인은 호모 에렉투스였다. 베이징원인은 아마도 75만 년 전에 중국에 살았을 것이다.

우리는 그러한 이동이 목적이 있는 이주라고 상상하지만 일반적으로는 그렇지 않았다. 안전하다고 느끼고 식량이 넉넉하다면, 이동할 이유가 없었을 것이다. 인구 과잉이 유일한 동기일 수도 있으나, 자연계에서 흔하게 발생하는 문제는 아니며, 어쩔 수 없는 일이 생겼기 때문일 수도 있다.

어쩌면 물이 사라졌을지도 모른다. 어쩌면 식량 공급이 줄어들거나, 포식자 수가 더 많아지거나, 새로운 포식자가 왔거나,

우리와 동종의 무리가 우리를 위협했을지도 모른다. 그런 일이 일어났을 때의 반응은 이동하는 것이었지만, 이동해야 했던 거리보다 더 멀리 간 것은 아니었다. 우리의 생존은 특정 영역에 대한 지식에 달려 있다. 예를 들어, 사바나에서 삼림으로 이동하는 것처럼 다른 종류의 장소로 이동하는 것은(선택의 여지가 없었다면) 우리가 받아들여야만 하는 주요한 도전이었을 것이다. 그리고 그때도 대담하게 행진하기보다는 새로운 환경으로 천천히 이동했을 것이다. 이것이 우리가 다른 대륙으로 이주하는 데 수천 년이 걸렸고 여러 세대에 의해 달성된 이유다. 이주하는 사람들이 일 년에 단지 6km만 움직였다 하더라도 그들이 전 세계로 가는 데 6,000년 이상 걸리지 않았을 것이다. 그러나 사람들은 대부분 중동에 도달하는 데에도 이보다 더 오래 걸렸다.

호모 에렉투스가 퍼져 나가는 데 시간이 오래 걸렸으므로 다양한 장소에서 이 호모 또는 저 호모로 바뀌었다. 아프리카 형태 중 하나인 호모 이달투*Homo idaltu*(첫 번째로 태어난 인간)*는 초기 형태의 현재 존재하는 사람인 호모 사피엔스인 것으로 보인다.

또 다른 유형인 호모 헤이델베르겐시스*Homo heidelbergensis*(하이델베르그 출신의 남자)는 유라시아에 출현하여 네안데르탈인(네안데르 계곡 출신)이 되었을 수도 있다. 하지만 호모 이달투와 호모 헤이델베르겐시스는 거의 호모 에렉투스였다. 왜냐하면 우리와

* 에티오피아 언어 사호 아파(Saho-Afar)에서 옴.

네안데르탈인에게 전달된 DNA는 0.12%밖에 차이가 없기 때문이다. 이것은 아프리카와 유라시아 종의 차이가 사자와 호랑이의 차이처럼 큰 차이가 아님을 의미한다. 이 고양이류는 교미와 번식이 가능한 새끼를 낳을 수 있으며, 호모 사피엔스와 네안데르탈인도 그렇게 할 수 있었다. 호모 사피엔스는 아프리카에서 시작했고, 우리는 대부분 거기에 머물렀다. 그러나 우리는 거의 모든 종이 그렇듯이 이동했다. 그 시기는, 학설이 여럿이라 불확실하지만 약 4만 년 전의 일이며, 일부 학설에 따르면 소수의 호모 사피엔스가(아마도 150명이 넘지 않은 인원이) 한꺼번에는 아니지만 호모 에렉투스 조상들이 이전에 했던 것처럼 서아시아로 갔다. 우리는 거기에서 천천히 북쪽으로 퍼졌고, 유럽에서 네안데르탈인을 만났다.

제21장

네안데르탈인

네안데르탈인과 우리는 진화학적으로 볼 때 사촌이라고 할 수도 있지만, 지금의 유럽에 도착한 후에도 그들과 접촉했는지에 대해서는 불확실하다. 우리는 가끔 그들과 잘 지내지 못했고, 그들의 멸종에 책임이 있다고 들었다. 그러나 그것은 싸움에 깊이 관여하고 있으며 대부분의 생명체가 항상 싸워 왔기 때문인 것 같다. 티라노사우루스, 테라토포네우스, 리트로낙스, 틸라콜레오 카르니펙스, 디노펠리스*Dinofelis* 사자 타입, '무시무시한 고양이' 등에 의해 점령된 '무시무시한 도마뱀'인 공룡의 전쟁터를 가정해 보자. 우리는 우리가 하는 노력에 '싸운다'라는 단어를 사용한다. 우리는 암, 범죄, 기후변화와 싸운다. 그리고 우리는 육체적인 싸움도 쉽게 한다. 이 글을 쓸 당시 콜롬비아, 온두라스, 멕시코에서의 마약 전쟁은 말할 것도 없고, 아프가니스탄, 바레인, 발리, 이라크, 이스라엘과 가자 지구, 리비아, 나이지리아, 파키스탄, 소말리아, 수단, 시리아, 우크라이나, 예멘, 자이레가 전쟁 중이다.

따라서 우리는 두 집단이 충돌할 때 적대감을 느끼는 경향이 있다. 예를 들어, 바이킹은 강간하고 약탈하며 영국의 해안을 휩쓸었을 것으로 추정되며, 잘 되었을 때 많은 사람들이 결혼하고 정착했기 때문에 영국인이 금발이 되었다. 바이킹이 영국인에게 그랬듯이, 우리는 네안데르탈인에게 그렇게 해왔을 수도 있지만 그렇게 무섭게 하지는 않았을 것이다. 우리는 별개의 두 시간대에 대해 이야기하고 있다. 물론 이것은 단지 비교를 위한 것으로, 바이킹의 배가 영국 해안에 출현했을 때, 그 배에는 몇 달 동안 여자를 보지 못한 40~50명의 건장한 체구의 남자들이 타고 있었다. 반면에 우리가 네안데르탈인의 땅에 나타났을 때, (우리가 지금의 산족과 비슷했다면) 우리는 잘 적응하고 강했지만 키가 작고 가벼웠을 것이며, 여성과 아이들이 있는 남자로 구성된 가족 단위로 걸어 왔을 것이다.

네안데르탈인은 키가 크지 않아 168cm 정도였지만, 몸집은 컸으며, 근육질이라 몸무게가 82kg 정도 되었다. 그들은 동굴사자와 두 종류의 거인 곰을 상대할 수 있을 정도였으므로 호모 사피엔스 몇 명이 많은 문제를 일으켰다고는 상상하기 어렵다. 처음에는 우리보다 네안데르탈인이 분명히 더 많았다. 그래서 우리가 네안데르탈인의 여자를 데려가거나 다른 이유로 심각한 문제를 일으켰다면, 우리는 멸종했을지도 모른다.

우리는 2만 년 동안 네안데르탈인과 함께 살았다. 우리가 그들과 섞이지 않았다면, 왜 그들이 사라졌는지 나로서는 알 수 없다. 우리가 비교적 가까운 곳에서 보낸 시간을 고려할 때, 심각한 마찰을 자주 겪었다면 우리가 어떻게 공존했는지 상상하기 어렵다.

우리 조상이 풀과 가지로 만든 은신처에 살았던 아프리카 사바나와 달리 유라시아는 대부분 삼림이 우거져 있다. 많은 유럽의 지형, 특히 강 근처의 지형은 동굴에 적합하고, 거주한 흔적이 있는 동굴도 많다. 그 이유는 우리가 겨울을 나고 포식자를 상대하며 그 안에서 살았기 때문이다. 동굴은 포식자가 우리 위로 몰래 다가오는 것을 막아 줄 뿐 아니라 바람을 피하고 들불을 기다리지 않고 스스로 만든 불에서 얻은 열을 보존해 따뜻하게 유지해 주었다.

우리는 한때 조상을, 최초의 화석이 발견된 동굴의 이름과 그 동굴에 살고 있던 은둔자의 이름을 따서 명명하거나 크로마뇽인이라고 명명했다. 이제 우리는 그들을 '초기 근대 유럽인'이라고 부르는데, 이는 그 필요성을 알기는 어렵지만, 정치적인 이유로 수정한 것으로 보인다. 우리가 처음 도착할 때부터 20세기까지 살았던 많은 동굴에 이들은 웅장한 그림을 남겨 놓았다.

비교적 최근인 1949년에 프랑스 사람들은 여전히 프랑스의 도르도뉴강 위에 있는 동굴에 살고 있었다. 어머니와 내가 그해 여름 도르도뉴 계곡에 갔을 때 우리는 동굴 밖 빨랫줄에서 빨래가 말라가는 것을 보았다. 하지만 오늘날 이 동굴에는 아무도 살지 않는다. 만약 주민들이 퇴거당했다면, 그것은 아마도 D. T. 맥스가 《뉴요커》에 쓴 〈멋있는 경치가 보이는 동굴〉이라는 매혹적인 기사의 설명 때문일 것이다. 그는 구석기 시대부터 1950년대까지 계속 사용해 온 남부 이탈리아의 마테라 동굴을 묘사했지만, 그 이후 그들이 동굴을 사용하면 원시적인 것으로 간주되어 주민들은 떠나야만 했다고 설명했다. "마테란 이전은 그들로부터 토착민들을 구하기 위한 엘리트들의 많은 생색내기 시도 중 하나로 여겨진다."고 맥스*는 기술했다. 이 동굴은 아직 사용 중이지만 지금은 관광명소다.

우리 중 일부는 네안데르탈인 유전자를 가지고 있다. 네안데르탈인의 유전자는 아프리카에 머물렀던 우리 조상에게는 없었던 것이다. 이는 유럽에 사는 우리 조상이 다른 인종과 결혼했거나 적어도 이종교배를 했다는 뜻이다. 하지만 수수께끼는 남아 있다. 우리 중 일부는 네안데르탈인의 DNA를 가지고 있지만, 우리 중 누구도 그들의 미토콘드리아 DNA를 가지고 있지 않은

* D. T. Max, "A Cave with a View,", *The New Yorker*, April 27, 2015, pp. 36~37.

것 같다는 것이다. 과학 용어로 mtDNA로 알려져 있으며, 이는 어머니에 의해서만 유전된다.

모든 사람을 테스트한 것은 아니지만 이것은 매혹적인 생각이다. 그것을 설명할 수 있는 것은 무엇일까? 우리 남자들로부터 네안데르탈인의 여자를 성공적으로 보호하면서 네안데르탈인 남자들이 우리 여자를 임신시킨 것은 아닐까? 이것이, 우리가 함께했던 2만 년 동안 모든 낭만적인 만남을 유지하게 할 수 있었을까? 아니면 네안데르탈인 어머니와 호모 사피엔스 아버지가 종간교배를 하면, 그녀의 아이들은 불임이었을까? 불임은 때때로 다른 종들이 짝짓기를 할 때 일어난다. 노새를 보라. 그들의 어머니는 말이고 그들의 아버지는 당나귀인데, 그 결과인 노새는 거의 불임이다. 세 번째 가능성은 많은 사람들이 무작위적인 변화로 인해 사라진 네안데르탈인의 mtDNA를 얻었을 가능성이다. 이런 일은 종종 일어나므로 이 가설이 가장 가능성이 높다.

네안데르탈인은 체모가 많고 거대한 턱수염이 있었다는 사실을 감안하면 희박하지만 또 다른 가능성이 있다. 우리 종은 더운 기후에서 시작되었다. 그래서 우리가 네안데르탈인의 영토에 도착했을 때, 우리는 턱수염은 말할 것도 없이 체모도 거의 없었다. 우리 여자들이 털과 수염이 많은 남자를 좋아한다면 어떻게 되었을까? 턱수염은 그 남자가 어른이었고 남자 아이보다 더 나은 사냥꾼일 가능성이 있음을 보여 주었을 것이다. 그런 설명이 가능하나 다윈은 남성이 성적性的 선발을 통해 수염을 얻었다고 믿었다. 그는 여성들은 수염을 가진 남자를 좋아한다고 말했다. 그가 턱수염을 가지고 있었기 때문에 아마 경험으로 그렇게 말한 것 같다.

나는 네안데르탈인 남자를 좋아했을 것 같다. 무엇이든지 사냥할 수 있고, 체격이 좋고 수염이 많은 남자가 사냥감을 어깨에 메고 동굴로 가져가서 고기를 요리하기 위해 불을 지핀다. 당신이 여성 수렵 채집인이라면 무엇을 더 요구할 수 있겠는가? 그 문제에 대해서는 어떤 여자라도 그렇지 않겠는가?

하지만 구석기 시대 상류층을 떠올리면 네안데르탈인은 거의 생각나지 않는다. 대신에 어머니와 내가 본 동굴벽화가 생각난다. 나는 깊은 동굴로 통하는 입구 양쪽에 하나씩 있는 암사자 두 마리를 보았다. 그들은 앉아서 관람객을 보고 있다(적어도 모퉁이를 돌아올 때 당신은 그들의 눈과 마주칠 것이다). 그 암사자들은 몸뿐 아니라 표정도 잘 표현되어 있고, 아주 정확해서, 그것을 보면 숨이 막힌다. 왜 그들이 입구 양쪽에 있는 걸까? 동굴을 지키고 있는 걸까? (겉으로 보이는 모습이지만) 무엇으로부터 동굴을 지키는 걸까? 그림은 나와 같은 호모 사피엔스인 크로마뇽인의 작품이다. 그를 알았거나 암사자를 직접 보았더라면 좋았을 것이라는 생각이 들었다.

그래서 나는 오래전 그 예술가가 그 동굴에 살았을 때 내가 그 동물 옆에 있다고 상상한다. 내가 기억하는 대로 그 아래로 흐르는 길고 경사진 강둑에 있는 동굴을 생각하니, 나는 갑자기 그 동굴에 있었다. 동굴이 내 위에서 하품을 하고, 가죽 샅바를 두른 수염 난 남자가 그 앞에 서 있다. 나는 우연히 덤불숲에 모습을 드러냈고, 내가 밖으로 나오자 그는 충격을 받았다. 그는 질문하는 어조로 두어 마디의 짖는 듯한 말을 했다. 나는 그의 말을 이해할 수 없어서 미소를 지으며 내 손을 내려다보며 말했다. "나는 너를 해치지 않아."

이것으로는 충분하지 않다. 그는 고개를 돌려 동굴을 향해 소리친다. 다른 남자가 서둘러 나온다. 그는 눈살을 찌푸렸다. 두 사람은 깊이 우려하는 것처럼 나를 응시한다. 나는 턱을 내리고 그들을 쳐다보며 내 팔을 아래로 하고, 내 손바닥을 밖으로 펼치며 "나는 아무것도 아니다."라고 말하려고 노력한다. 그러자 그들은 마치 내게, 서로에게, 동굴 안에서 듣는 모든 사람에게 하는 것처럼 큰 소리로 빠르게 짖기 시작한다. 나는 내가 소란을 피운다고 생각해 한발 뒤로 물러나서 더 멀리 이동한다.

내가 암사자를 본 것은 그때였다. 내가 올 때 그들은 동굴에 접근하고 있었음에 틀림없다. 그들이 나를 보았을 때 그들은 꼬리를 씰룩거리며, 귀를 낮추고, 눈을 커다랗게 뜬 채 쭈그려 앉아 있었다. '상황이 좋지 않아. 집으로 돌아가야 해!'라고 나는 내게 말하곤 숨을 거칠게 들이마시며 내 집으로 돌아왔다. 하지만 나는 암사자의 부드러운 사향 냄새를 맡고, 동굴에서 메아리치는 소리처럼, 호령하는 어조로 사람들이 소리치는 소리가 들린다. 암사자는 사람들을 먹고 싶어 했나? 동굴을 점령하고 싶었나? 그후 무슨 일이 있었는지는 결코 알 수 없다. 두 마리의 암사자 그림은 설명되지 않은 채 남아 있다. 나는 나무에 올라가야 했고 기다려야 했다.

제22장

우리는 왜 우리가 보는 방식을 되돌아보는가

털이 우리를 보호하는데 우리는 왜 털이 없을까? 모기는 두꺼운 털을 뚫고 물지 못하거나 아니면 쉽게 물지 못한다. 그리고 아프리카의 밤도 얼어붙을 수 있다. 털이 없는 피부는 코뿔소와 코끼리와 같이, 열을 보존할 필요가 없는 동물들을 위한 것이다. 게다가 네 발로 걷는 것이 더 쉽고 빠르고 안전한데 왜 우리는 두 발로 걸을까?

우리는 포식자를 피하기 위해 뒷다리로 뛰었다는 이론이 있으나, 사실은 그러지 않았을 것이다. 중대형 동물은 우리보다 빨리 달리고, 우리는 다른 무엇으로부터 도망갈 때 등을 보인다. 바닥에 테니스공을 굴리고 고양이가 하는 행동을 생각해 보라. 포식자로부터 도망치는 것은 그들을 초청하는 것과 다름이 없다. 그래서 그것은 우리가 그렇게 움직이는 이유가 될 수 없다.

직립보행의 장점은 네 발로 걸을 때보다 더 멀리 볼 수 있다는 것이다. 또한 두 발로 걸을 때 몸집이 더 커 보이고, 더 커 보이면 더 잘 방어할 수 있다. 이것이 곰이 뒷다리로 서는 이유고, 우리가 무서운 상대를 만났을 때 소름이 돋는 이유다. 우리 몸이 오늘날 우리가 가지고 있는 몇 가닥의 작은 털이 아니라 상당한 양의 털로 덮여 있을 때는, 털을 곤두세우면 훨씬 더 커 보일 수 있었다. 중형의 포식자가 접근할 때 우리가 일어서서 털을 곤두세우면 포식자는 '이게 아닌데' 하고 떠나간다. 하지만 이 질문에 대해서는 많은 이론이 있는데도 불구하고, 실제로 우리가 뒷다리로 걷게 된 이유를 아는 사람은 없다.

우리가 왜 우리의 체모를 잃었는지에 대해서도 탁월한 이론이 있다. 그중 하나가 우리의 조상들이 그늘진 삼림에 살던 아프리카종이지만, 나중에는 낮에는 기온이 49도 또는 그 이상인 사바나에서 살았다는 점이다. 아마도 우리는 우리 몸의 털을 없앰으로써 우리 자신을 식힐 필요가 있었지만, 태양으로부터 보호하기 위해 머리털은 가지고 있었을 것이라고 생각된다. 이것이 하나의 이론이지만, 개코원숭이는 머리와 몸에 여전히 털이 남아 있는 것을 기억해야 한다. 왜 그들은 체모를 잃지 않고 직립보행을 하지 않았을까? 그들은 그럴 필요가 없었는데 우리는 왜 그랬을까?

또 다른 이론은 우리가 머리카락만 유지하여 태양으로부터 그늘지게 했으며, 털을 없애서 이(벌레)를 제거하고, 그후 햇빛에 과도하게 노출되어 옷을 만들었다는 것이다.

우리가 머리카락을 없애고 대신 모자를 썼으면 상황이 나아졌을 것이다. 그러나 우리는 그렇게 하지 않았다. 그래서 머리에 머무르던 이가 일부 우리 옷에 사는 이로 진화했다. 옷은 약 10만 년 전에 발명된 것으로 보이는데, 이때 이도 함께 등장했다. 옷은 새로운 생태계를 만들어 냈고, 옷 속의 일부 이가 사면발니로 진화하자 상황은 더 악화되었다.

따라서 옷의 발명은 우리가 기대했던 이익을 가져오지 못했다고 할 수 있다. 그 이후 우리는 머릿니, 몸속의 이, 사면발니, '그리고' 우리가 깨끗하게 하고 수선해야 할 옷을 갖게 되었기 때문이다. 우리가 우리의 털을 제거하기 전에 이것에 대해 심사숙고했다면, 그 여러 문제 중 단 하나만 가지고 있었을 것이다.

우리의 이의 불행은 창조론에 의심을 던진다. 한 번에 모든 것이 만들어졌다면 아담과 이브는 세 종류의 이와 촌충으로 만들어졌을 것이다. '왜 이 모든 해충을?' 그들은 맹렬하게 긁어대면서 울었을 것이다. 그들이 에덴동산을 떠난 것도 놀랄 일이 아니다. 메디나충, 지아르디아giardia, 주혈흡충증을 일으키는 달팽이가 기다리고 있는 가장 가까운 연못으로 뛰어들었음에 틀림없다. 그러나 누가 그렇게 말할 수 있을까? 아마도 창조주는 기생충을 좋아하고 인간을 그들의 음식으로 만들었을 것이다.

옷을 진화의 지표에 포함시키는 것은 위험한 것처럼 보인다.

아주 최근까지, 겨우 60년 전까지만 해도, 우리 바로 위의 조상인 산족은 전통적으로 최소한의 옷만 입었다. 남자들은 가죽으로 된 샅바 옷을 입었고, 여자들은 앞뒤가 있는 가죽 앞치마와 가죽 겉옷을 그들의 아기들을 위한 주머니를 만들기 위해 입었다. 남자들은 훌륭한 사냥꾼이었기 때문에 사람들은 모든 종류의 옷을 만들 수 있는 영양의 모피를 꾸준히 공급받을 수 있었다. 그러나 그들은 그렇게 하지 않았다. 피부 색소가 태양으로부터 그들을 보호해 주었다. 그들의 가죽 망토와 캠프파이어는 추위로부터 그들을 보호해 주었다. 그들의 최소한의 옷에 이가 숨어 있을 수 있었을지 몰라도 그들은 이가 없었다.

이상은 첫 번째 사람들로 알려진 산족으로부터 배운 단순한 사실이다. DNA 연구에 따르면 우리는 그들의 후손이고 그들의 언어는 모든 언어의 근원처럼 보인다. 내가 '옛 방식the Old Way'* 이라고 이름 붙인 곳에서 생활하면서 그들은 대부분의 과학자들보다 자연세계에서의 삶에 대해 더 많이 보여 줄 수 있었다. 왜냐하면 그들은 모든 부분을 다 알고 있었을 뿐만 아니라 지식이 생존의 열쇠였기 때문이다. 산족은 자연세계에서 살아가기 위해 어떤 지식을 가져야 했는지, 그것을 해야 하는 모든 종이 가져야 하는 지식의 종류를 여러 방식으로 보여 주었다.

* 저자는 산족이 사는 지역, 그곳에서 생활하는 사람들 그리고 그들의 생활방식을 모두 옛 방식이라고 표현했다./옮긴이

제23장

부시먼으로 알려진 산족

1949년에 아버지 로렌스 마셜은 어머니 로나 마셜, 동생 존 마셜 그리고 나 리즈 마셜(당시 이름)을 비롯한 여러 사람과 일련의 탐험대를 조직하여 '개척되지 않은' 지역인 남서부 아프리카(현재 나미비아)의 북쪽 지역인 베추아날란드Bechuanaland(현재 보츠와나) 서쪽 지역 및 칼라하리사막을 대부분 포함하는 남아프리카공화국 서쪽 지역 약 311,000km^{2}를 돌아다녔다. 당시 남서아프리카를 관장했던 백인들은 그곳을 '지구의 끝'이라고 불렀다.

거기에서 그들이 니아에니아에Nyae Nyae라고 하는 약 15,540km^{2}의 지역에 사는, 부시먼Bushmen으로 알려진 산족을 만났다. 그 사람들은 '접촉 이전', 즉 다시 말해 그들은 우리가 '문명'이라고 부르기 좋아하는 것에 접촉하지 않았다는 뜻을 가진 사람들이었다. 그들은 이른바 '선진 세계' 사람들이 감염되는 질병이 없었다. 주혈흡충증을 옮기는 달팽이나 학질모기는 있었다. 그러나 우리가 알고 있는 산족은 완벽히 건강한 상태였고, 기생충은 없고 매개동물만 있었기 때문에 말라리아나 주혈흡충증이 발생하지 않았다. '접촉 이전'은 종종 단점으로 여겨지지만, 사실과 거리가 멀었다. 그들은 우리 종족처럼 적어도 10만 년 동안 살았으며, 그들의 문화는 이제까지 세계에 알려진 문화 중에서 가장 성공적인 문화일지도 모른다.

나는 산족이 이제는 선호되고 또한 공식적인 것이기 때문에 '부시먼'이 아닌 '산족'이라는 용어를 사용한다. 고고학자들이 나중에 발견한 것처럼, 물질문화 변화가 거의 없이 3만 년 이상 산족의 야영지 중 한 곳에서 거주했고, 또다시 8만 년 이상 거주했기 때문에 나는 '개척되지 않은'에 인용 부호를 붙였다. 산족은 개척이 끝났다.

이 사람들을 아는 것은 가치가 있다. 그들은 우리에게 생존 방법을 알려줄 뿐만 아니라 어떤 형태의 생명체도 자신의 방식대로 살아야 한다는 사실을 알려주었다. 이것은 어느 정도까지는, 다른 생명체와의 공통성이 있음을 알려주기 때문에, 이를 증명하는, 사소하지만 매우 의미 있는, 이상한 사건에 대해 이야기하겠다.

나는 한때 호기심으로, 하이에나의 흔적을 추적하던 두 명의 산족과 함께 있었다. 그들은 늘 그렇듯이, 그들 앞을 내다보았고 가끔 길을 흘끗 내려다보았다.

하이에나는 빽빽이 우거진 덤불을 관통하여 걸어서, 길이가 약 400m고 폭이 약 200m쯤 되는 다른 곳의 육중한 관목 숲 건너편에 있는 벌거벗은 바위가 있는 거대한 공간으로 나갔다. 하이에나는 말하자면 12시 방향으로 꽤 직선으로 걷다가 바위 위로 나왔다. 그의 발자국은 바위에 찍히지 않았고 나는 더 이상 쫓아갈 수 없다고 생각했다.

그러나 두 사람은 계속 걸어갔다. 그들은 바위 위로 나가서 속도 변화 없이 왼쪽으로, 즉 11시 45분 방향으로 커브를 그리기 시작했다. 물론 나도 따라갔다. 그리고 곧 하이에나의 발자국이 보이는 먼 쪽의 숲에 도착했다. 그곳은 하이에나가 갔을 법한 수십 곳 중 하나처럼 보였다.

그 사람들은 하이에나가 어디로 갔는지 어떻게 알았을까? 그들은 하이에나의 마음을 알고 있었다. 내게는 똑같아 보이는 바위의 저쪽에 있는 수풀을 그들이 조사했을 때, 그들은 하이에나가 어디로 갔는지 즉시 알아내는 데 아무런 문제도 없었다.

그들은 또한 약 311,000km^{2}에 이르는 사바나의 관목림에 사는 모든 동물의 마음을 알았다. 그들은 우리와 다른 동물의 마음이 거의 같다는 사실을 알았기 때문에 얻은 기술이었다.

인간을 동물이라고 말하면 조금 불쾌할지 모르겠지만 당연히 우리는 동물이었고 또 동물이다. 다윈에서 집파리까지 모두 동물이거나 동물이었다. 그것을 우리가 안다면, 다른 포유류를 어느 정도 예측할 수 있다. 우리 조상들은 삼림에서 나왔을 때 이런 지식을 가지고 있었다. 누구나 그 하이에나를 쫓아가는 동안 그 사람들이 한 일을 할 수 있었다. 하지만 그 사람들은 필요한 지식을 가지고 있었고 다른 사람은 그렇지 못했다.

우리가 처음 방문했을 때, 남아프리카 백인들은 대부분 산족을 일종의 야생동물로 생각했다. 소총을 가지고 있는 백인 남자들은 스포츠 삼아 그들을 사냥하고, 우물 근처에 숨어 있다가 물을 마시러 오는 사람을 다 쏴 죽였다. 내륙에 있는 산족은 '야생 부시먼wild Bushmen'이라고 알려졌고, 이전에 말한 것처럼, 토지를 '사용하지 않았기' 때문에 토지 소유자로 간주되지 않았다. 새로운 농사가 '개척되지 않은' 내륙 주변 지역에서 시작될 때마다, 농부는 거기에 살고 있는 산족에게 노숙자가 되거나 그를 위해 일하기를 제안하면서, 하나밖에 없던 우물을 빼앗았다. 거기에 머무르는 사람들에게 먹을 수 있는 옥수수 가루를 주었고, 어쩌면 잠잘 수 있는 창고와 누더기 옷을 몇 벌 주었지만 돈은 주지 않았다.

그들은 산족을 심하게 착취했지만 또한 그들을 두려워했다. 산족은 동물처럼 살았으므로 공격적이었을 것이다. 우리가 여행을 준비하며 지금의 나미비아의 수도인 빈트후크에 머무는 동안 부시먼이 독화살로 우리를 쏠 수도 있다고 들었다. 하지만 우리가 이 사람들과 보낸 몇 해 동안 그들은 우리를 존중과 친절로 대했다. 아마 우리가 그들을 그렇게 대했기 때문일 것이다. 산족은 그동안 오해를 받은 것이다.

실제로 산족은 공격이 생존을 위협하기 때문에, 공격의 위험을 누구보다 잘 알고 있어서, 문제를 공격이 아닌 여러 가지 방법으로 해결했다. 개인적인 상호작용과 일상 업무를 하는 그들의 행위에서부터 혈연관계, 결혼, 다양한 협력 등 사회 시스템의 구조에 이르기까지 본질적으로 그들이 한 모든 일은 응집력의 가치를 반영했다. 그들의 이름도 그랬다. 우리가 가장 잘 아는 사람들은 주환시Ju/'Hoansi라고 불렸다. 여러 나라 언어를 멋지게 구사하는 츠와나 사람인 커널 레디모Kernel Ledimo라는 통역사의 도움으로 주환시를 '무해한 사람들'로 번역했다. Ju(주로 발음함)는 '사람'을 의미하고, /'hoan('환'으로 발음)은 '깨끗하고 안전하며 유해하지 않다'라는 의미고, si('시'로 발음)*는 복수형이다. /는 입의 맨 위에서 당신의 혀가 튀어 나왔을 때 하는 '클릭'이다. '는 아주 짧은 정지다.

몇 년 전, 나는 무해한 사람들이라고 불리는 산족에 관한 책을 썼다. 일부 학자들은 비공격적인 인간 집단이라는 것을 믿을 수 없기 때문에 비판적이었다. 한 유명한 생물학자는 (우리 가족

* 말할 필요 없이 발음은 대략적인 것이다. 화(hwa)에는 끝부분에 낮고 울리는 소리가 있어서 성문판에서는 n이다.

이 수행한 연구에서 주환시가 협력을 중요시하고 폭력을 저지한다고 들었을 때) 그들이 경찰에 의해 통제되었다고 주장했다. 이것이 과학자한테서 나올 말인가? '지구의 끝'이라고 알려진 수천 km^2나 되는 지역에서 수천 년 동안, 접촉 이전인 수렵 채집인에게는 경찰이 없었다. 오스트랄로피테신류와 호모 에렉투스에게도 경찰이 없었으므로 그것은 설명이 될 수 없다.

우리의 경험에 대해 쓴 학자는 내게 그녀가 《무해한 사람들 *The Harmless People*》이라는 책을 읽었다고 말했지만 그녀는 주환시가 그 이름을 선택한 부분을 놓쳤다고 생각한다. 그녀는 타이틀에 있는 '무해한'이라는 것이 내 발명품이라고 생각하고, 우리가 수렵 채집인에 대해 낭만적 견해를 가졌다고 했다. 그리고 내가 주환시가 무기를 가졌다는 사실을 소극적으로 다루기 위해서 그렇게 했다고 그녀는 생각했다. 우리는 우리가 출판한 책 중 하나에 창을 가진 사람의 사진을 단 한 장 넣었다.

그러나 창이 독화살이라는 것은 버터나이프를 총이라고 하는 것과 같다. 화살은 어디를 쏘든 상관없이, 심지어 발이라도, 또한 당신이 그것을 즉시 뽑아내도, 독이 당신의 몸 안에 들어가면 당신은 죽는다. 그러나 우리의 모든 출판물에는 활과 화살을 지닌 많은 사람들의 사진이 들어 있다. 화살이 사냥을 위한 것이라는 것을 모두 알기 때문에 자극을 유발하지 않는다고 생각했다. 이 모든 것은 우리 비평가들이 수렵 채집인의 공격성에 대해 확신을 가지고 있어서, 그들은 그 반대를 보여 주는 우리가 주장하는 바를 무시하면서 그들이 할 수 있는 모든 곳에서 증거를 찾아 헤맸다.

그러나 누가 그들을 비난할 수 있을까? 우리 자신의 문화의 포로로 우리는 자연세계를 인정사정 봐주지 않는다고 본다. 야생동물은 사냥을 할 때 (사람으로 치면 그저 쇼핑을 하는 것인데) 공격적으로 보인다. 사자가 으르렁거리거나 코요테가 울부짖으면 그 소리는 위협으로 간주된다. 만약 그것이 야생동물이 그들 스스로 물러나게 하는 방법이라면, 야생 사람은 어떻게 다를 수 있을까? 아마도 산족이 사냥을 하지 않고 채집만 했다면, 그들을 공격적이라고 생각하던 사람들도 그들을 평화롭고 다정하게 볼 것이다.

아마도 사냥한다는 것은, 야생에 사는 것만큼은 아니더라도, 이런 오해에 대해 막연하게 비난을 받아야 한다고 생각한다. 그러나 공격적이라는 개념은 오해의 소지가 있지만 새로운 것은 아니며, 사냥하는 거의 모든 것에 적용된다. 우리의 오스트랄로피테신류 조상들은 그들 상호 간뿐만 아니라 그들과 같이 살았던 큰 사자들도 죽이고 잡아먹은 공격적인 싸움꾼으로 추정된다. 그래서 그들을 멸종에 이르게 하였다. 오스트랄로피테신류는 키가 약 122cm를 조금 넘었다 하더라도 고양잇과 동물의 먹이는 아니었다.*라고 말한 루이스 리키와 같은 고인류학자들이

* Marcus Baynes-Rock, "Mark of the Beast: Reflections of Predators Past in Modern Mythology," Academia.edu, 2.

그러한 개념을 받아들였다. 하지만 우리는 이제 사자의 이빨 자국이 남아 있는 채 발견된 사람족 화석에서 알 수 있듯이 그가 잘못 생각한 것임을 알 수 있다. 인간이 큰 고양잇과 동물과 때로는 하이에나의 먹이였을 뿐 아니라 오늘날에도 계속 먹잇감이 되고 있다는 증거는 많다. 우리는 수백만 년 동안 고양잇과 동물의 먹이였다. 우리가 가지고 있는 기록을 보면 호랑이, 표범, 재규어, 퓨마뿐 아니라 사자도 사람을 먹었다. 오스트랄로피테신류는 고양잇과 동물의 먹이가 아니었을까? 고인류학자들이 사람을 먹는 것이 새로운 것이었다고 생각할 수 있을까?

그렇다면, 사람을 먹는 것도 포악한 행위인가? 만약 당신이 인간이라면 예고, 당신이 고양잇과 동물이라면 아니오일 것이다. 그렇다면 인간이 자신을 방어하는 것은 공격일까? 만약 당신이 인간이라면 아니오고, 당신이 고양잇과 동물이라면 예일 것이다. 긍정과 부정이 혼재하는 포악한 행동은 없다. 따라서 포악한 행동이냐 아니냐를 결정하는 것은 오로지 당신의 견해에 달려 있다.

오늘날 산족은 나미비아인으로 시골에서 살고 있고, 그들의 이전 생활 방식은 사라져 버렸다. 그러나 많은 사람들은 그들이 어떻게 살았는지 말해 주기를 바라는데, 말을 할 때 그들은 오해를 조장한다. 산족을 미신을 믿는 사람이라고 한다. 그들은 학교에 가지 않아 아무것도 배우지 않아서 세상 사람들에게 설명하기 위해 이야기를 지어냈다. 일부 인류학자들은 그들의 실제 지식보다 전설에 더 관심을 보였다. 그러나 그들의 지식이 놀랄 정도로 박식하다고 판단했다. 그들은 생태계에서 볼 수 있는 거의 모든 생명체의 특성에 대해 알고 있었다. 나는 한때 재미있는 이야기를 기대하면서, "별이 낮에는 어디로 가냐?"고 그들 중 한 명에게 자연현상에 대해 물은 적이 있다. 나는 그의 대답을 항상 기억하는데, 그는 "별들은 하늘에 머물러 있다", "태양이 너무 밝아서 우리가 별들을 보지 못하는 것이다."라고 대답했다.

달의 개기일식 동안 나는 어떤 일이 일어나고 있는지 다른 남자에게 물었다. "걱정 마." 그는 말했다. "달이 곧 다시 돌아올 거야." 그들은 미신과는 거리가 멀었다. 그러나 이것이 산족에게서는 재미있는 이야기를 기대할 수 없음을 의미하지는 않는다. 다른 누군가는 사자가 달을 그의 발로 덮어서 어둠 속에서 사냥할 수 있다고 말했다.

우리는 우리 자신의 이야기 속에도 있는 미신의 증거로 이 마지막 발언을 보려 한다. 우리가 산타가 굴뚝으로 들어왔기 때문에 크리스마스 선물이 나무 밑에 있다고 믿는 것처럼 말이다. 산족 사람들은 아직도 대부분의 산족이 아닌 사람들이 모르는 것을 알고 있는 것과 같이, 우리가 인식하지 못하는 것은 사자와 그의 앞발에 깔려 있는 진실이다. 사자는 달이 밝은 날 배가 고프다. 왜냐하면 그의 잠재적 먹잇감이 그를 볼 수 있기 때문이다. 그는 특히 보름달일 때에는 일식 때처럼 달을 덮고 싶어 한다. 그는 어둠 속에서 사냥을 더 잘한다.

한 저자는 산족이 자신의 음식을 '직감으로' 발견했다고 썼다. 동일한 현상을 다르게 해석하는 다른 저자는 산족이 식량과 물을 찾아 사바나 주변을 돌아다니고 있다고 썼다. 사냥은 모호하게 '찾아서'로 묘사될 수 있다. 그러나 사람들이 8만 년 동안 같은 장소에서 살아 왔다면, 그들은 이미 물을 발견하지 않았을까?

우리에게는 그러한 지각이 부족한 것이 정상적인 것 같다. 나는 한때 여러 대학생에게 태양에 대해 질문하면서 우리의 인식에 대한 연구를 한 적이 있다.

Q: "태양은 어디서 떠오릅니까?"

A: "응? 음…."

한 젊은이는 그날 아침 태양이 떠오른 장소를 가리켰다. 그는 동쪽이라고 언급하지 않았다. 그래서 어떻다는 건가? 그는 실제로 태양을 보았고 그것이 어디에서 떠올랐는지 알고 있었다. 그것은 주환시를 따라하기 위해서 당신이 할 수 있는 모든 것이다. 그러나 우리는 대부분 신경 쓰지 않는다.

주환시는 천문학, 식물학, 동물학, 기후 관련 지식을 상당할 정도로 습득했으며, 오늘날까지 그 정도로 아는 사람은 없다. 이것은 자연세계에 사는 모든 사람이 해왔고 아직도 하고 있는 것처럼 완벽한 관찰에서 나온 것이다. 주환시는 모든 종류의 식물을 알고 있었고 그 성질도 잘 알고 있었다. 그들은 곤충을 포함한 모든 종류의 동물과 그들의 행동에 대해 알고 있었다. 하버드 대학 교수가 주환시를 잠깐 방문한 후 "우리만큼 많이 알고 있다."고 말하며 그는 부족함을 느꼈다고 했다. 그들은 우리보다 더 많이 알고 있었다. 당신이 그 사람보다 아는 것이 적다면 당신은 그 사람에게 무엇을 물어야 하는지 모를 것이다.

예를 들어, 교수는 피리새의 둥지에 대해 무엇을 물어야 하는지 몰랐다. 그 둥지는 섬유질이 많고 길고 가방처럼 생겼으며, 산족에 따르면 새끼를 위한 둥지와 뱀을 위한 둥지가 따로 있다고 했다. 교육을 받은 사람들은 새가 뱀의 집을 짓는다는 것은 있을 수 없는 일이라며 이것을 미신이라고 생각했을 것이다. 그러나 산족은 뱀이 피리새 새끼를 찾기 위해 둥지에 오르면, 뱀의 무게 때문에 둥지가 내려오도록 하여, 뱀을 위한 둥지를 열고 새끼 둥지는 닫는다는 것을 오래전에 알았다. 뱀은 열린 둥지로들어가기 때문에 아무것도 발견하지 못한다. 교수는 그것을 모르기 때문에 모르는 것에 대해서는 물을 수 없다.

어느 날 가오Gao라는 어린 소년이 야영지 근처에서 본 하이에나 발자국을 보여 주었다. 그는 하이에나가 해뜨기 직전에 여기를 지나갔다고 말했다. 그 전날 밤 우리는 두 마리의 하이에나가 야영지 근처에서 울부짖고 웃는 소리를 들었다. 하지만 자정 무렵에는 그쳤다. 그들은 그후에도 야영지 근처에 머물렀던 것일까?

나는 가오에게 하이에나가 발자국를 만들었던 때를 어떻게 알았냐고 물었다. 가오가 내게 말해 주었다. 어느 한 곳에, 가오가 웅크린 채로 손가락을 집어넣은 후에야 간신히 볼 수 있을 정도로 작지만 정확히 겨냥한 표적에 의해 관통된 자국이 있었다. 갓 찍힌 하이에나의 발자국이라고 그는 말했다. 이 작은 발자국은 쇠똥구리가 만든 것이고, 태양이 떠서 대기가 더워질 때까지 쇠똥구리는 움직이지 않았을 것이다. 해가 뜨고 한참 지난 후에 딱정벌레가 왔다면 너무 건조해 발자국이 보이지 않았을 것이다. 이렇게 작고 섬세한 발자국은 특정 조건에서만 나타난다. 그러므로 하이에나는 해뜨기 직전에 지나갔고, 쇠똥구리는 그 직후에 발자국을 만들었을 것이다.

그 지식과 관찰이 대단하지 않은가? 이것이 발자국을 따라 걸어가며 그들이 지나가는 것을 얼핏 본 8~9살짜리 소년에게서 나온 것이다.

나는 가오에게서 쇠똥구리에 대한 것뿐 아니라 하이에나의 번식에 대해서도 배웠다. 발자국을 보고 난 후, 나는 야영지에 앉아서 가오와 다른 소년이 깃털로 만든 연을 가지고 노는 것을 보았다. 웬일인지 다른 소년이 하이에나의 울음소리를 냈다. 나는 소년들에게 전날 밤에 하이에나를 보았는지 물었고, 그들은 보았다고 했다. 나는 하이에나가 무엇을 하고 있었는지 궁금했다. 가오는 내게 그들이 짝짓기를 하고 있었다고 말해 주었다. 반달이 비추고 있었고, 소년들은 분명히 그들을 보았다. 나도 하이에나를 봤다면 좋았겠다고 말했다. 그러자 두 소년이 재연을

해 보여 주었다.

처음에 다른 소년이 하이에나 암컷 역할을 맡았고 가오가 하이에나 수컷 역할을 맡았지만 곧 그들이 잘못하고 있음을 알았는지 역할을 바꿨다. 그리고 올바르게 흉내를 냈다. 가오가 다른 소년보다 키가 컸기 때문이다. 암컷이 수컷보다 크다. 수컷은 암컷을 올라탈 것이고 암컷은 그를 물리치기 위해 몸부림 칠 것이다. 소년들은 돌아서서 서로를 보았고, 잠시 실랑이를 벌였고, 다시 시도하고, 울부짖고, 으르렁거렸다. 또 하이에나 웃음을 흉내 내면서, 하이에나가 전날에 그랬던 것처럼 동일한 시간 동안, 아마 10분 정도 소리를 질렀을 것이다. '수컷'은 실제로 '암컷'과 교미하지 못했고, 펄쩍 뛰면서 단지 그가 그런 것처럼 가장했지만, 교미한 척한 것을 제외하고는 충실히 재현했다. 어느 누구도 그렇게 잘할 수는 없을 것이다.

진짜 하이에나는 한밤중쯤 조용해진 것 같았다. 아마도 짝짓기가 성공적이었기 때문일 것이다. 그런데 그들 중 한 마리가 왜 해뜨기 직전에야 그곳을 떠났는지는 미스테리다. 이것은 복잡한 질문 같았고 나는 주환에게 질문하듯이 자세히 묻지 않았다. 아마도 그것은, 잘은 모르겠지만 다른 하이에나와 교미하는 것을 보는 것을 좋아하는 또 다른 하이에나가 있었기 때문인 것 같았다. 실제로 얻은 것은 두 어린 소년이 하이에나에 대한 완벽한 정보를 가지고 있다는 것이었다. 그들 중 한 명은 먼 거리에서 작은 핀 포인트를 인지했고, 그것이 발자국임을 알았으며, 어떤 종류의 곤충인지도 알았고, 심지어 그 일이 일어난 시간을 알고 있었다. 그에게는 우리가 창밖을 바라보는 것과 같이 평범한 일이었다.

산족이 관찰을 잘한다는 가장 인상적인 증거는 화살독이다. 아마도 세계에서 가장 치명적인 독일 것이다. 한 방울이면 사람을 죽일 수 있고, 해독제도 없다. 그것은 딱정벌레 디암피디아 *Diamphidia* 유충과 거기에 기생하는 레비스티나*Lebistina*에서 발견된다. 아프리카에 사는 수천 가지 종류의 딱정벌레와 기생충 중에서 이 두 종밖에 없다. 유충은 모래 토양에서 자라는 콤미포라 *Commiphora* 나뭇잎에 어미 딱정벌레가 낳은 알에서 부화한다. 유충은 나무껍질 아래로 들어가 나무뿌리 중 하나를 통해 나무를 빠져 나간다. 그리고 그의 몸 전체에 모래알을 박아 고치를 만든다. 그는 작은 모래로 만든 공 같고, 주위가 온통 작은 공이나 모래만으로 만든 덩어리와 비슷해 눈에 잘 띄지 않는다.

작고 어두운색의 성체 딱정벌레는 인상적이지 않다. 만약 그들이 있다면 콤미포라 나뭇잎 근처에 있을 것이다. 그들은 결코 사람들을 방해하지 않으므로, 그들을 거의 알아차리지 못할 것이다. 비록 당신이 모래를 판다고 해도, 번데기는 약 61cm 깊이에 있으며, 그 나무 아래에는 아무것도 자라지 않는다. 물론 음식물이 없기 때문에 당신이 거기를 팔 이유도 없다. 또한 누군가가 고치를 발견하고는 모래알을 제거하여 연 다음 유충을 꺼내더라도, 독은 유충 안에 있으므로 아무 일도 일어나지 않는다.

만약 유충을 먹었다고 해도 독이 혈류에 들어가야 하므로 궤양이 없는 한 반드시 해를 입는다고 할 수 없다. 화살로 영양을 죽였다고 해도 독화살이 들어간 곳과 독이 일부 들어 있는 곳의 진한 빛깔의 고기도 안전하게 먹을 수 있다. 그런데도 오래전에 누군가가 그 유충과 독을 발견했다.

독 자체도 분명하지 않다. 그것은 어느 유충(아마도 기생충의 것)의 위쪽 다리 아래에 있는 것으로 생각되기 때문에 다리를 떼어 내고 독을 쥐어 짜내야 한다. 또한 독은 다른 유충(아마도 딱정벌레의)의 몸 전체에 있는 것이 틀림없다. 왜냐하면 이들의 몸을 부수고, 머리를 떼어 내고 튜브의 치약과 같이 곤죽 같은 것을 짜내기 때문이다. 그리고 가장 작은 방울이라도 당신의 혈관에 들어간다면 당신을 죽일 수 있으므로 아주 조심스럽게 해야 한다.

사람들이 독약의 특성에 대해 알아내는 방법은 유충을 찾는 것만큼이나 불가사의하다. 앞에서 말했듯이 치명적인 독약은 혈류에 들어가 헤모글로빈을 파괴한다. 헤모글로빈은 이산화탄소를 제거하는 동안 몸 주위에 산소를 운반한다. 따라서 헤모글로빈이 파괴되기 시작하면 어지럽고 허약해지고 숨이 가빠지고, 며칠이 지나야 죽게 된다. 따라서 중독된 사람이 빨리 죽지도 않고 처음에는 아프지도 않아서, 무엇 때문에 죽었는지조차 알지 못한다.

그러나 독약은, 오래전에 발견했지만, 불의 제어만큼이나 사냥꾼들에게는 중요한 것이었다. 따라서 자연세계를 아주 주의 깊게 조사한 사람들에 의해, 즉 현명하고 사려 깊고, 관찰하고 있는 것에 대해 알아야 할 필요가 있는 사람들에 의해, 현미경 없이도 볼 수 있는 그들의 환경에 대해, 알아야 할 거의 모든 것을 알고 있는 사람들에 의해서만 가능했다.

우리는 지금 그런 지식은 과학자들이 해야 하는 일이라고 알고 있다. 그러나 산족의 조상들은 어린 시절부터 배웠고 모두 똑같은 지식을 얻었다. 산족이 교육을 받지 못했다고 말하는 사람들은 바로 직전의 우리 조상에게, 그들이 다른 종에 적용하는 것과 똑같은 오해를 적용하는 것이다. 주환의 지식은 학교에서 얻지 않아서 '교육'으로 간주되지 않았다.

산족은 자연세계에 사는 다른 모든 생명 형태와 같은 종류의 삶을 살았으며 우리와 가축의 것과는 전혀 다른 삶을 살았다. 서로 다른 종은 욕구도 문제해결 방식도 다르다는 점을 명심한다면, 산족은 이것을 하는 데 필요한 것이 무엇인지를 보여 준다. 우리는 우리의 조상도 같은 방식으로 살았다는 사실을 잊어버린 채, 다른 종을, 지식은 가지고 태어났지만 본능에 의해 지배되는 아무 생각 없이 행동하는 존재라고 생각해 왔다. 우리 조상이 아무 생각 없이 행동하는 사람이라고 생각되지는 않는다. 그리고 다른 모든 종이 아무 생각 없이 행동하는 존재라는 것을 증명하지 않는 한, 다른 종도 관찰하고 배운다는 것을 받아들여야 한다. 미모사와 물방울, 또는 '흰쥐' 짚신벌레와 위험한 빛의 사례를 잊지 말고, 환경 이해의 중요성과 생존에 기여하는 생활양식을 생각해 내는 것을, 우리와 같은 부류의 '접촉하지 않은 산족'으로부터 배우자.

제24장

가이아의 규칙 1-에너지원을 찾아라

산족의 생활 스타일은 가이아의 첫 번째 규칙을 따랐다. "스스로 유지할 수 있도록 하는 에너지원을 찾아내야 한다." 주환의 식품 소재 목록은 여러 세대를 거쳐 전해졌기 때문에 산족의 지식은 대단했다. 나는 몇몇 여성과 함께 모여 때로는 포식자가 잠자는 것이 확실한 해가 뜬 후에 출발하거나 포식자가 있어도 일찍 출발했는데 그 이유는 목적지가 멀었기 때문이다. 열매가 익었거나, 감자와 같은 덩이줄기를 팔 준비가 되었거나, 잘 익은 열매를 새들이 다 먹어치울 위기에 처해 있음을 알기 때문에 여자들이 미리 정한 장소까지 수십 킬로미터를 걸어갔다. 때때로 이 모든 것이 이유가 될 수 있었다.

우리는 베리 숲에 와서 새를 쫓고 한동안 베리를 먹은 다음,

우리의 행선지인 주변에 덩굴이 있는 작은 나무숲에 도착할 때까지 계속 이동했다. 여성들은 그들이 수집하기 위해 계획한 것을 찾을 필요가 없었다. 멀리서, 어떤 종류의 덩이줄기를 찾으면, 그들은 덩이줄기에서 자란 덩굴의 끝을 찾아낸 다음 흩어져서 파기 시작했다.

그들은 특별한 막대기를 사용해 땅을 팠다. 막대기는 강하고 곧은 부러진 나뭇가지와 잎이 벗겨진 가지로 만들었다. 막대기의 한쪽 끝은 뾰족한데 아마도 굳어진 것일 것이다. 여자는 흙이 아주 부드러워지고 손으로 긁어 낼 수 있을 때까지 반복해서 막대기로 땅바닥을 찔렀다.

그녀의 걸음마하는 아이가 그녀를 지켜보고 있었을 것이다. 그녀는 아이에게 덩굴의 끝을 보여 주고는 이름을 말해 주었다. 이전에 아이에게 보여 준 적이 있으면, 그녀는 아이에게 이름을 맞혀 보라고 했다. 아이는 서너 살로 보였지만 그녀가 알려준 것을 종종 기억하고는 알아맞혔다. 아이는 덩이줄기가 드러날 때까지 땅을 파는 것을 보았고, 덩이줄기를 뽑아내 솔로 흙을 털어내는 모습을 지켜보았고, 덩이줄기가 괜찮은지 보기 위해 그녀가 맛을 보는 것을 지켜보았다. 덩이줄기가 괜찮다고 생각되면 외투 주머니에 넣는 것도 보았을 것이다.

대여섯 살이 된 아이들은 이미 덩굴의 이름을 알고 있어 활발하지만 조용하게 주변에서 놀고 있었다. 땅을 파고 있는 친구 옆에 앉았을 때, 나는 나무에서 나는 바람 소리와 땅을 파는 막대기 소리만 들었다. 그들이 춤을 추었던 밤을 제외하고, 주환시는 매우 조용했다.

여성들이 필요한 것을 모아 집으로 돌아갈 때까지 몇 시간 동안 계속되었다. 필요한 것을 모으면 그들은 서로와 아이들을 불렀다. 아이들의 맑은 목소리는 고요함 속에서 놀라운 것이었다. 그러고 나서 그들이 잘 알고 있고, 불을 피우기 위해 나뭇가지를 끊은 적이 있는 쓰러진 나무를 지나갈 때까지 일렬 종대로 무리를 지어 집으로 돌아왔다.

모든 여자들은 거의 자신의 몸무게 정도의 짐을 날랐다. 어린 아이, 무거운 덩이줄기(큰 것은 하나가 2.7kg가량 된다), 장작을 날랐다. 나는 나무를 조금 날랐고 또 지친 어린아이를 데려가서 도움을 주었다. 우리는 모두 피곤했으나 아직 갈 길이 멀었고 해가 떨어질 것 같아 발길을 빠르게 옮겼다. 어두워지기 직전에 야영지에 도착하는 경우도 있었지만 때로는 어두워질 무렵이나 깜깜해진 후에 도착했다. 내가 따라간 여행에서는 결코 포식자를 보지 못했다. 그러나 밤이 되자 자칼이 서로 부르는 소리를 듣거나 기니닭이 나무에서 그들의 보금자리로 날아갈 때 나는 소리를 들을 수 있었다. 이때도 의심할 여지없이 포식자가 사냥을 하고 있었는데, 나는 포식자의 소리를 거의 듣지 못했다. 하지만 그들은 밖에 있었다.

산족 중에서 여성들은 대부분의 시간에 모든 사람에게 음식을 제공하였고, 가장 좋아하는 음식은 고기였고 이는 항상 남성이 제공했다. 그들은 사냥을 했는데, 그것은 주환시에 관한 한, 누군가가 지금까지 한 일 중 가장 중요한 것이었다. 그들은 대부분 영양을 사냥했지만, 기린을 사냥하기도 했고, 심지어 아프리카들소가 우기에 그 지역으로 오면 그들을 사냥하기도 했다. 화살로 자극하면, 위험한 아프리카들소를 더 위험하게 만들었지만, 주환시는 여전히 그들을 사냥했다.

여기서, 다른 지역의 사파리 스포츠 사냥꾼은 아프리카들소를 세계에서 가장 위험한 사냥감으로 간주한다는 점이 흥미롭다. 스포츠 사냥꾼은 고성능 무기를 사용한다. 357구경 소총으로도 가능하지만 458구경은 더 좋다. 처음 1발의 탄환은 아프리카들소에 상처를 입히기 위해 소프트 포인트 탄환을 장착하고, 끝낼 때는 실탄을 쏜다. 인터넷에는 아프리카들소 사냥에 대한 조언이 가득하다. 총의 유형이 그것을 자주 사용하는 것을 자랑스러워하는 남성에 의해, 종종 극심한 위험에 관한 이야기와 사냥꾼의 믿을 수 없는 용기를 보여 주는 긴박한 외침이 뒤섞여서 묘사된다.

주환시는 28g 정도의 무게의 작은 화살을 사용하여 약 9kg의 활사수로 쏘는데, 자신을 용감하다고 생각하지 않는다. 어떤 종류라도 사냥에 대해 이야기할 때 주환의 남자들은 사냥감을 발견하는 쾌감에 대해 이야기하고 그들이 어떻게 쫓아가서 화살을 쏘는지, 화살이 닿는 곳, 사냥감이 도망갈 때 남긴 발자국에서 알아낸 것을 말한다. 그러나 결코 자신들을 용감하다고 묘사하지 않았다. 이것은 그가 화살로 쏜 아프리카들소에게 들이받힌 사람에게도 적용되는 말이다. 그는 회복했지만 자신을 용감하다고 말하지 않았다. 그는 모험이나 위험에 대해 언급하지 않았다.

사냥은 주환시가 옷을 만들 때 사용하는 가죽 원료의 주요 공급원일 뿐만 아니라 육류의 주요 공급원이기도 했다. 그러나 그것이 유일한 단백질원은 아니다. 식물성 식량을 수확한 여성들은 거북이와 독이 없는 뱀과 같은 동물도 채집했다. 이 동물들은 모두 '느린 사냥감'이라고 한다. 우리가 머물렀던 야영지 근처에 약 4.6m나 되는 비단구렁이가 우물에서 물을 마시는 모습을 보고, 한 노파가 그것을 죽이고 어깨에 둘러메고 야영지로 가져가서 아이들에게 고기를 나누어 주었다. 그러나 사냥꾼이 얻은 고기는 아주 소중한 음식이었고, 큰 영양을 사냥하는 것은 누구나 해야 하는 가장 중요한 활동이었다.

비단구렁이를 잡는 것은 사냥이 아니었다. 여성들은 여성의 힘이 따로 있기 때문에 사냥을 하지 않는다. 여성의 힘은 남성의 힘을 약화시키거나 희석시킨다고 하는데, 이는 주환시의 중요한 개념이다. 왜 그럴까? 남성과 여성은 반대되는 힘을 가지고 있다. 남자는 사냥을 할 수 있어 가장 값진 음식을 제공했고, 여자는 다른 사람을 만들 수 있었다. 이 2개의 힘은 너무 달라서 서로 섞이지 않아야 했다. 여성들은 격리되어 야영지에서 먼 곳으로 가서 월경이나 출산을 했다. 아기가 태어난 후에, 어머니는 신생아의 모든 흔적이나 출산한 장소에 있는 표시를 조심스럽게 묻기 때문에 남자는 아무도 그곳 가까이 가서 여성의 힘과 마주치지 않는다.

이러한 금기 때문에, 나는 결코 남자들과 사냥을 가지 않았다. 사냥에 대해 내가 알고 있는 것은 내가 들은 것, 때로는 남자들에게서 들은 것, 사냥을 함께 갔던 동생에게서 들은 것이다. 남자들은 영양의 다양한 습성과 선호도를 잘 알고 있었고, 그들이 있을 법한 장소로 갔다. 그들은 숲을 주의 깊게 지켜보며 움직임을 살피곤 했다. 영양이 있는 것 같았지만, 영양은 남자들이 가까이 있음을 알았기 때문에 아주 조용히 서 있었다. 하지만 어쩌면 영양은 귀를 움직였을 것이고 그들은 그 움직임을 보았을 것이다.

그들은 독화살을 쏘기에 적당한 위치에 갈 때까지 아주 조용히 쫓아간다. (그들은 거의 놓치지 않았다.) 그리고 영양은 멀리 도망가 버렸다. 남자들은 영양이 있었던 장소를 찾아가곤 했다. 그들은 그 지역을 조사하고 발자국을 기억해 둔다. 그들은 화살을 쏘면 화살촉이 부러지게끔 고안했기 때문에 화살대를 수거했다. 그래서 영양이 이빨로 화살을 뽑아낼 수 없다. 남자들은 영양에 대해 충분히 배웠을 때 영양을 추적한다.

독이 작용하기까지 오랜 시간이 걸리기 때문에 남자들은 먹지 않고 며칠 동안 추적해야 했다. 그들은 이미 활과 창, 칼과 화살이 가득 찬 화살통을 들고 다녀 음식이나 물을 가져오지 못했다. 더 많은 것을 가져가면 방해만 될 뿐이다. 그들은 길을 가다 음식을 찾아냈다. 건기에는 물을 찾는 것이 문제인데, 어떤 덩굴은 물이 많은 멜론을 기르고, 어떤 속이 빈 나무는 빗물을 머금고 있었다. 남자들은 음식을 먹지 않고 며칠 동안 갈 수 있었고, 먹어야 한다면 음식보다 물을 선택했다.

그들의 추적 기술은 레전드였다. 도망간 영양이 다른 영양과 합류하면 먹잇감의 이동 경로를 알 수 있다. 그들 중 하나가 무리를 이탈하면, 그 영양이 그들의 먹잇감이었는지를 발자국을 통해 알 수 있다. 며칠 후 이 영양은 독이 퍼지고 아파서 쓰러질 것이다. 때때로 사자 또는 하이에나가 영양을 먼저 발견한다. 내 동생이 한 번은 네 명의 사냥꾼과 함께 영양을 발견했다. 그 영양은 독에 중독되어 있었지만 살아 있었고, 한 마리 사자와 그 주위에 9~10마리의 암사자가 있었다. 남자들은 수적으로 열세였지만, 고기가 자신들의 것이므로 사자에게 정중하게 떠나야 한다고 말했다. 사자들은 앞뒤로 왔다갔다하다가 조금 불평하면서 강요당한 듯이 가 버렸다. 내 동생은 이것을 영화에 담았다. 그중 한 명이 영양을 창으로 죽였고, 가죽을 벗기고, 자르고, 가죽과 고기를 집으로 가져왔다.

영양은 사냥꾼의 소유가 아니었다. 그것은 대개 다른 사람들의 것이었고, 아마도 화살 주인의 것일 것이며, 그 사람은 사냥꾼에게 화살을 주었을 것이다. 화살의 주인은 노인이거나 장애인이었다. 그는 사냥을 할 수 없었고, 이런 관습이 없으면 결코 고기를 얻지 못할 것이다. 사냥꾼이 아닌, 그는 여러 사람에게 고기를 나누어 주었고, 그 고기를 받은 사람들은 다시 그들의 몫을 그들의 친척들에게 나누어 주곤 했다. 이것은 야영지의 모든 사람이 자기 고기의 몫이 있고 고기가 조리된 후에 다시 나눈다는 것을 의미한다. 사람들은 고기를 좋아했다. 그곳은 파티 분위기로 가득 찼다.

소녀들은 채집하는 동안 어머니와 함께 갔으나 소년들은 사냥하는 동안 아버지와 동행하지 않는다. 한 가지 이유는 사냥이 너무 힘든 일이기 때문이고, 의욕이 앞서서 사냥을 망칠 수 있기 때문이다. 소년들은 어른을 따라가 사냥하기 전에 사냥 기술을 익혀야 했다. 그러나 그들은 사냥에 매혹되어 장난감 활과 화살을 만들고, 모든 야영지에 있는 쇠똥구리를 사냥했다. (야영지가 깨끗한 이유는 배설물이 근처에 있으면 쇠똥구리가 알을 낳으려고 굴려서 가져갔기 때문이다). 장난감 화살은 독이 없는 날카로운 나뭇가지였지만, 쇠똥구리를 죽이기에는 부족함이 없었고, 흥분한 소년들은 승리감에 도취되어 펄쩍펄쩍 뛰었을 것이다.

어린 시절부터 노년기에 이르기까지 주환의 남자들은 사냥에 집착하고 있었다. 그들은 항상 사냥에 대해 이야기했다. 그러나 사냥은 너무 어렵고 힘들고 까다롭다. 음식이나 물을 먹지 않고 며칠 동안 수십km를 걸어야 했고, 엄청난 기술과 에너지가 요구되었으며, 무거운 짐을 집으로 운반해야 했다. 그래서 어른들은 몇 주에 한 번씩 심지어 그보다 더 적게 사냥을 했다.

영양의 고기는 야영지 사람 30명이 며칠 동안 먹을 수 있는 양이었으며, 아무리 가치가 있어도 주 메뉴는 아니었다. 앞에서 말했듯이, 주 메뉴는 식물성 음식이었고, 아주 젊거나 아주 늙은 사람을 제외한 모든 사람이 이것을 채취했다. 대부분 여성들이 채취했으나, 남자들은 그럴 필요가 있을 때만 채취했다. 식물성 음식을 채취하면 나누지 않아도 되었고 뱀이나 거북이 같은 느린 먹잇감을 찾았을 때도 나누지 않아도 되었다. 위에서 언급한 비단구렁이와 같은 것은 종종 아이들이 잡도록 했다.

기술과 체력을 갖춘 사람만이 그것을 얻을 수 있으므로 영양의 고기를 공유하는 규칙이 다르다. 여기서 공유는 강제적이고 공식적이다. 그런 규칙이 없다면, 최고의 사냥꾼이나 가장 강한 사람만이 고기의 주인이 될 수 있으며 분란을 일으킬 수 있다. 마찰은 협력의 결렬로 이어질 것이고, 협력이 실패하면 전체 집단이 결국 고통받게 될 것이다. 가이아의 첫 번째 규칙은 자기 스스로 에너지원을 찾아야 전체 집단을 유지할 수 있음을 의미한다. 모두가 이 규칙을 준수하면서 모든 사람을 위한 영양분을 공급하는 것은 주환시의 생존에 중요한 수단이다.

제25장

가이아의 규칙 2-자신을 보호하라

그들이 단결에 두었던 가치 때문에, 산족은 자기 보호에 관한 가이아의 두 번째 규칙을 고수했다. 그들의 고기 분배, 친족관계, 결혼제도, 멀리 있는 사람들과의 협력, 공유 시스템, 심지어 그들의 이름까지도 단결을 강화하고 보호하도록 고안되었다. 주환시는 누구나 똑같이 중요했다. 족장이나 우두머리가 없고 중요한 결정은 합의에 의해 이루어졌으며, 여자의 의견이 남자의 의견만큼이나 중요했다. 아무도 최고의 사냥꾼으로 혹은 최고로 보이고 싶어 하지 않았다. 그렇게 하면 다른 사람들이 질투를 느낄 수도 있고, 전체 집단의 단결을 해칠 수도 있기 때문이다.

우리가 대부분의 시간을 보냈던 니아에니아에 지역은 넓이가 약 15,540km²고, 그 안에 우물이 15개 있었는데 그중 7개는 영구적이었고(하나는 물을 마시려고 하다가 물에 빠진 하이에나에 의해 오염되었다) 비가 충분히 내리지 않거나 건기가 너무 빨리 오면 8개는 말라 버릴 수 있었다. 이 지역에는 지표수地表水가 없었기 때문에 남은 빗물이 고여 있는 공동목hollow tree, 사냥한 영양의 내장에 있는 액체, 수분이 많은 멜론을 제외하고는 우물이 유일한 물 공급원이다.

주위의 대부분 주환의 야영지였는데, 야영지에 사는 거의 모든 사람은 친척이나 인척이 있었다. 그들은 서로 방문하여 종종 선물을 가져오거나 소식을 알렸다. 선물이나 중요한 정보가 15,540km²를 가로질러 전달되는 데는 약 1년이 걸렸다. 하지만 사람들은 서로 연락하며 지내기 때문에 왕래가 가능했다.

그것은 옛 방식the Old Way이었다. 그들은 서로 의지했다. 우물이 말라 그곳에 사는 사람들이 다른 곳으로 가도 환영받는다. 아니면 두 사람의 사이가 좋지 않으면 한 명은 다른 곳으로 이사 갈 수도 있다. 이 지역에는 1,000명 정도의 사람이 살았고 거의 예외 없이 자신의 야영지에 있는 사람뿐 아니라 도움이 필요할 경우, 지원을 받을 수 있는 다른 사람들과도 관계를 맺고 있었다. 그것은 우리 종족이 지금까지 성취해 왔던 단결의 (따라서 개인 안전의) 가장 좋은 예라 할 수 있다. 주환시가 폭력을 사용하지 않았다는 것은 놀라운 일이 아니다. 그들이 자신들을 주환시라고 부른 것도 당연한 일이다. 단결은 가이아의 두 번째 규칙에서 가장 중요한 부분이다.

그러나 그 규칙에 다른 일면도 있다. 사바나에 살면서 땅에서 자려면 포식자로부터 자신을 보호해야 한다. 포식자는 주로 표범과 하이에나다. 주환시는 잠을 잘 수 있는 안식처를 만들었는데, 내가 보기에 그곳은 고색창연한 것이었다. 그 누구도 여기에 관심이 없었고 잘못된 생각일지 모르지만, 안식처는 우리의 친척인 다른 유인원들이 만든 둥지를 떠올리게 했다.

성인 고릴라를 제외한 모든 유인원은 나무에 둥지를 만든다. 유인원이 사용한 유일한 도구는 흰개미 더미에 밀어넣는 막대기라는 점에 주목하면 흥미롭다. 하지만 둥지는 도구고 훨씬 더 복잡하다. 유인원은 나뭇가지로 컵 모양의 구조물을 함께 얽어맨 다음 잎으로 채운다.

비록 유인원이 지금은 땅 위에서 살고 있을지라도 사람 역시 땅 위에 살고 있다. 주환 여인은 숲에서 가져온 가지를 부러뜨려 땅에 놓고 둥근 돔 모양의 구조물로 엮어 풀로 채워 넣었다. 손을 컵 모양으로 하고 손바닥을 위로 들면, 마치 유인원의 둥지처럼 보인다. 손을 옆으로 돌리면 주환의 안식처처럼 보인다. 이미지는 결코 정확하지는 않지만, 대략은 알 수 있다. 두 종류의 구조물은 대충 비슷하며 목적 또한 동일하다.

주환시는 이사를 갈 때 새로운 안식처를 만들었고, 그들이 전에 있었던 곳으로 돌아가도 다시 만들었다. 하지만 그들은 예전에 살던 곳으로 다시 가지는 않았다. 다른 종류의 동물도 가능한 한 오랫동안 둥지나 안식처를 이용하고, 심지어 여러 세대를 거쳐 사용한다. 유인원들도 그와 같이 했다.

나무에 둥지를 틀면 포식자로부터 자신을 지킬 수 있으며, 땅 위의 안식처는 포식자가 당신을 뒤에서 공격할 때 당신을 보호해 준다. 그리고 만약 안식처가 모여 있고, 주한시의 것과 마찬가지로 모든 방향으로 서로 마주하고 있다면, 포식자가 어떤 방식으로 접근해도 누군가는 포식자를 볼 것이다.

안식처는 빨리 그리고 쉽게 만들 수 있다. 오래된 안식처에는 해충이 있지만 새로운 안식처에는 있을 리가 없다. 그리고 필요한 재료는 바로 당신 주변에 모두 다 있다. 누가 더 요구할 수 있겠는가?

규칙 2에는 영속성에 관한 조항이 있다. 만약 어떤 관행이 효과가 있다면, 가능한 한 그것을 지키라는 것이다. 안식처에 관한 한 개선할 필요는 없다. 따라서 우리는 사람족 조상들이 나무에서 내려와 쭉 칼라하리 사바나의 산족으로 살아온 이래 규칙 2를 같은 방식으로 유지하고 있다. 그 기간은 4000만 년이다.

우리 종족에 대한 심각한 위협은 우리와 사자 둘 다 우리 계통의 구성원을 사냥해 온 사자였을 것이다. 많은 곳에서 사자는 여전히 인간을 사냥한다. 그러나 주환시는 사자와 합의했는데, 그것은 반드시 사자에게 인간의 자격을 부여한다는 의인화된 말이 아니다. 그것은 사자의 특성을 인간에게 부여하는 사자화라는 말일 수 있기 때문이다. 물론 주환시는 사자를 사냥하지도 않았고, 다른 포식자를 사냥하지도 않았으며, 그럴 이유도 없었다. 그러나 사자들은 인간을 사냥할 이유가 있었다. 하지만 사자들은 인간을 사냥하지 않았다. 처음 이것을 봤을 때 나는 10대 후반과 20대 초반 사이였는데, 그래서 나는 이것이 정상이라고 생각했다. 내가 더 나이가 들고 더 현명해질 때까지 나는 내가 그때까지 보아 왔던 것을 받아들이고 이해했다.

내 동생과 동료인 클레어 리치는 산족의 사망 원인에 대해 연구했다. 100년 전으로 거슬러 올라가, 사망자가 100명 정도 있었는데 그들은 사자에 의해 살해된 주환시의 사례를 단 2명 찾아냈다. 하지만 나는 그것을 믿기 어려웠다. 한 사람은 사자가 소를 죽여서 사람들과 마찰을 빚은 츠와나Tswana 소의 축사 근처에 있는 접촉하지 않은 지역의 가장자리에 사는 사람이었다. 따라서 사람과 사자의 내부 문화는 반영되지 않았다. 다른 희생자는 몸의 일부가 마비된 소녀였다. 그녀는 한때 발을 움직일 때 엉덩이를 움직여 자신을 끌고 갔고, 목숨을 앗아간 사자에게는 인간처럼 보이지 않았을 수 있다. 그외에는 사람과 사자가 서로 마주쳤을 때, 양측의 만남은 평온했다.

사자가 다른 지역에서 어떻게 행동했는지를 고려할 때, 그들의 휴전은 놀라운 것처럼 보였다. 사자들은 야영지에 있는 우리를 보려고 수십 번 왔지만 마치 우리가 떠나길 원하는 것처럼 우리를 보거나 경고를 하려는 것 같았다. 하지만 사자들은 그 정도가 전부였다. 어느 날 밤, 우리가 여행에 지쳐서 캠프를 만들지 않고 야외의 땅바닥에서 잠을 잤는데, 그때 사자들이 우리의 얼굴을 내려다본 적이 있다. 아침에 그들의 흔적을 발견한 우리는 그들이 무엇을 했는지 알게 되었다. 앞서 언급한 사례로, 주환 사냥꾼 4명이 사자의 자존심을 세워 주고 죽어 가는 영양에게서 떠나라고 단호하고 정중하게 말했던 것은 주환시와 사자가 서로 어떻게 행동하는지를 단적으로 보여 준 좋은 예다. 휴전을 설명하는 이론은 내가 아는 이론 외에 다른 이론은 단 하나뿐이다. 사람들이 사자를 사냥하지 않으면 사자가 사람을 사냥하지 않는다고 말한 남자의 말이다. 그에게 그것은 쉬운 결정이 아니었다.

하지만 내 이론은 이렇다. 주요한 진화적·환경적 사건은 (종종 사자와 산족 사이의 휴전에서와 같이) 물과 관련이 있다. 건기에는 호수나 시내, 지표수가 없다. 물은 우물에서만 얻을 수 있었고, 마실 수 있는 물을 가진 사람들은 멀리 떨어져 있었다. 따라서 필요에 따라 우물은 사람과 사자가 함께 사용했다.

두 정상에 있는 포식자인 산족과 사자는 같은 방식으로 같은 사냥감을 사냥했지만, 한 가지 중요한 예외가 있었다. 사람들은 낮에 사냥하고, 사자들은 어두워지면 사냥하고, 같은 거리를 사람은 활을 쏘고 사자는 덤벼들면서 사냥감을 쫓아간다는 것이다.

그것 이외에도 두 집단은 상당히 비슷했다. 그들은 둘 다 주로 친척으로 구성되어 있는데 사자는 자매, 어머니, 딸, 이모로, 사람들은 혈연이나 결혼을 통해 얽혀 있다. 또한 둘 다 다른 성인들이 먹이를 찾는 동안 다른 어른들은 (사람은 항상 그랬고 사자의 경우는 때때로 그랬다) 어린이를 보호하는 야영지가 있다.

사자와 사람 모두 같은 지역을 사용했는데, 우물에서 사방으로 몇 km 떨어진 곳이었다. 사람들은 낮에 그것을 사용했고, 사자는 그동안 나무 그늘에서 잤다. 그늘이 이미 사자로 가득 차 있으면, 새로 온 사자들은 다른 사자들 위에 누웠다. 사자들은 밤이 되면 우물을 사용했고, 그동안 사람들은 불 가까이에 머물렀으며, 극단적인 상황에서만 어두워진 후에 야영지를 떠났다.

서로 다른 종이라는 것 외에 두 무리는 거의 비슷했다. 하나는 낮에 활동했고 다른 하나는 밤에 활동했다. 이것을 생각하면 서로 이해하며 협정이 유지되기를 바랐던 것도 이상한 것은 아니다.

한 그룹이 다른 그룹을 위험에 빠뜨리면 두 그룹 중 하나가 쫓겨날 때까지 다투게 된다. 사람들은 다른 우물에서 친척들과 함께 살 수 있지만, 그 지역 식량 공급에 해가 되므로 어느 한 곳에서도 그렇게 오래 살지 않는다. 손님으로서가 아니라 집에 사는 편이 더 낫고, 정상적인 경우에는 다른 곳에 사는 것을 선택하지 않는다.

사자는 마찰이 생기면 더 많은 것을 잃을 수밖에 없다. 만약 사자가 우물을 떠나야 한다면 두 가지 선택이 있을 수 있다. 사자는 물이 필요하므로 수풀 속에서 혼자 또는 다른 사자들과 함께 헤매며 물기가 많은 멜론이나 빗물을 가두고 있는 공동목을 찾거나, 아니면 다른 우물로 가서 그곳에 상주하는 사자들로부터 우물을 빼앗아야 한다. 물론, 전투가 일어날 것이다. 승자는 남을 것이고, 살아남은 패자는 사바나를 떠돌아다닐 것이다. 그것은 사람에게도, 사자에게도 바람직하지 않다. 사람과 사자는 그것을 피할 수 있는 일을 했다.

나는 이 사자와 산족 사람의 관계에 대해 《뉴요커》에 기사를 썼고, 논문 두 편도 썼기 때문에 누구든 읽는다고 가정하면 이 내용이 과학계에 막연하게나마 알려졌을 것이다. 하지만 옛 방식의 이 부분은 야생동물 학자들에 의해 조사된 적이 없다. 야생동물 학자들은 옛 방식이 존속하는 동안 아무도 몰랐고, 지금은 옛 방식이 사라졌다. 두 종 모두 같은 이유로 합의된 놀라운 행동이므로 그것은 과학적 비극이다. 주환시뿐 아니라 사자도, 가이아의 두 번째 규칙을 지키는 데 있어서 합의와 협력을 이용했다.

제26장

가이아의 규칙 3-번식하라

우리가 아는 거의 모든 주환 어른들은 결혼을 했다. 결혼한 적이 없는 여자는 없었고 단 한 명의 남자만이 (어떤 이유에서인지는 몰라도) 결혼의 전제조건인 사냥을 성공적으로 해낼 수 없어 결혼하지 못하고 있었다. 아이들은 어린 나이에 약혼을 할 수 있었다. 보통은 단결의 이점을 위해 결혼할 수 있었지만, 자라서 서로 좋아하지 않으면 결혼하지 않아도 되었고, 어쨌든 결혼했어도 쉽게 이혼하고 다른 사람과 결혼할 수 있었다.

이혼에 관련된 공식 절차는 없었다. 남자와 여자는 방금 이혼했다고 발표하고 각자의 길을 갔다. 아이들은, 적어도 어렸을 때는, 보통 어머니와 지내지만, 아버지와의 관계는 유지했다. 몇몇 남자들은 아내가 두 명 있었고, 남편이 두 명인 여자에 대해서도 들었지만 사람들은 대부분 단 한 번만 결혼했으며 한 사람하고만 결혼했다.

간통은 드물었다. 비열하게 굴 필요가 없었다. 한때 우리가 아는 어느 여성은 남편 아닌 다른 남자와 함께하기로 결정하고 모든 사람 앞에서 그와 행진하며 그의 야영지로 갔다. 그녀의 남편은 당시 사냥을 나가 있었는데, 돌아와서 격분했다. 그가 헤어진 배우자를 따라가서 다른 남자와 맞서려고 하자, 야영지에 있는 일부 남자들이 그 여자를 따라가서 마음을 바꿀 수 있는지 알아보겠다고 제안했다. 남편도 동의했고, 그들은 그녀를 설득했다. 아내는 도움을 준 남자들과 함께 돌아왔다. 아마도 그의 어떤 방식을 바꾸라고 조언했을 것이다. 모두들 기뻐했다.

결혼에는 특정한 요구사항이 있다. 주환시는 근친상간을 염려하여 팔촌 간에도 결혼할 수 없었다. 그들은 우리보다 더 조심스러웠다. 다윈은 팔촌과 결혼했다. 결혼 규칙 덕분에 주환시는 다른 문화권 사람들보다 유전적 유사성이 적다는 연구결과가 나왔다.

남자는 결혼하기 전에 자신이 사냥할 수 있다는 것을 증명해야 한다. 그때쯤이면 10대 후반이 된다. 신부는 대개 훨씬 젊었고 거의 신랑에 의해 선택되었다. 신부와 그녀의 새 남편은 초경이 지나기 전까지는 섹스를 하지 않는다. 초경은 저지방 식단과 고된 삶으로 인해 10대 후반이 될 때까지 일어나지 않는다. 신부가 초경을 하면 의식이 열린다.

그러나 결혼식에는 의식이 거의 열리지 않고 어른들도 참석하지 않는다. 참석하는 유일한 사람은 10대의 신랑, 신랑보다 훨씬 더 젊은 작은 신부, 아장아장 걷는 아기를 포함하여 야영지의 다른 아이들 중 일부였다. 그들은 단지 그날을 위해 지어진 거처 앞에서 불가에 앉아 이야기를 나누었고, 소녀들은 여자 쪽의 불가에, 소년들은 남자 쪽의 불가에 앉았다. 그리고 곧 그들은 부모의 거처로 돌아갔다. 비록 이것은 우리가 보면 의식이 거의 없는 것처럼 보이지만 두 사람은 결혼했고 아마도 평생 함께할 것이다.

주환시에게 중요한 것은 두 사람이 결혼한 상태에 들어갔다는 것이다. 그들은 마치 다른 사람이 된 것 같았다. 이혼하고 다른 사람과 결혼하면 두 사람이 상대를 바꾸기만 했으므로 특별한 의식이 없었던 듯하다. 그들은 이미 결혼한 상태였다. 고령자, 특히 폐경기 이후의 여성들은 막연하게 결혼한 상태를 떠난 것으로 간주되었다.

신부가 초경을 한 후에도 그녀는 한동안 임신하지 않았다. 주환시는 피임을 하지 않았지만 육체적으로 열심히 일하고 지방을 먹지 않는 여성은 좀처럼 임신하지 못한다. 주환 여성은 20대 중반 이전에는 임신하지 않는다

한 여성이 야영지에서 출산했다면, 그녀는 남성들에게 여성의 힘이 약화된 것을 노출하는 결과를 가져온다. 그래서 출산할 때가 되면 아무에게도 말하지 않고 아무런 관심을 끌지 않은 채

조용히 야영지를 떠난다. 첫 분만일 때만 엄마와 함께 가고 늘 혼자 간다. 여성들은 출산하는 동안, 얼마나 많은 고통을 겪든 그 과정이 얼마나 오래 걸리든 상관없이 비명을 지르거나 울지 않았다. 비명 소리는 가장 가까이에 있는 포식자를 끌어들일 수 있기 때문이다. 포식자에게 출산하는 여자보다 더 매력적인 먹잇감이 있겠는가.

출산한 후에는 5~6년이 지나서야 다시 임신할 수 있었다. 대부분의 아이들은 이유 전까지 젖을 먹었고, 이로 인해 두 번째 임신이 지연되었다. 분명히 이것은 예전부터 있었던 일이다. 출산 후에 다른 아기가 아주 빨리 태어난 예는 거의 없다.

하지만 그런 일이 일어난 적이 있다. 주환 여성은 다시 언급하지만 저칼로리 식단과 고된 노동으로 인해 아기 한 명만 충분하게 먹을 수 있는 모유밖에 없다. 아기에게는 모유가 유일한 영양분이었기 때문에, 첫 번째 아기를 수유하면서 두 번째 아기를 낳는다면 두 아기를 모두 먹일 수 없어서 신생아를 죽여야 했다. 이것은 수유 중인 여성이 최근에 아기를 잃고 새로운 아기를 가졌을 때만 피할 수 있었다. 그러나 기껏해야 한 야영지에 여성이 15~20명밖에 없어서 유아가 사망하는 경우는 거의 없었다. 게다가 그런 일을 한 사람도 없었다. 신생아를 죽이는 것은 모두 마찬가지로 주환 여성에게도 힘들었지만 선택의 여지가 없었다. 한 여성이 두 아이를 수유하려고 시도한다면, 두 아이 모두 영양실조로 죽을 수도 있다.

여자가 임신했다는 사실을 알게 되면, 그다음에 무슨 일이 일어날지 알 것이다. 아기를 수유하면서 임신했다면 그 아이는 죽을 운명에 처했음을 의미한다. 그리고 숲속에서 혼자 아기를 낳을 때, 그녀는 마음을 굳게 먹고 두 명이 아닌 한 아이를 잃는 것이 더 나은 일이라고 생각할 것이다.

주환시는 가이아의 세 번째 규칙을 잘 지켜서, 적어도 10만 년 동안 지구상에서 우리 계보를 유지해 왔지만, 그들의 출산율은 오늘날의 인구 집단 중에서 가장 낮다. 우리가 대부분의 시간을 보냈던 지역에서는 인구가 약 $26km^2$당 한 사람이었다. 따라서 주환시가, 지금까지 우리 중 누구도 상상할 수 없을 만큼 오랫동안 성공적인 수렵 채집인 생활을 해온 하나의 사례라고 한다면, 그것이 (일찍 초경에 도달하고 피임약을 사용하지 않으면 곧 임신을 하는 오늘날의 여자와 같이) 주환시의 여자들이 다산이라는 말은 아니다. 가이아가 우리의 현대 생활방식을 예견하지 않았으므로 이제 지구는 인구 과잉 상태가 되었다. 앞으로 10만 년은 고사하고 수백 년 동안 이 상태가 계속되면, 우리는 너무 밀집되어 서로 다른 사람 위에 서야 할 것이다. 가이아가 이를 늦추는 방법을 찾지 않는 한, 우리를 멸종으로 이끌지도 모른다.

제27장

현재

우리는 옛 방식에서 왔다. 우리 조상들은 산족이었다. 우리는 그들의 지식과 기술이 있어서 이곳까지 왔다. 하지만 우리 종족을 위한 옛 방식은 사라졌다.

우리가 아는 많은 주환 사람들은 더 이상 살고 있지 않으며, 다음 세대의 주환 사람들은 특별한 경우를 제외하고는 더 이상 사냥하거나 모여 살지 않는다. 대신 그들은 자신이 원하는 대로 되려고 애쓰고 있다. 이 지역의 다른 모든 사람처럼, 시골 나미비아인이 되는 것이다. 우리가 아는 많은 가문들은 이제 츠므크웨Tsumkwe라는 마을에 살고 있다. 이곳은 한때 적어도 200년 된 거대한 바오바브나무 옆에 있는 작은 샘이었다. 나는 그곳의 이름이 봄에서 딴 장소라고 믿는다.

처음 이 길을 만든 것은 육군 트럭으로, 내가 만든 것이다. 그날 나는 대원들을 선도하고 있었고, 남동쪽으로 여행하라는 말을 듣고 그렇게 했다. 샘물을 보았을 때 나는 걸음을 멈추고 곧 내 뒤로 차를 몰고 오는 아버지를 기다렸다. 아버지는 샘물을 조사했는데, 산족이 아닌 사람이 샘물을 조사한 것은 그때가 처음이었다. 우리 원정대를 태운 두 대의 트럭이 더 나타났고, 우리는 모두 차에서 내려 물을 마셨다.

몇 년 후 다시 그곳에 갔는데, 바오바브나무 근처에 백인의 집이 있는 것을 보았다. 목이 말라 물을 마시러 샘물에 갔지만, 한 백인이 집에서 나와 샘물이 자신의 것이므로 물을 마실 수 없다고 했다. 우리가 접촉 이전의 주환시와 처음 만났을 때는 몇 분 만에 우리에게 물을 마시라고 초청했었다. 나는 시대가 변했음을 깨달았다.

바오바브나무는 일찍 죽었다. 백인이 잔디에 물을 주느라 샘물이 고갈되었기 때문인 듯했다. 그때까지 츠므크웨는 거리, 주유소, 상점 몇 개, 정부청사 몇 개, 진료소, 경찰서, 학교, 교회 한두 곳, 술집 몇 곳, 경찰이나 성직자, 의료 서비스 제공자, 사업주나 공무원의 집이 있었으나 일부만 주환시였고 그들 모두 주환시가 아니었다.

전통적으로 주환 사람들은 단 하나의 이름과 별명을 가지고 있었지만, 그때 주환시는 첫째 이름과 성, 두 가지 이름을 가지고 있었다. 우리와 마찬가지로 성은 아버지의 이름이어서 #Toma라는 남자의 아들인 Tsamko라는 남자는 Tsamko #Toma로 알려지게 되었다(여기서 '#' 마크는 연결을 뜻한다). 그리고 전통적으로 가죽 옷을 입었지만 그때는 모든 사람들이 최초의 네덜란드 정착민의 옷을 변형한 헤레로Herero*를 입은 여성을 제외하고는 모두 서양 옷을 입고 있었다.

당시 그 마을 사람들은 대부분 집에 살아, 풀로 만든 거처는 거의 없었다. 외딴 지역에서는 사람들이 반투어Bantu로 말하는 사람들과 같은 원형 초가집에 살았다. 츠므크웨 주변 사람들 중 일부는 판잣집에 살았고, 다른 사람들은 정부가 제공한 작고 창고 같은 아파트에 살았으며, 또 다른 사람들은 임대하거나 소유한 오두막집에 살았다.

어떤 사람들은 정규 직업을 가지고 있었고 서양식 교육을 받았다. 어떤 사람들은 가축과 정이 있는 농부들이었다. 그러나 많은 사람들이 가난했고 간헐적인 정부지원금에 의존했다.

어떤 사람들은 자동차, 휴대전화, 노트북, 또는 세 가지 모두 가지고 있었다. 나는 이제 우리가 알고 있던 사람들의 손자인 레온 오마 삼크사오Leon #Oma Tsamkxao와 이메일로 통신한다. 그에게서 온 이메일을 보거나 답메일을 보낼 때 '보내기'를 클릭하면, 그의 할아버지가 기억난다. 그들을 찾기 위해 몇 달 동안,

* 반투어로 말하는 헤레로족은 백인들이 도착한 직후 백인 정착민과 만났다.

당시에 '개척되지 않은' 수천 km²를 어렵게 여행했던 것이 기억난다.

많은 사람들은 지금 옛 방식을 포기한 주환시에 불만을 표시하며, 예전과 같이 지내기를 원한다. 불만을 표시하는 사람들은 그들이 사냥하거나 모여 사는 것을 원하지 않고, 단지 자신들이 볼 수 있도록 그들이 그것을 하기를 원할 뿐이다. 그래서 주환 남성이 가죽 샅바를 차려입고 관광객, 심지어 여성 관광객을 가상의 사냥터로 데려가는 관광용 오두막이 생겨났다. 관광객들은 옛 방식을 경험한 것처럼 느끼며 오두막으로 돌아간다. 그래서 트래킹에 참여하면 아주 조금이지만 옛 방식을 경험한다.

실제로는 보름달이 뜬 밤에 춤을 추었지만 관광 오두막에서 주환시는 낮에 모의 춤 경연을 연다. 관광객들도 그것을 즐긴다. 영화 제작자들은 이 오두막을 배경 풍경과 부수적인 인물을 혼합할 수 있는 장소로 생각하며 〈신은 미친 것이 틀림없다The Gods Must Be Crazy〉와 같은 어리석은 영화를 만든다. 내 동생은 오두막집을 '수렵 채집인 박물관'이라고 불렀다. 그는 나미비아 독립 이전에 인종차별을 부정하고 인종 간 친목 도모를 했다는 이유로 감옥생활을 한 기간을 제외하고는 평생을 촬영하고 주환시를 도우며 지냈기 때문에 그가 왜 그러는지 알고 있다. 그는 그들이, 그들이 스스로 원하는 것을 하기를, 즉 다른 사람들처럼 살기를 원했다.

내 미친한 생각으로는, 비록 그 오두막이 수렵 채집인 박물관이라 할지라도, 좋은 일자리를 제공하고, 오래된 전통 중 일부를 볼 수 있게 한다면, 비록 다소 부정확하고 관광객에게만 그렇더라도 그것이 그렇게 나쁜 것일까? 지난 50년 동안 우리도 변했고, 산족이 아닌 우리들은 때로 우리의 과거를 되살리는데 다른 사람의 과거를 되살려 주지 않을 이유는 없지 않은가? 하지만 동생은 수렵 채집인 박물관이 산족과 그들이 선택한 새로운 삶을 잘못 표현했다고 생각했다. 물론 사실이다.

특히 전환은 처음부터 쉽지 않았다. 처음에는 주로 동생으로부터, 지금은 주환 말을 유창하게 구사하고 과거와 현재의 주환 문화에 관한 전문가인 인류학자 메건 비젤Megan Biesele이 운영하는 칼라하리인민기금Kalahari People's Fund 같은 비영리단체로부터 도움의 손길이 도착했다.

중국 이민자들이 최근 나미비아를 발견했다. 인도, 아프리카, 아메리카 대륙의 유럽 식민지, 특히 남부 아프리카를 통치했던 독일, 영국, 네덜란드, 포르투갈 백인들과 마찬가지로 중국인들도 문자 그대로 자원을 이용하여 돈을 벌기 위해 수천 명의 사람들이 들어왔다. 옛 방식이 사라졌을 뿐만 아니라, 옛 방식이 시작된 곳은 이제 우리를 상기시켜 줄 수 있는 모든 것이 사라지고 있다.*

* 나미비아환경회의소의 CEO인 크리스 브라운 박사는 나미비아 주재 중국대사에게 보낸 공개 서한에서 현재 진행 중인 야생동물과 환경 관련 범죄가 소름끼칠 정도로 많다고 강조했다. 브라운 박사는 "상당수의 중국인이 나미비아

외래인의 착취 방지, 안정된 인구, 비폭력에 대한 호의적인 태도, 자연세계에 대한 끝없는 정보, 지금은 상상하기 어려운 관찰 기술, 무공해 등 주환시의 옛 방식이 상실한 것을 알려주기 위해 이 말을 하는 것이다. 하지만 주환시에 관한 한, 나는 이 말을 애처로운 뜻으로 말하는 게 아니다. 이 글을 쓰는 시점에 그들은 아직 중국의 영향을 많이 받지 않았으며 그들은 더 이상 이전 생활을 원하지 않았다. 당신은 그것을 원하는가?

작은 풀로 만든 처소가 당신의 현재 거주지를 대신할 수 있을까? 멤피스에 도착한 후 당신만큼 무게가 나가는 짐을 가지고 1년에 약 2,415km(대략 뉴욕에서 오스틴까지의 거리)를 맨발로 걸어서 갈 수 있을까?

혹시 근처에 표범이 있을지도 모르는 숲에서 혼자 출산하고 싶은가? 그리고 만약 당신이 출산한 아기를 죽여야 한다면 기꺼이 아기를 죽일 수 있는가? 이러한 일을 할 필요는 거의 없겠지만 저칼로리 음식을 먹고 1년에 약 2,415km를 걷는 일을, 그런 일을 해야 한다면 할 수 있을까?

표범의 손이 닿는 곳보다 더 가까운 곳에서 창을 제외하고는 비무장인 채로 작은 불 옆에서 밤을 보내며 며칠 동안이나 상처 입은 영양을 추적할 수 있는가? 독화살은 생각하지 말자. 독이

전역으로 이주하여 사업과 네트워크를 구축하고, 광물 탐사 면허 취득, 야생동물을 돈을 지불하고 구입하겠다고 제안하면서, 밀렵, 불법 야생동물 포획, 수집, 사살 및 수출 사건이 기하급수적으로 증가했다."고 썼다.

너무 느리게 작용한다. 당신 몸무게만큼 무거운 고기를 들고 집까지 걸어갈 수 있는가? 물론 다른 사람들과 함께 사냥을 하지만, 발굽과 내장 일부, 머리는 버리겠지만, 그렇다고 해도 만약 몸무게가 454kg 정도 나가는 일런드영양을 잡았다면, 각자 자신의 몸무게보다 더 무거운 고기를 운반해야 할 것이다. 당신은 그것을 감당할 수 있는가?

그런 위험을 감수하고, 식량도 찾지 못하고, 그늘의 기온이 섭씨 49도가 되는데도 물을 몇 모금밖에 마시지 못하면서 며칠 동안 그 일을 다 하고 난 뒤에, 그 고기를 소유하지도 못하고 일런드영양의 고기 몇 점만 받는다면 기꺼이 받아들일 수 있는가?

나는 '아니오'라고 말하고 싶다. 우리가 그런 방식으로 수천 년 동안 지구에서 살아왔지만 그런 삶을 원치 않는다. 현대 생활방식과 비교하면 그런 생활방식은 힘든 일이다. 만일 주환시가 원형 초가집이나 주택에 살고, 일자리를 얻고, 농장을 소유하고, 돈을 벌고, 식량을 사고, 다른 나미비아인들처럼 술집에 앉아 있기를 원한다면 그것을 이해하기란 어렵지 않다.

제28장

미래

우리는 이 지구에서 끝자락에 있는 종이다. 생명체는 38억 년 전에 나타났다. 그것에 비하면 우리는 몇 초 전에 나타났다. 여기 오래 존재하지 않았다. 우리가 500만 년을 산다고 하더라도 태양은 타 버릴 것이므로, 5억 3000만 년 후에도 아직 여기에 있는 곰벌레는 고사하고 1억 4500만 년 동안 이곳에 있었던 거대한 공룡만큼 크지도 않다. 천문학자이자 사촌인 톰 브라이언트는 어떻게 이런 일이 발생했는지 그가 선호하는 이론을 이야기해 주었다. "태양은 백색왜성이 될 것"이라고 말하면서 "우리의 건조하고 얼어붙은 지구는, 항상 그래왔듯이 중심부로부터 일부만 남아 있어 왜소해진 태양을 천천히 공전할 것이다."라고 했다.

물론 지금의 우리 집단은 그런 일이 일어나면 여기 없을 것이다. "여기 전화기가 있다." 우리가 말할지도 모른다. "걱정하는 사람을 불러봐." 하지만 우리는 신경 쓸지도 모른다. 우리는 가이아로부터 자연세계라는 선물을 받았다. 우리는 자연세계의 대부분에서 벗어났지만, 그것에 대해 신경을 쓰든 쓰지 않든, 그것을 가지고 있다. 그리고 만일 햇빛이 멈추기 전에 자연세계를 지키지 못한다면 우리는 스스로를 비난해야 할 것이다. 생명체는 경이로운 것이다. 가능한 한 그것을 지켜야 한다. 하지만 그럴 수 없다면, 장기적으로는 문제가 되지 않을 수 있다.

우주에는 1000억 개 이상의 은하가 있다고 한다. 또 다른 추정치에 따르면 5000억 개라고도 한다. 각 은하에는 약 2000억 개의 항성이 있으며, 일부는 행성을 가지고 있다고 한다. 우리가 알고 있듯이 생명체를 지탱하려면 행성은 질소와 탄소 같은 특정 원소를 가지고 있어야 하며, 얼음이나 증기 상태가 아닌 액체 상태의 물을 가지고 있어야 한다(곰벌레는 얼음이나 증기에서도 살 수 있지만). 그래서 행성은 항성들로부터 너무 멀지도 가깝지도 않은 곳에 있어야 한다. 모든 행성이 이 모든 요구를 충족시키는 것은 아니지만, 확률 법칙이 의미가 있다면, 선택될 각각 2000억 개의 항성을 가진 1000억 개의 은하 중에서 적어도 1000억 개의 행성에서 생명체가 발견될 수 있다. 비록 그 행성 중 1%만이 생명을 보유하고 있다고 해도, 지구와 같은 것으로 발전할 수 있는 행성이 10억 개다.

우주에 우리만 있으리란 법은 없다. 그것과는 거리가 멀다. 그리고 어떤 행성에서는, 정점에 있는 생명체가 주변 다른 것들과의 접촉을 잃지 않았다고 상상할 수 있다. 우리도 똑같이 할 수 있다면 좋을 텐데. 우리는 안 할 수도 할 수 없을 수도 있지만 메시지를 보낼 수는 있다. 만약 우리가 그 메시지를 어떤 물고기들이 육지에서 살려고 하는 행성으로 보내면 그리고 빛의 속도가 우리가 생각하는 만큼 빠르면, 그들의 체모에 무슨 일이 생겼나 그리고 나무를 떠난 것이 잘한 것인가 궁금해하면서 그들의 정점에 있는 후보들이 뒷다리로 일어서 있을 때, 그들은 우리의 메시지를 받게 될 것이다.

"우리가 하는 대로 하지 말고 우리가 말하는 대로 해."라고 우리는 그들에게 말할 것이다.

우리가 우주에 대해 알고 있는 양은 말할 것도 없고, 현재 지구의 생명체에 대해 가지고 있는 정보의 양을 생각할 때, 이 정보를 수집하는 데 필요한 세심한 작업, 즉 다른 말로 표현하면 과학자들의 신중한 작업을 생각해야 한다. 과학자들이 정확성에 의존하고 그것을 성취하기 위해 필요한 모든 것을 한다는 점에서 그들은 어느 정도 우리의 수렵 채집인 조상과 닮았다. 그래서 사실상 그 모든 것이 과학자들에 의해 발견되고 묘사된 현재의 생명체를 우리에게 준 조상들의 끊임없는 사슬은 말할 것도 없이, 지금 지구상에 있는 수백만 개의 생명체가 존재한다는 사실을 명심한다면 과학 연구의 한 예를 이해하는 데 도움이 될 것이다.

예를 들어, 나는 과학 논문을 완전히 무작위로, 똑같이 중요한 논문 수십 개 중 하나만 찾고 싶었기 때문에 저널이 쌓여 있는 선반을 어둠 속에서 더듬어 단 하나만 가져왔다. 불을 켜자

2014년 8월에 발행된 《포유류학 저널》 제95권 제4호가 내 손에 들려 있었다. 여우에 관한 논문의 세 번째 페이지인 774쪽이 펴졌다.

이 논문은 바바라 엘 랜길Barbara L. Langille, 킴벌리 E. 오니어리Kimberly E. O'Leary, 휴 G. 휘트니Hugh G. Whitney, H. 던 마셜H. Dawn Marshall이 쓴 것으로 제목은 〈뉴펀들랜드섬에 사는 붉은여우*Vulpes vulpes deletrix*의 미토콘드리아 DNA의 다양성 및 식물지리학〉이었다.

사람들은 그 정보수집에 들어간 시간 수, 일 수, 개월 수를 상상할 수 있을 뿐이다. 그 결과는 논문에서 표현한 바와 같이, "생태학적 및 야생동물 질병의 전망에 대해 관심이 가는 집단인 뉴펀들랜드섬에 사는 붉은여우의 사육 통계, 유전적 구조, 적응형 유전 다양성에 대한 지속적인 조사"를 위한 기준이 마련되었다는 것이었다.

이 연구에서는 "붉은여우 189마리의 미토콘드리아 제어 구역control region에서의 유전적 다양성"을 조사했는데 "북아메리카의 토착 붉은여우는 위스콘신 빙하기에 고립된 이질적인 레퓨지아refugia에서 유래되었다."는 초기 가설을 지지하는 내용이었다. 이 논문에 따르면, "대서양이나 남부의 경로를 통해서가 아니라 퀘벡이나 래브라도를 경유한 북부 빙하의 레퓨지아를 통해 붉은여우가 뉴펀들랜드에 다시 서식하게 되었다."고 한다.

여우 집단은 또한 "북아메리카에서 내부 기생 선충류線蟲類인

프랑스 심장사상충*Angiostrongulys vasorum*의 유일한 유행 지역"으로 밝혀졌다.

'그래서 어떻다는 것인가?'라고 물어볼 수도 있다. 하지만 그것은 아주 어렵게 얻어졌고, 신중하게 수집되었으며, 우리가 세상을 이해하는 광범위한 증거의 아주 복잡한 조각에서 나온 것이다. 뉴펀들랜드 붉은여우에 관한 연구 덕분에 우리는 빙하기 이후 동물 집단의 이동과 프랑스 심장사상충이 미국으로 이동하고 있을 수도 있음을 이해할 수 있게 되었다. 야생동물 학자들에게는 그 경로가 아주 소중하고 중요한 것이겠지만, 평범한 사람들은, 동물 집단이 남부의 경로가 아니라 북부의 레퓨지아에서 출현한 것을 신경 쓰지 않는다. 하지만 우리의 개가 현재 복용 중인 약품으로는 예방하지 못하는 새로운 종류의 심장사상충을 갖게 된다면 신경을 쓸 것이다. 히말라야산맥의 형성에서부터 오리너구리의 비공鼻孔을 감싸는 섬유소의 기능에 이르기까지 우리가 세상에 대해 알고 있는 모든 것과 그 안에 있는 모든 것이 이런 집중력과 관심으로 인해 조금씩 발견되었다는 것은 특별히 고려해야 한다.

감사의 말

나는 주환시에게 그들의 우정, 관대함, 그들의 이해에 깊은 감사를 드린다. 나의 감사는 끝이 없다.

우주에 대한 사실과 사실 확인에 대해, 천문학자며 사촌인 톰 브라이언트에게 감사한다. 이 원고를 읽고 부정확한 것을 발견하고 중요한 제안을 해 준 게리 J. 갈브리스, 마커스 베인즈-록, 마크 위턴에게 감사한다. 과학자들인 이 신사 분들은 내게 더없이 많은 도움을 주었다. 그래서 만약 이 책에 오류가 있으면, 나중에 수정 보완할 것이다. 이 원고를 준비하면서 전문적인 편집과 무한한 인내심을 발휘해 준 켄드라 보일로의 통찰력과 편집 기술은 물론 우정과 환대에 감사한다.

이 책을 잘 살펴보고, 많은 제안을 하고, 귀중한 지원을 해 준 사랑스런 친구인 사이 몽고메리에게 감사한다. 그리고 30년 동안 도움을 주고 지지해 줘서 아무런 방해도 받지 않고 글을 쓸 수 있게 해 준 나의 친애하는 친구 안나 마틴에게도 감사한다.

산족에 대한 최근의 정보와 소중한 조언에 대해, 나는 나의 친애하는 친구 메건 비젤에게 감사한다. 그리고 비키 러브레이디에게도 특별한 감사를 표한다. 이 책의 일부를 읽어보라고 한 뒤, 비키는 지루하지 않아 과학 수업에 사용해야 한다고 말했다. 당시 그녀는 7학년이었기 때문에 나는 그녀의 말이 고무적으로 들렸다.

그들의 지지와 이해에 감사하며, 알파벳순으로 보브 카프카, 사이빙 카우르 칼사, 사이빙 싱 칼사, 스테파니 토마스에게도 감사한다. 고인이 된 사랑하는 남편 스티브에게도 감사한다. 그도 이 책을 읽었다. 그는 학자고, 교육 수준이 높은 사람이었으며, 잘 기술된 문장마다 즐겁게 감탄하지 않고, 얼굴을 찌푸리며 집중하면서 그 정보를 믿을 수 있을지 궁금해 했다. 그가 그 정보를 믿지 않으면, 나는 문제를 해결하려고 노력할 수 있었다.

나는 내 옆에 가까이 붙어 잠을 자고 밤에는 따뜻하게 해 주는 작은 개들(카프카와 카펙)에게 감사한다. 또한 꿈을 꾸고 있을 때 기분이 좋아 목을 가르랑거리는 회색 고양이에게 감사하며, 거의 매일 밤 머리 없는 쥐의 시체와 적어도 그들의 내부 장기를 제공해 주는 또 다른 회색 고양이에게 감사한다. 스티브가 아플 때 스티브 옆에 남아 그의 손을 스티브의 손에 올려놓았던 남편의 고양이 클로드에게도 감사한다.

나는 사슴, 곰, 코요테, 여우, 우리의 숲에 사는 살쾡이, 야생 칠면조, 내 먹이통을 찾아오는 벌새, 우리 캠프를 방문한 칼라하리 사자, 텐트에 일부분이 들어왔지만 나를 물지 않은 하이에나, 밤에 그가 사냥을 하고 있어도 내가 안전하게 그를 지나가도록 해 주었던 북부 우간다의 표범에게 감사한다. 나는 배핀섬에서 내가 알게 된 늑대, 도토리가 열매를 맺지 않는다는 것을 알려준 우리 집 근처에 있는 떡갈나무, 덩굴이 어떻게 작동하는지 보여 준 덩굴, 자연세계에 대해 많은 것을 알려준 (너무나 많아서 다 열거할 수 없는) 수많은 비인간체들에게 감사한다. 그들은 내 삶을 풍요롭게 해 주었고 영원히 내 마음 속에 남았다.

끝.

역자 후기

이 책은 미국의 저명한 동물행동학자이자 베스트셀러 작가인 엘리자베스 마셜 토마스가 쓴 것으로 미생물, 원생생물, 진균류, 지의류와 특정 식물, 절지동물, 양서류, 공룡, 익룡, 악어, 조류, 포유류는 물론 유인원, 진화학적으로 우리와 사촌뻘인 네안데르탈인과 '개척되지 않은' 곳에 거주하는 산족에 이르기까지 지구상에 존재하는 거의 모든 생명체에 대한 그 기원과 진화 과정, 그들의 생물학적 특성과 생리 작용, 생활 습성 등에 대해 상호 비교하면서 아주 상세하고 정확하게 기술하고 있다. 따라서 중·고교는 물론 대학에서도 일반 생물학 교재로 채택해도 손색이 없을 정도로 수준이 높은 훌륭한 책이다. 역자도 이 책을 번역하면서 많은 생물학적 지식을 추가로 습득한 느낌이 든다. 방대한 자료 수집을 위한 작가의 노력과 그 자료의 논리 정연한 전개, 놀라운 어휘 구사 능력에 오로지 감탄할 따름이다.

역자도, 과거에 거대한 크기의 공룡이 존재했고 천문학적 수의 미생물이 현존한다는 점을 익히 알고 있었으나, 크기가 여의도 면적의 몇 배에 달하는 진균, 키가 100m 정도 되는 삼나무, 걸어다니거나 두뇌를 가진 식물, 날개 길이가 60cm를 넘는 잠자리, 길이가 2m 이상 되는 절지동물, 몸무게가 2,000kg이나 되는 양서류, 미로를 여유 있게 통과하는 문어, 물체 이름을

1,000개 기억하는 개 등 평소에는 전혀 상상할 수 없는 생명체들이 과거에 지구상에 존재했거나 일부는 아직도 존재한다는 사실을 처음 접했다. 아울러 사람과 사자와 같은 맹수 간의 투쟁과 상호 이해에 의한 타협 등 믿기 어려운 사실도 이 책을 통해 알게 되었다.

그리고 작가는 이 책에서 일반 동물을 지칭할 때 의인법을 사용하며 사람과 차등을 두지 않았고, 여러 가지 생명체에 관한 세세한 생물학적 특성을 기술하면서 모든 생명체는 무한한 능력이 있어서 하등 생명체로 알려진 미생물이나 원생생물도 고등동물과 근본적으로는 큰 차이가 없다고 주장하고 있다. 또한 '개척되지 않은' 곳에 거주하는 사람들도 문명지에 거주하고 있는 사람들과 비교할 때 지식 수준을 포함한 여러 가지 측면에서 큰 차이가 없다는 점을 피력하고 있다.

그러한 사실은 오늘날 대다수의 현대인들이 함께 생활하는 동물을 반려동물이라 부르면서 사람에 준하는 대우를 해 주고 있으며, 현재 유전공학 분야에서 활용되고 있는 대부분의 기본 원리는 미생물에서 작동되고 있는 유전 현상을 고등동물에 응용하여 적용하는 것이라는 점을 감안하면 충분히 이해할 수 있다. 역자도 번역 초기에는 그러한 작가의 주장이 조금 과장된 측면이 있다고 생각했으나 번역이 끝난 후에는 작가의 그러한 파격적인 생각에 대해 많은 부분에서 공감하게 되었다.

이 책에는 일반인들에게는 다소 이해하기 어려운 생물 생태학적 내용이 일부 있으나 대부분 흥미롭게 기술되어 있다. 여기에 작가가 상상력을 발휘하여 책의 내용에 등장하는 독특한 동식물과 인간 사이에서 발생할 수 있는 가상의 세계를 소설 형식으로 묘사하고 있어서 더욱 흥미롭다. 따라서 이 책은 수준은 높지만 재미있고 알기 쉬운 생물학 교과서인 동시에 읽을수록 흥미진진한 소설이기도 하여 내가 아는 모든 사람들에게 권하고 싶다. 또한 각각의 생명체별로 20여 개의 장으로 나뉘어 기술되어 있어 독자들은 저마다 특별히 관심 있는 부분을 선별하여 읽는 것도 이 책을 읽고 이해하며 즐길 수 있는 좋은 방법이 될 것이다.

끝으로 내게 이 흥미로운 책의 번역을 의뢰해 준 친구 같은 대학 후배인 한국방송통신대학교 장종수 교수와 좋은 책을 만들어 준 출판문화원에게 감사드린다. 그리고 이 책의 번역을 위해 원고 정리와 타이핑을 도와준 홍지은, 김리연, 차진아, 류지현과 늘 내 삶의 지주가 되고 있는 나의 가족, 아내, 딸, 사위, 손자 모두에게 고마운 마음을 전한다.